# 基于案例分析的建设工程事故防范对策研究

本书编委会　编

应 急 管 理 出 版 社

· 北　京 ·

**图书在版编目（CIP）数据**

基于案例分析的建设工程事故防范对策研究/本书编委会编．--北京：应急管理出版社，2024

ISBN 978-7-5237-0172-0

Ⅰ．①基… Ⅱ．①本… Ⅲ．①建筑工程—工程事故—事故预防 Ⅳ．①TU714．1

中国国家版本馆 CIP 数据核字(2023)第 242248 号

**基于案例分析的建设工程事故防范对策研究**

---

**编　　者**　本书编委会
**责任编辑**　唐小磊
**编　　辑**　王　晨
**责任校对**　孔青青
**封面设计**　罗针盘

**出版发行**　应急管理出版社（北京市朝阳区芍药居 35 号　100029）
**电　　话**　010-84657898（总编室）　010-84657880（读者服务部）
**网　　址**　www.cciph.com.cn
**印　　刷**　北京鑫益晖印刷有限公司
**经　　销**　全国新华书店

**开　　本**　710mm×1000mm $^{1}/_{16}$　**印张**　13 $^{1}/_{4}$　**字数**　240 千字
**版　　次**　2024 年 4 月第 1 版　2024 年 4 月第 1 次印刷
**社内编号**　20231462　　**定价**　68.00 元

---

**版权所有　违者必究**

本书如有缺页、倒页、脱页等质量问题，本社负责调换，电话：010-84657880

# 本书编委会

主　任　苏　洁　康荣学

委　员　黄智全　魏丽萍　刘　强　陈　江

主　编　左　哲　刘志强

副主编　张彧婷　袁　静

# 前 言

随着城镇化进程的加速进行，中国的建筑业也在蓬勃发展，根据国家统计局公布的数据，2022 年国内总产值为 1204724 亿元，而建筑业总产值就达到了 307935 亿元，其为社会经济的增长作出了巨大贡献。建筑行业的特殊性，注定使其成为国家和社会的重点关注对象，多年以来，全国建设系统持续强化安全生产监督管理工作，不断完善建筑安全法律法规体系，大力开展建筑施工安全专项治理工作，中国建设工程领域安全生产工作取得了一定成效。但从住房和城乡建设部发布的生产安全事故统计数据来看，建设领域安全生产形势仍然不容乐观，2022 年，全国发生建筑业事故 2701 起、死亡 2806 人，同比减少 1148 起、1183 人，分别下降 29.8% 和 29.7%。通过调研发现，近 11 年，全国建筑施工事故伤亡总量居高不下，“十三五”期间，均呈现明显上升趋势。

学术界研究发现，人的违法违规行为是导致事故发生的直接原因，分析当前建筑市场安全生产违法行为的情况，总结归纳以往导致事故发生的违法违规行为规律，并提出科学的、可操作的对策措施及建议，是切实将习近平总书记关于安全生产重要指示精神、国务院安委会安全生产十五条硬措施落实生效的重大举措，同时加大建设工程领域安全生产监管工作力度，有力促进建设工程各参建单位安全生产主体责任落实，吸取事故教训，杜绝违法行为，有效防范化解生产安全事故风险。

根据调研发现，目前市面上关于建筑安全生产违法行为的图书很少，鉴于此，本书以建筑市场安全生产违法行为为研究对象，在应急管理部安全生产综合协调司“建筑市场安全生产违法行为对策研究”

的课题基础之上，立足建筑市场安全生产现状及基础理论知识，理论与实践相结合，对2019年、2020年和2021年三年来部分建设工程领域较大及以上生产安全事故开展深层次研究，开展建设工程安全生产违法行为现状调研，采取现场走访、座谈等多种方式，组织对部分地区建设工程安全生产违法行为现状进行调研；收集建设工程安全生产法律法规、政策文件和其他文献资料并进行认真研究，收集、整理安全生产典型事故案例；分析归纳各类违法违规行为产生原因；研究主要违法行为现象，确定分析指标，对建设工程生产安全事故案例进行统计归纳，指出各类违法违规行为情况及产生的原因；组织各有关行业专家、科研机构、重点企业召开专题调研座谈会，提炼挖掘产生各类违法违规行为的深层次原因，针对建设工程安全生产违法行为提出对策建议。

本书是一部在案例分析基础上，分析建设工程事故防范对策的研究著作，是在前期研究基础上进一步总结研究形成的学术研究成果。本书的研究和写作汇聚了编者的辛勤努力和汗水，以前人研究为基础，参阅和借鉴了学界大量相关研究观点。在写作过程中，曾与应急管理部国家安全科学与工程研究院、中国安全生产科学研究院内的诸多专家、政府管理者、社会实践工作者就书中的学术思想进行探讨、交流和研究，收获颇丰。同时硕士研究生袁静也参与本书的编写工作，帮助查阅、收集、整理了大量文献资料。在此，谨向上述专家学者的鼎力协助、院内同事的倾心支持、研究生同学的辛勤努力致以最诚挚的谢意。

限于研究水平，书中所涉观点、内容、考量问题的角度以及一些研究结论等难免存在不足和不当之处，恳切希望各位读者对本书可能存在的不足与疏漏给予批评指正。

本书编委会

2023年11月

# 目　　次

# 第一章　建设工程管理概况

深入研究建设工程事故防范对策对于提高建筑行业的安全水平具有非常重要的意义，依法整治建设工程安全生产违法行为已经成为各大城市管理中的重要举措，日益受到社会各界的高度关注。开展建设工程事故防范对策研究是切实将习近平总书记关于安全生产重要指示精神、国务院安委会安全生产十五条硬措施落实生效的重要举措，同时加大建设工程领域安全生产监管工作力度，有力促进建设工程各参建单位安全生产主体责任落实，吸取事故教训，杜绝违法行为，有效防范化解安全生产事故风险。

## 第一节　建设工程概念及分类

住房和城乡建设部于 2012 年 12 月印发了《建设工程分类标准》（GB/T 50841—2013），并于 2013 年 5 月 1 日起实施。该标准明确了建设工程、建筑工程等名词概念。建设工程是指为人类生活、生产提供物质技术基础的各类建（构）筑物和工程设施。建筑工程是指供人们进行生产、生活或其他活动的房屋或场所。土木工程是指建造在地上或地下、陆上或水中，直接或间接为人类生活、生产、科研等服务的各类工程。机电工程是指按照一定的工艺和方法，将不同规格、型号、性能、材质的设备、管路、线路等有机组合起来，满足使用功能要求的工程。

建设工程按自然属性可分为建筑工程、土木工程和机电工程三大类。按使用功能可分为房屋建筑工程、铁路工程、公路工程、水利工程、市政工程、煤炭矿山工程、水运工程、海洋工程、民航工程、商业与物资工程、农业工程、林业工程、粮食工程、石油天然气工程、海洋石油工程、火电工程、水电工程、核工业工程、建材工程、冶金工程、有色金属工程、石化工程、化工工程、医药工程、机械工程、航天与航空工程、兵器与船舶工程、轻工工程、纺织工程、电子与通信工程和广播电影电视工程等。

建筑工程按照组成结构分解也可以有多种划分方法。建筑工程按照使用性质可分为民用建筑工程、工业建筑工程、构筑物工程及其他建筑工程等。按照组成结构可分为地基与基础工程、主体结构工程、建筑屋面工程、建筑装饰装修工程和室外建筑工程。按照空间位置可分为地下工程、地上工程、水下工程、水上工程等。建筑工程为建设工程的一部分，与建设工程的范围相比，建筑工程的范围相对为窄，其专指各类房屋建筑及其附属设施和与其配套的线路、管道、设备的安装工程，因此也被称为房屋建筑工程。

## 第二节　建设市场基本情况

建设市场也称建筑市场，是指以建筑工程项目的建设单位或称业主（发包方）和从事建筑工程的勘察、设计、施工、监理等业务活动的法人或自然人（承包方）以及有关的中介机构为市场主体，以建筑工程项目的勘察、设计、施工等建筑活动的工作成果或者以工程监理的监理服务为市场交易客体的建筑工程项目发承包交易活动的统称。它既包括在一些地方已经建成的通常设有交易大厅和固定交易场位，专供发包方和承包方在其中进行交易活动的有形市场，也包括没有固定的交易场所，发包方和承包方主要通过广告、通信、中介等方式进行发承包交易活动的无形市场。

建筑市场运行机制是指建筑市场中经济行为关系的总和。建筑市场由工程建设发包方、承包方和中介服务机构组成市场主体，各种形态的建筑商品及相关要素（如建筑材料、建筑机械、建筑技术和劳动力）构成市场客体。建筑市场的竞争机制是通过招标投标制度，运用法律法规和监管体系保证市场秩序，保护建筑市场主体的合法权益。

中国正处于经济建设快速发展时期，近年来投入建设了一大批举世瞩目的特大型建设项目。如长江三峡工程、黄河小浪底水利枢纽、西气东输、南水北调、上海磁悬浮轨道交通工程、国家大剧院、北京大兴国际机场、奥运场馆等项目。再加上其他的一些项目，包含能源、交通、通信、水利、城市基础设施、环境改造、城市商业中心、住宅建设等，还有卫星城开发、小城镇建设等，这些项目的开发建设都带动了建筑市场的快速发展，同时这些建设项目也都需要在建筑市场的范畴内实行操作，才能确保其项目建设的顺利实行。

中国的建筑市场体系正在逐步健全，市场秩序在逐步好转。但是，也应该看到，同市场经济发达国家相比，中国的建筑市场还较为落后，违法违规行为还未得到有效控制。建筑市场违法违规行为主要包括两类，一类是违反国家相关法规政策，包括但不限于以下几种情况：施工单位无资质或超资质等级承揽施工业务、施工企业将承接的施工业务全部或部分转包给其他单位或个人、施工企业指派没有相应资质的人员担任项目经理、在手续不完全的情况下组织施工等，以上违法行为目前在社会上普遍存在。另一类为技术性违法，包括但不限于施工队伍不按照施工方案施工或施工方案有缺陷、危险性较大的工程制定专项施工方案、不按照要求使用设备，建材以次充好、偷工减料，安全措施不落实（未经安全风险辨识、缺少专项技术措施、缺少管理措施）、违章指挥、违章作业等。上述违法行为均会带来施工安全隐患、威胁施工人员生命安全，同时也会影响建筑质量，如降低建筑的抗震性能、降低建筑防水结构使用年限、造成开裂脱落等表面损坏，严重的会造成主体结构破坏，形成危楼甚至发生坍塌事故。

建筑市场各类违法违规问题是造成建设工程隐患问题突出、导致生产安全事故多发的深层次原因。因此，为确保施工安全和工程质量，必须采取建筑市场综合治理等措施，规范建筑工程施工发承包活动，有效遏制违法发包、转包、违法分包和挂靠等违法行为，维护建筑市场秩序和建设工程主要参与方的合法权益。进一步健全建设领域法规制度，使各项法规制度既能起到规范建筑市场秩序、制约各方主体行为的效果，也能发挥保障建筑市场公平竞争、促进建筑市场健康发展的作用。

## 第三节　建设工程基本情况

建筑产业是国民经济的重要支柱产业之一，与公共安全和人民生命财产息息相关。近年来，中国建筑业生产规模不断扩大，行业结构和区域布局不断优化，吸纳就业作用显著，支柱产业地位不断巩固，对经济社会发展、城乡建设和民生改善发挥了重要作用。

### 一、工程建设规模情况

根据清华大学建筑节能研究中心的统计数据显示，截至2021年，中国建筑面积总量已达到678亿平方米。近11年来，中国房屋建筑施工面积基本保持稳定增长，从2011年的85.2亿平方米增加到2021年的157.6亿平方米，增幅达85.0%，建筑施工面积的增速先下降后趋于平稳。2021年全国基础设施投资增长0.4%，其中道路运输业投资增长1.6%，水利建设投资下降1.2%，铁路运输业投资下降1.2%。2021年完成交通固定资产投资36220亿元，比上年增长4.1%，其中，完成铁路固定资产投资7489亿元；完成公路水路固定资产投资27508亿元，比上年增长6.3%；完成民航固定资产投资1222亿元，比上年增长13.0%。

## 二、建筑业企业和从业人员数量情况

截至2021年底，中国共有施工活动的建筑业企业128746家，比上年增长12030个，同比增长10.31%，增速降低2.12%，增速在连续五年增加后下滑。其中国有及国有控股建筑业企业7826个，比上年增加636个，占建筑业企业总数的6.1%，比上年下降了0.08个百分点。截至2021年底，建筑业从业人员5282.9万人，比上年减少83.98万人，同比下降1.56%，建筑业从业人员数占全社会就业人员总数的7.1%，与上年持平，是新中国成立初期的265倍（表1-1、图1-1）。

表1-1　2011—2021年中国建筑业企业数量和从业人员统计表

| 年份 | 企业数量/个 | 从业人员/万人 | 建筑业从业人员占比/% |
|---|---|---|---|
| 2011 | 72280 | 3852.5 | 5.1 |
| 2012 | 75280 | 4267.2 | 5.6 |
| 2013 | 78919 | 4499.3 | 5.9 |
| 2014 | 81141 | 4960.6 | 6.5 |
| 2015 | 80911 | 5093.7 | 6.7 |
| 2016 | 83017 | 5184.5 | 6.8 |
| 2017 | 88074 | 5536.9 | 7.3 |
| 2018 | 95400 | 5563.3 | 7.3 |
| 2019 | 103814 | 5427.4 | 7.2 |
| 2020 | 116716 | 5366.9 | 7.1 |
| 2021 | 128746 | 5282.9 | 7.1 |

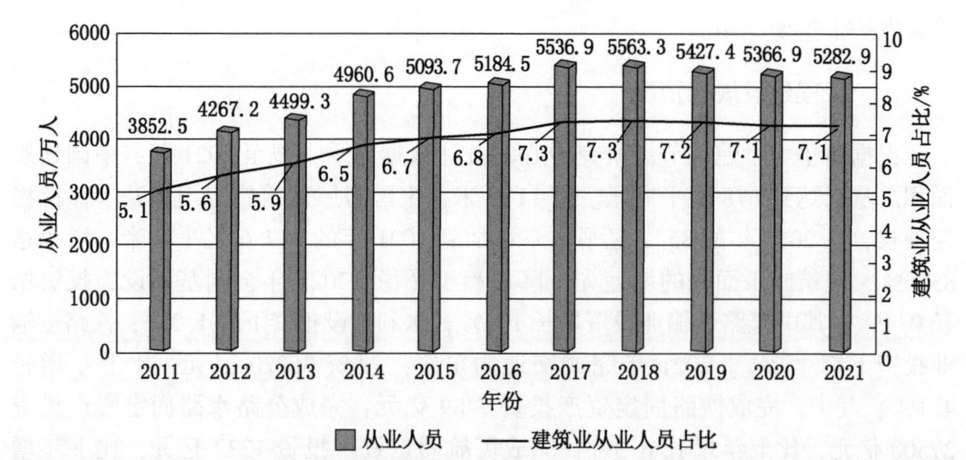


图1-1　2011—2021年中国建筑业从业人员数量变化趋势图

“十四五”期间，国内建筑市场将从中速增长期进入中低速发展期，但中国仍将拥有全球最大的建设规模。根据《全球建筑业 2030》报告的预测，中国的建筑业在“十四五”期间将以 4.8% 左右的速度增长，2025 年国内建筑行业总产值将达到约 33 万亿元，存在结构性增长空间。建筑业面临的宏观环境及下游需求有望继续改善。

# 第二章 建设工程安全生产特点及风险

## 第一节 建设工程安全生产特点

随着工程建设的快速发展，高层建筑、大跨度结构、深基础施工的数量日益增多，建设工程具有规模庞大、技术复杂、机械设备多等特点，使各类建设施工风险程度高，属于高危行业：

（1）工程庞大、技术复杂。项目建设过程中，既包括大量不同专业的施工人员，又包括各类施工机械、施工材料，施工安全取决于施工人员的作业行为以及施工机具、施工材料及施工环境的状态。建设施工需要根据建设项目情况进行多工种配合作业，土石方、土建、吊装、安装、运输等多单位交叉配合施工，所用的物资和设备种类繁多，因而施工组织和施工技术管理难度大、要求高。

（2）建设产品形式多样、风险不同。房屋、桥梁、隧道等建设产品不同，所面临的事故风险种类、数量不同，同一个建设项目在不同的建设阶段所面临的风险也不同。每个建设项目因其所处的自然条件和用途的不同，工程的结构、造型和材料亦不同，施工方法必将随之变化。施工过程中，每天面临的工作环境、工作内容不同，很难实现标准化管理。

（3）施工分散性、流动性强。分散性是指施工人员作业过程中，分散于施工现场的各个部位，当遇到具体情况时，往往需要依靠自己的经验和知识进行判断作出决定，从而增加了施工作业过程中由于不安全行为而导致事故的风险。与此同时，每个建设项目完成后，又转移到下一个项目施工，施工人员、各种机械、电气设备随之转移操作场所，施工风险又发生较大变化。

（4）建设施工大多在露天环境进行。大量建设施工活动是在露天的环境中进行，施工活动必然受到施工现场的地质条件、气候、气象条件的影响。在高温、雨雪、大风、夜间等情况下施工时，容易造成作业人员注意力不集中、身体不适等情况。很多施工作业都在高处进行，且施工条件简陋，容易导致各类伤亡事故发生。

（5）施工参与单位多关系复杂。建设工程往往有多方参与，管理层级多，管理关系复杂，仅现场施工就涉及建设单位、总承包单位、分包单位、供应单位、监理单位等，各种错综复杂的人的不安全行为、物的不安全状态以及环境的不安全因素往往互相作用，构成生产安全事故的直接原因。在此情况下，安全管理要做到协调管理、统一指挥，需要先进的管理方法和组织协调能力。

（6）施工技术含量偏低。目前世界各国的建筑业仍属于劳动密集型产业，技术含量相对偏低。中国建筑业中部分从业人员的文化素质较一般行业人员低，部分从业人员没有经过全面职业培训和严格安全教育。此外，施工机械化程度不高，各类施工作业仍需要依靠大量的人工作业，建设施工人员的劳动强度大、作业环境复杂、危险程度高。

## 第二节　建设工程主要事故风险

房屋市政工程、公路工程、铁路工程、水利工程、电力工程、环境工程等各类建设工程事故风险相对较高，施工现场环境错综复杂，地域气候情况多变、技术含量相对较低。经分析研判，建设施工风险主要综合概括为以下7个方面：

（1）高处坠落风险。建设施工现场高处坠落风险普遍存在，造成人员伤亡数量较大。高处坠落风险主要包括：一是现场临边、洞口安全防护措施不到位，未设防护栏、防护板或设置不牢固。二是高处作业吊篮安装使用不合格或超载运行。三是脚手架没有满铺或铺设不稳、操作层下没有铺安全防护层、脚手架超载损坏等。四是拆除脚手架、井架、龙门架等高空作业，没有系安全带或未正确使用安全带，安全带挂钩不牢固，或没有牢固的挂钩地方。五是作业人员操作或移动时踩到破石棉瓦或其他不承重的轻型材料板。六是登高作业时梯子不合格，梯脚无防滑措施、使用时滑倒或垫高使用。七是龙门吊转料平台口转料平台搭设不符合规范，搭设材料钢管、踏脚板不合格，致平台倒塌，人员坠落等。八是五级以上大风天气仍然从事高空作业。九是作业人员自身健康原因，如作业人员患有高血压、恐高症等。

（2）物体打击风险。物体打击是施工现场易发多发事故之一，物体打击风险主要包括：一是施工中作业人员从高处往下抛掷工具或建筑材料、杂物等。二是进行起重机吊运作业时，因操作不当或起重设备损坏，造成吊运材料坠落，砸中下方区域人员。三是装卸或搬运玻璃等大型材料作业过程中，支架支护不稳或操作不当，容易造成装卸物品砸中作业人员。四是安全帽质量低劣，防护性能差等。

（3）触电风险。触电风险包括：一是未做到“一机、一闸、一漏、一箱”，即每台用电设备必须有自己专用的开关箱，专用开关箱内必须设置独立的隔离开关和漏电保护器。机械设备或者线路漏电后，没有设置漏电保护器或漏电保护器失效，导致触电。二是配电系统未用TN-S的配电系统，即具有专用保护零线（PE线）、电源中性点直接接地的220/380伏三相五线制，设备外壳没有进行二次接地保护。三是在检修电路或者设备时，未切断电源带电作业。四是潮湿的环境或者地下室没有使用安全电压。五是通电线路外保护皮破损，致使钢管和扣件等导体带电引起触电。六是在高压线下方搭设临建、堆放材料或进行施工作业。

（4）坍塌风险。坍塌风险容易造成群死群伤的重特大伤亡事故，坍塌风险包括：一是基坑超过原计划深度进行开挖，原有的支护桩不能起到基坑围护作用，基坑坑内大量积水未及时抽排，造成基坑底部被水侵蚀，基坑边坡土体蠕动变形。二是基坑坡顶严重超载，致使基坑单边支护平衡打破，坡顶出现开裂。三是模板支架施工未按照专项方案设计参数搭设，构造措施缺失，如水平及竖向剪刀撑设置等，材料质量严重不合格，钢管壁厚不足、钢管自身质量缺陷如弯曲、裂缝，扣件材质不合格等，且未按照规范要求抽样复试，混凝土浇筑不符合要求等。四是脚手架搭设不符合要求，失稳造成坍塌。五是卸料平台、建（构）筑物平台、建筑物房顶，超负荷堆料等。六是建筑物未按标准设计、施工或施工质量低劣、随意拆除承重墙，导致建筑物坍塌。七是露天矿山过度开采，形成高陡边坡。八是公路、铁路等施工未采取山坡保护措施，遇暴雨等天气，造成山体边坡失稳等。九是围护结构支撑不当、不闭合，设计荷载估计不足或结构材料强度估计过高，导致围护结构发生开裂、折断、剪断或压屈，丧失承载能力。

（5）中毒窒息风险。有限空间内硫化氢、一氧化碳等有毒有害气体超标或缺氧，造成作业人员中毒窒息事故，盲目施救导致伤亡人数扩大。主要风险包括：一是建设施工中的有限空间作业场所包括涵洞、隧道、地下室以及塔、炉、槽、罐、池、井、贮罐、管道、烟道、管道井作业等，可能存在有毒有害气体或缺氧，可能会导致中毒窒息。二是污水处理厂、站的清掏、清淤、维修等作业时，现场通风不良，容易造成作业人员中毒窒息。三是市政、电力、通信等工程施工中，井下检查、维修、安装等作业容易造成中毒窒息事故。

（6）火灾爆炸风险。近年来各类施工作业时，由动火作业引发多起重特大事故，事故风险高。一是动火作业时，动火点下部及周围的可燃物如果未及时清除，焊渣掉落引燃可燃物就会引发火灾。二是作业场所周围如果存在可燃气体或油漆、涂料等，遇火源就会引起燃烧，当气体与空气混合达到爆炸极限时，还会引起爆炸。三是受限空间内空气流通不畅，可燃物料蒸气局部浓度过高，当达到爆炸极限时如果遇到火源或高温，则可能造成燃爆。再加上受限空间内人员疏散不便，还会加大对人员的伤害风险。四是动火作业前，如果未将作业系统与周围带有物料的设备设施完全隔离，可能存在物料异常串入系统，引发火灾爆炸事故。五是在禁火区内使用电钻、砂轮等进行动火作业，在工作过程中会产生火花和高温，可能会引发火灾、爆炸或其他热分解反应。六是在施工场所内吸烟、违规用电等均有发生火灾事故的风险。

（7）起重设备倾覆风险。各类建设施工中，起重设备倾覆事故时有发生，一般伤亡人数较多。主要风险包括：一是起重机械的安全装置、连接螺栓不合格，结构件开焊和开裂、连接件严重磨损和塑性变形、零部件不合格等。二是起重机械未按规定进行维修、维护和保养、检查，存在设备隐患。三是起重机械未按标准、方案要求安装，未进行验收。四是遇大风、大雾、大雨、大雪等恶劣天气，依然从事起重机械吊装作业。

## 第三节　建设工程事故类型

GB 6441—1986《企业职工伤亡事故分类》中，将伤亡事故分为20类：物体打击、车辆伤害、机械伤害、起重伤害、触电、淹溺、灼烫、火灾、高处坠落、坍塌、冒顶片帮、透水、爆破、火药爆炸、瓦斯爆炸、锅炉爆炸、容器爆炸、其他爆炸、中毒和窒息、其他伤害。

建设工程比较常见的生产安全事故主要包括：

（1）物体打击，指由失控物体的惯性力造成的人身伤亡事故。此类事故主要是由落下物、飞来物、滚石、崩块等造成的伤害。不包括因机械设备、车辆、起重机械、坍塌、爆炸等引起的物体打击。

（2）车辆伤害，指企业内由机动车辆引起的机械伤害，车辆行驶中，发生挤、压、坠落、撞车或倾覆等事故；发生行驶中上、下车事故；发生车辆运输摘挂钩事故、跑车事故等均属本类别事故。不包括起重设备提升、牵引车辆和车辆停驶时发生的事故。

（3）机械伤害，指机械设备与工具引起的绞、辗、碰、割、戳、切等伤害。适用于工件或刀具飞出伤人；切屑伤人；被设备的转动机构缠住等造成的伤害。已列入其他项事故类别的机械设备造成的机械伤害除外，如车辆、起重设备、锅炉和压力容器等设备。

（4）起重伤害，指从事起重作业时引起的机械伤害事故。适用于统计各种起重作业引起的伤害。起重作业包括：桥式起重机、龙门起重机、门座起重机、塔式起重机、悬臂起重机、桅杆起重机、铁路起重机、汽车吊、电动葫芦、千斤顶等作业。

(5) 触电，指电流流经人体，造成生理伤害的事故。用于统计触电、雷击伤害。如人体接触设备带电导体裸露部分或临时线；接触绝缘破损外壳带电的手持电动工具；起重作业时，设备误触高压线，或感应带电体；触电坠落；电烧伤等事故。

(6) 淹溺，指大量的水经口、鼻进入人体肺部，造成呼吸道阻塞或发生急性缺氧而窒息死亡的事故。用于统计船舶、排筏、设施在航行、停泊作业时发生的落水事故。“设施”是指水上、水下各种浮动或者固定的建筑、装置、电缆和固定平台。

(7) 火灾，指在时间和空间上失去控制的燃烧所造成的灾害。这里指的是造成人身伤亡的企业火灾事故。不适用于非企业原因造成的火灾事故，比如居民家中失火蔓延到企业的火灾，安全生产监督管理部门不统计这种火灾。

(8) 高处坠落，指因人体所具有的危险重力势能引起的伤害事故。适用于在脚手架、平台、陡壁等高于地面的施工作业场合；同时也适用因地面作业踏空失足坠入洞、坑、沟、升降口、漏斗等情况。但不包括以其他事故类别作为诱发条件的坠落事故，如触电坠落事故。

(9) 坍塌，指建筑物、构筑物、堆置物倒塌以及土石塌方引起的事故。适用于因设计或施工不合理造成的倒塌，以及土方、砂石、煤等发生的塌陷事故，如建筑物倒塌、脚手架倒塌；挖掘沟坑、洞时土石的塌方等事故。不适用于矿山冒顶片帮事故，或因爆炸、爆破引起的坍塌事故。

(10) 冒顶片帮。片帮指矿井作业面、巷道侧壁在矿山压力作用下变形，破坏而脱落的现象。冒顶是顶板失控而自行冒落的现象。两者常同时发生人身伤亡事故，统称为冒顶片帮。适用于矿山、地下开采、掘进及其他坑道作业发生的坍塌事故。

(11) 透水，指矿山、地下开采或其他坑道作业时，意外水源带来的伤亡事故。适用于井巷与含水岩层、地下含水带、溶洞或与被淹巷道、地面水域相通时，涌水成灾。不适用于地面水害事故。

(12) 爆破，指施工时，爆破作业造成的伤亡事故。适用于各种爆破作业，如采石、采矿、采煤、开山、修路、拆除建筑物等工程进行爆破作业引起的伤亡事故。

(13) 瓦斯爆炸，指可燃气体瓦斯、煤尘与空气混合形成了浓度达到爆炸极限的混合物，接触明火时，引起化学爆炸事故。主要适用于煤矿，同时也适用于空气不流通，瓦斯、煤尘积聚的场合。

（14）容器爆炸，指压力容器超压而发生的爆炸。适用于盛装容器、换热容器、分离容器、气瓶、气桶、槽车等容器爆炸事故。

（15）其他爆炸，指凡不属于火药爆炸、瓦斯爆炸、锅炉爆炸、容器爆炸的爆炸事故。下列爆炸都属于此类事故：可燃性气体与空气混合形成的爆燃性气体混合物引起的爆炸。另外，炉膛爆炸、钢水包爆炸、亚麻尘爆炸等，均为“其他爆炸”。

（16）中毒和窒息，指在生产条件下，有毒物进入人体引起危及生命的急性中毒以及在缺氧条件下发生的窒息事故。适用于有毒物经呼吸道和皮肤、消化道进入人体引起的急性中毒和窒息事故，也包括在废弃的坑道、竖井、涵洞中、地下管道等不通风的地方工作，因为氧气缺乏，发生晕倒，甚至死亡的事故。不适用于病理变化导致的中毒和窒息事故，也不适用于慢性中毒的职业病导致的死亡。

# 第三章　建设工程安全生产形势及风险挑战

## 第一节　建设工程安全生产形势分析

多年以来，国家及各地建设工程相关主管部门组织开展了大量安全生产监督管理工作，推进各参建单位安全生产主体责任落实。但是由于各地建设工程规模大、战线长，施工条件复杂，以及安全监管体制机制不完善、施工单位安全基础薄弱等多种因素，导致建设工程安全事故总量居高不下，安全生产形势不容乐观。

### 一、事故总体情况

2011—2022 年，全国共发生生产安全事故 1892358 起，死亡 570393 人，其中建筑施工事故 33664 起，死亡 37054 人（表 3-1、图 3-1）。总体来看，近 12 年间，建筑施工事故起数和死亡人数总量仍然较大，持续保持在高位。进入“十三五”时期以来，建筑施工事故起数的占比从 2016 年的 5.6% 上升到 2022 年的 10.3%，死亡人数占比从 2016 年的 8.8% 上升到 2022 年的 13.4%，均呈现明显上升趋势。

表 3-1　2011—2022 年中国建筑施工事故情况及其占比

| 年份 | 事故总量/起 | 生产安全事故总量/起 | 事故总量占比/% | 死亡人数/人 | 生产安全事故死亡人数/人 | 死亡人数占比/% |
|---|---|---|---|---|---|---|
| 2011 | 2099 | 347728 | 0.6 | 2634 | 75572 | 3.5 |
| 2012 | 1948 | 336988 | 0.6 | 2431 | 71983 | 3.4 |
| 2013 | 2059 | 309295 | 0.7 | 2489 | 69434 | 3.6 |
| 2014 | 1786 | 305677 | 0.6 | 2197 | 68061 | 3.2 |
| 2015 | 1567 | 281576 | 0.6 | 1891 | 66182 | 2.9 |

表3-1（续）

| 年份 | 事故总量/起 | 生产安全事故总量/起 | 事故总量占比/% | 死亡人数/人 | 生产安全事故死亡人数/人 | 死亡人数占比/% |
|---|---|---|---|---|---|---|
| 2016 | 3523 | 63205 | 5.6 | 3806 | 43062 | 8.8 |
| 2017 | 3594 | 52988 | 6.8 | 3843 | 37852 | 10.2 |
| 2018 | 3650 | 51373 | 7.1 | 3694 | 34046 | 10.9 |
| 2019 | 3629 | 44609 | 8.1 | 3778 | 29519 | 12.8 |
| 2020 | 3254 | 38050 | 8.6 | 3492 | 27412 | 12.7 |
| 2021 | 3854 | 34612 | 11.1 | 3993 | 26307 | 15.2 |
| 2022 | 2701 | 26257 | 10.3 | 2806 | 20963 | 13.4 |
| 合计 | 33664 | 1892358 | 1.78 | 37054 | 570393 | 6.50 |

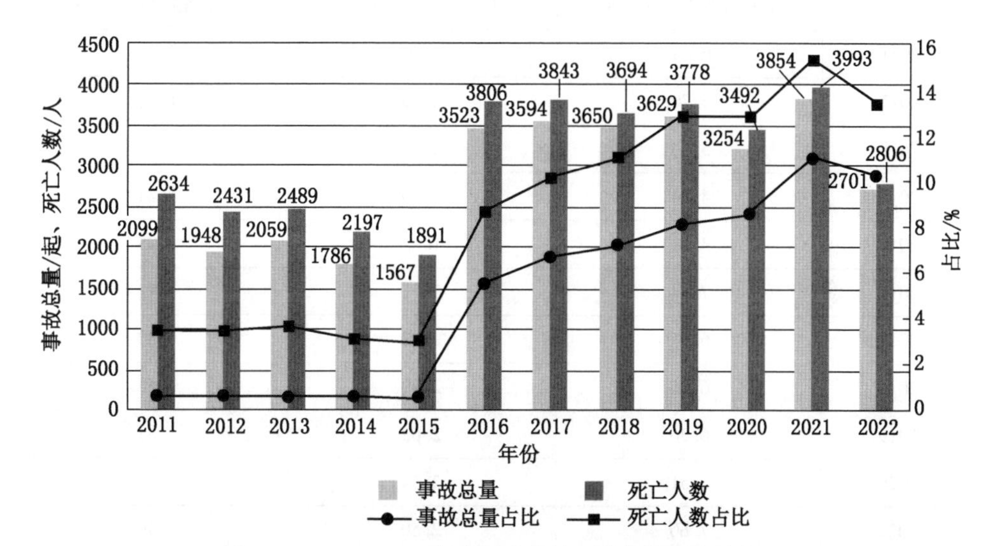


图3-1　2011—2022年中国建筑施工事故情况及其占比

2021年，中国建筑施工事故的十万从业人员死亡率、千万平方米死亡率和百亿元产值死亡率三个相对指标均较上年有所增长。除十万从业人员死亡率外，百亿元产值死亡率和千万平方米死亡率均呈整体下降趋势，百亿元产值死亡率由2011年的2.26降至2021年的1.4，降幅为38.1%；千万平方米死亡率从2011年的3.09降至2021年的2.5，降幅为19.1%；十万从业人员死亡率从2011年的6.84增至2021年的7.6，增幅为11.1%（图3-2、表3-2）。

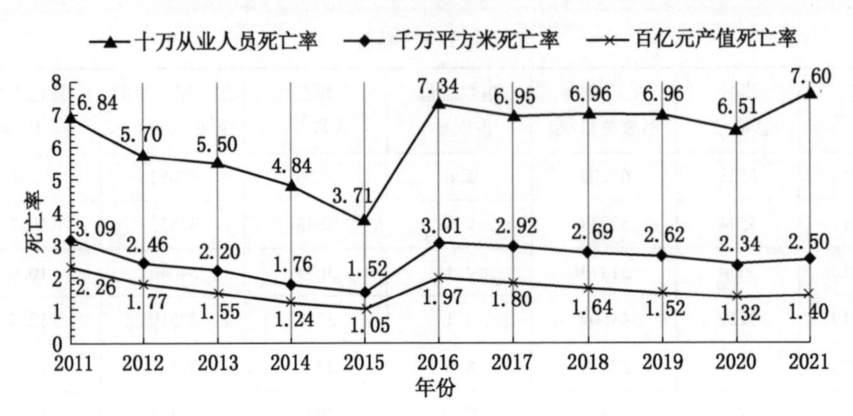


图 3-2　2011—2021 年建筑施工事故相对指标发展趋势图

表 3-2　2011—2021 年建筑施工事故相对指标统计表

| 年份 | 十万从业人员死亡率 | 千万平方米死亡率 | 百亿元产值死亡率 |
|---|---|---|---|
| 2011 | 6.84 | 3.09 | 2.26 |
| 2012 | 5.70 | 2.46 | 1.77 |
| 2013 | 5.50 | 2.20 | 1.55 |
| 2014 | 4.84 | 1.76 | 1.24 |
| 2015 | 3.71 | 1.52 | 1.05 |
| 2016 | 7.34 | 3.01 | 1.97 |
| 2017 | 6.95 | 2.92 | 1.80 |
| 2018 | 6.96 | 2.69 | 1.64 |
| 2019 | 6.96 | 2.62 | 1.52 |
| 2020 | 6.51 | 2.34 | 1.32 |
| 2021 | 7.60 | 2.50 | 1.40 |

## 二、较大事故情况

2011—2022 年，全国共发生建筑施工较大事故 935 起，死亡 3523 人，平均每年发生 78 起，死亡 294 人。近两年来，较大建筑施工事故呈现下降趋势。2022 年共发生 38 起较大事故，死亡 141 人，分别比 2021 年下降 41.5% 和 40.5%，比 2020 年下降 54.8% 和 54.2%（图 3-3、表 3-3）。

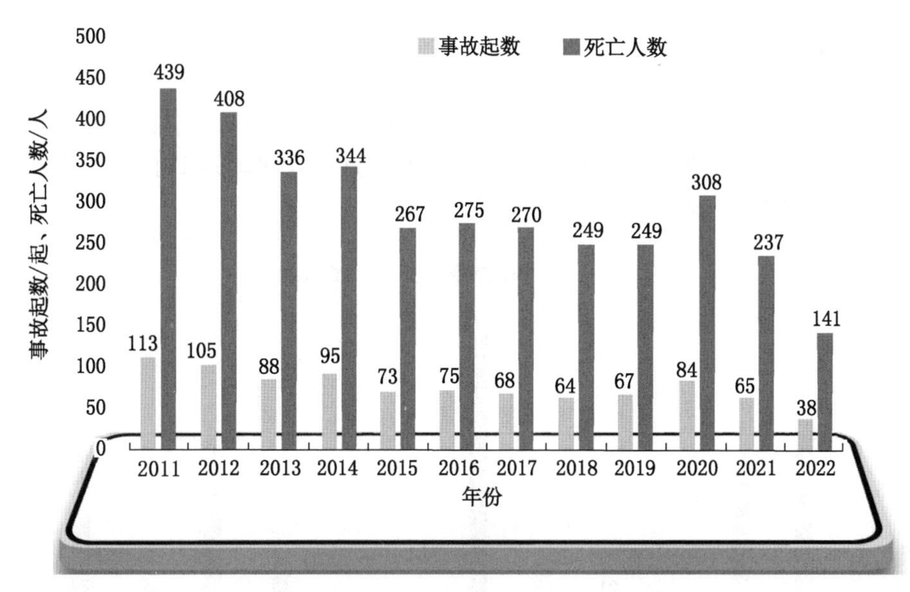


图 3-3　2011—2022 年较大建筑施工事故情况

表 3-3　2011—2022 年较大建筑施工事故情况统计表

| 年份 | 事故起数/起 | 死亡人数/人 |
| --- | --- | --- |
| 2011 | 113 | 439 |
| 2012 | 105 | 408 |
| 2013 | 88 | 336 |
| 2014 | 95 | 344 |
| 2015 | 73 | 267 |
| 2016 | 75 | 275 |
| 2017 | 68 | 270 |
| 2018 | 64 | 249 |
| 2019 | 67 | 249 |
| 2020 | 84 | 308 |
| 2021 | 65 | 237 |
| 2022 | 38 | 141 |
| 合计 | 935 | 3523 |

## 三、重特大事故情况

近11年来，重特大事故仍时有发生，造成较为严重的伤亡，建筑施工安全生产形势仍然严峻。2011—2022年，全国共发生重特大建筑施工事故26起，死亡483人（图3-4、表3-4）。

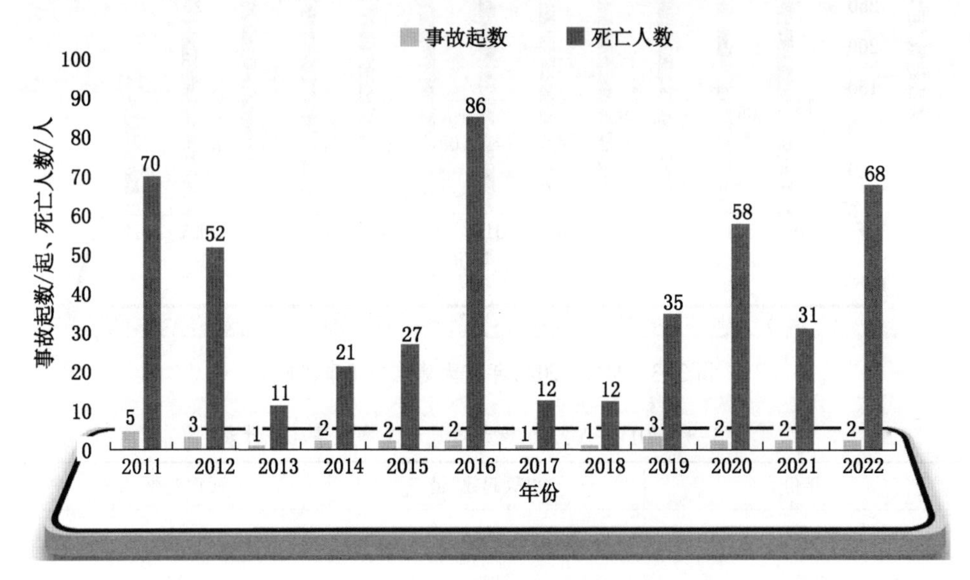


图3-4　2011—2022年建筑施工重特大事故情况

表3-4　2011—2022年建筑施工重特大事故统计表

| 年份 | 事故起数/起 | 死亡人数/人 |
| --- | --- | --- |
| 2011 | 5 | 70 |
| 2012 | 3 | 52 |
| 2013 | 1 | 11 |
| 2014 | 2 | 21 |
| 2015 | 2 | 27 |
| 2016 | 2 | 86 |
| 2017 | 1 | 12 |
| 2018 | 1 | 12 |
| 2019 | 3 | 35 |
| 2020 | 2 | 58 |

表3-4（续）

| 年份 | 事故起数/起 | 死亡人数/人 |
| --- | --- | --- |
| 2021 | 2 | 31 |
| 2022 | 2 | 68 |
| 合计 | 26 | 483 |

### 四、事故规律特点

一是建筑施工事故总量占生产安全事故总量的比例呈上升趋势。进入“十三五”时期以来，建筑施工事故起数的占比从2016年的5.6%上升到2022年的10.3%，死亡人数占比从2016年的8.8%上升到2022年的13.4%，均呈现明显上升趋势。二是较大事故总体呈反复波动趋势。2011—2022年，全国共发生建筑施工较大事故935起，死亡3532人，平均每年发生78起，死亡294人。2022年相比前两年较大事故有下降趋势，2022年共发生38起较大事故，死亡141人，分别比2021年下降41.5%和40.5%，比2020年下降54.8%和54.2%。三是重特大事故仍未得到有效遏制。12年间，共发生26起重特大事故，造成共计483人死亡。

## 第二节　建设工程安全生产法律法规要求

### 一、综合性规定

建设工程有关综合性安全生产法律法规包括《中华人民共和国安全生产法》《中华人民共和国建筑法》《中华人民共和国城乡规划法》《中华人民共和国土地管理法》《中华人民共和国行政许可法》等。

**1.《中华人民共和国安全生产法》**

《中华人民共和国安全生产法》是中国安全生产领域的综合性基本法，于2002年6月29日正式颁布，2021年6月10日通过了《全国人民代表大会常务委员会关于修改〈中华人民共和国安全生产法〉的决定》，并于2021年9月1日起正式施行，共7章119条，包括：总则、生产经营单位的安全生产保障、从业人员的安全生产权利义务、安全生产的监督管理、生产安全事故的应急救援与调查处理、法律责任和附则。其中涉及建筑施工安全工作的规定主要有以下几条：

（1）国务院和县级以上地方各级人民政府应当加强对安全生产工作的领导，

建立健全安全生产工作协调机制，支持、督促各有关部门依法履行安全生产监督管理职责，及时协调、解决安全生产监督管理中存在的重大问题。

（2）乡镇人民政府和街道办事处，以及开发区、工业园区、港区、风景区等应当明确负责安全生产监督管理的有关工作机构及其职责，加强安全生产监管力量建设，按照职责对本行政区域或者管理区域内生产经营单位安全生产状况进行监督检查，协助人民政府有关部门或者按照授权依法履行安全生产监督管理职责。

（3）国务院交通运输、住房和城乡建设、水利、民航等有关部门依照本法和其他有关法律、行政法规的规定，在各自的职责范围内对有关行业、领域的安全生产工作实施监督管理；县级以上地方各级人民政府有关部门依照本法和其他有关法律、法规的规定，在各自的职责范围内对有关行业、领域的安全生产工作实施监督管理。对新兴行业、领域的安全生产监督管理职责不明确的，由县级以上地方各级人民政府按照业务相近的原则确定监督管理部门。

（4）应急管理部门和对有关行业、领域的安全生产工作实施监督管理的部门，统称负有安全生产监督管理职责的部门。负有安全生产监督管理职责的部门应当相互配合、齐抓共管、信息共享、资源共用，依法加强安全生产监督管理工作。

（5）县级以上各级人民政府应当组织负有安全生产监督管理职责的部门依法编制安全生产权力和责任清单，公开并接受社会监督。

（6）县级以上地方各级人民政府负有安全生产监督管理职责的部门应当将重大事故隐患纳入相关信息系统，建立健全重大事故隐患治理督办制度，督促生产经营单位消除重大事故隐患。

（7）负有安全生产监督管理职责的部门依照有关法律、法规的规定，对涉及安全生产的事项需要审查批准（包括批准、核准、许可、注册、认证、颁发证照等，下同）或者验收的，必须严格依照有关法律、法规和国家标准或者行业标准规定的安全生产条件和程序进行审查；不符合有关法律、法规和国家标准或者行业标准规定的安全生产条件的，不得批准或者验收通过。对未依法取得批准或者验收合格的单位擅自从事有关活动的，负责行政审批的部门发现或者接到举报后应当立即予以取缔，并依法予以处理。对已经依法取得批准的单位，负责行政审批的部门发现其不再具备安全生产条件的，应当撤销原批准。

（8）负有安全生产监督管理职责的部门应当建立举报制度，公开举报电话、信箱或者电子邮件地址等网络举报平台，受理有关安全生产的举报；受理的举报事项经调查核实后，应当形成书面材料；需要落实整改措施的，报经有关负责人签字并督促落实。对不属于本部门职责，需要由其他有关部门进行调查处理的，转交其他有关部门处理。

(9) 负有安全生产监督管理职责的部门应当建立安全生产违法行为信息库，如实记录生产经营单位及其有关从业人员的安全生产违法行为信息；对违法行为情节严重的生产经营单位及其有关从业人员，应当及时向社会公告，并通报行业主管部门、投资主管部门、自然资源主管部门、生态环境主管部门、证券监督管理机构以及有关金融机构。有关部门和机构应当对存在失信行为的生产经营单位及其有关从业人员采取加大执法检查频次、暂停项目审批、上调有关保险费率、行业或者职业禁入等联合惩戒措施，并向社会公示。

该法律落实了“三个必须”，确立了安全生产监管执法部门地位。按照安全生产“管行业必须管安全、管业务必须管安全、管生产经营必须管安全”的要求，一是规定国务院和县级以上地方人民政府应当建立健全安全生产工作协调机制，及时协调、解决安全生产监督管理中的重大问题；二是明确各级政府安全生产监督管理部门实施综合监督管理，有关部门在各自职责范围内对有关“行业、领域”的安全生产工作实施监督管理；三是明确各级安全生产监督管理部门和其他负有安全生产监督管理职责的部门作为行政执法部门，依法开展安全生产行政执法工作，对生产经营单位执行法律、法规、国家标准或者行业标准的情况进行监督检查。

同时，强化了乡镇人民政府以及街道办事处、开发区管理机构安全生产职责。乡镇街道是安全生产工作的重要基础，有必要在立法层面明确其安全生产职责，同时针对各地经济技术开发区、工业园区的安全监管体制不顺、监管人员配备不足、事故隐患集中、事故多发等突出问题，此法明确乡镇人民政府以及街道办事处、开发区管理机构等地方人民政府的派出机关应当按照职责，加强对本行政区域内生产经营单位安全生产状况的监督检查，协助上级人民政府有关部门依法履行安全生产监督管理职责。

**2.《中华人民共和国建筑法》**

《中华人民共和国建筑法》于 1997 年 11 月 1 日正式颁布，并于 2019 年 4 月通过第二次修订。《中华人民共和国建筑法》共 8 章 85 条，以建筑市场管理为中心，以建筑工程质量和安全为重点，以建筑活动监督管理为主线形成的法律。其中，共有 5 章 25 条关于建筑安全生产管理的规定或涉及安全的内容，并且第五章建筑安全生产管理，就安全生产的方针、原则，安全技术措施，安全工作职责与分工，安全教育和事故报告等作出了明确的规定，其中涉及安全生产监管的内容具体如下：

(1）建筑工程安全生产管理必须坚持安全第一、预防为主的方针，建立健全安全生产的责任制度和群防群治制度。

(2）建筑工程设计应当符合按照国家规定制定的建筑安全规程和技术规范，保证工程的安全性能。

(3）建设行政主管部门负责建筑安全生产的管理，并依法接受劳动行政主管部门对建筑安全生产的指导和监督。

(4）施工现场安全由建筑施工企业负责。实行施工总承包的，由总承包单位负责。分包单位向总承包单位负责，服从总承包单位对施工现场的安全生产管理。

(5）建筑施工企业和作业人员在施工过程中，应当遵守有关安全生产的法律、法规和建筑行业安全规章、规程，不得违章指挥或者违章作业。作业人员有权对影响人身健康的作业程序和作业条件提出改进意见，有权获得安全生产所需的防护用品。作业人员对危及生命安全和人身健康的行为有权提出批评、检举和控告。

(6）涉及建筑主体和承重结构变动的装修工程，建设单位应当在施工前委托原设计单位或者具有相应资质条件的设计单位提出设计方案；没有设计方案的，不得施工。

(7）施工中发生事故时，建筑施工企业应当采取紧急措施减少人员伤亡和事故损失，并按照国家有关规定及时向有关部门报告。

## 二、建设市场

调整中国建筑市场的法律主要有《中华人民共和国建筑法》《中华人民共和国招标投标法》《中华人民共和国合同法》等；行政法规主要有《建设工程质量经营管理条例》《建设工程安全生产经营管理条例》《建设工程勘察设计经营管理条例》等。此外还有诸多的部门规章。这些法律、行政法规和规章对建筑市场主客体、交易方式、市场准入、建设程序等方面做出了规范，使市场行为基本上做到了有法可依。其中《中华人民共和国建筑法》对建筑施工许可、建筑工程发包与承包、施工监理制度等作出明确规定。

(1）实行建筑施工许可制度。建筑施工许可制度，是指在建筑工程施工前，经政府主管部门审核，符合规范条件并颁发施工许可证后方可施工，否则不得开工建设的法律规范。

建筑工程开工前，建设单位应当按照国家有关规定向工程所在地县级以上人民政府建设行政主管部门申请领取施工许可证；但是，国务院建设行政主管部门确定的限额以下的小型工程除外。

按照国务院规定的权限和程序批准开工报告的建筑工程，不再领取施工许可证。

建设单位应当自领取施工许可证之日起 3 个月内开工。因故不能按期开工的，应当向发证机关申请延期；延期以两次为限，每次不超过 3 个月。既不开工又不申请延期或者超过延期时限的，施工许可证自行废止。

在建的建筑工程因故中止施工的，建设单位应当自中止施工之日起 1 个月内，向发证机关报告，并按照规定做好建筑工程的维护管理工作。建筑工程恢复施工时，应当向发证机关报告；中止施工满一年的工程恢复施工前，建设单位应当报发证机关核验施工许可证。

按照国务院有关规范批准开工报告的建筑工程，因故不能按期开工或者中止施工的，应当及时向批准机关报告情况。因故不能按期开工超过 6 个月的，应当重新办理开工报告的批准手续。

（2）规范建筑工程发包与承包。建筑工程的发包与承包是建筑市场的交易形式，应该遵守以下规范：

一是依法发包和分包。建筑工程依法实行招标发包，对不适于招标发包的可以直接发包。建筑工程实行招标发包的，发包单位应当将建筑工程发包给依法中标的承包单位。建筑工程实行直接发包的，发包单位应当将建筑工程发包给具备相应资质条件的承包单位。

建筑工程总承包单位可以将承包工程中的部分工程发包给具有相应资质条件的分包单位；但是，除总承包合同中约定的分包外，必须经建设单位认可。施工总承包的，建筑工程主体结构的施工必须由总承包单位自行完成。

建筑工程总承包单位按照总承包合同的约定对建设单位负责；分包单位按照分包合同的约定对总承包单位负责。总承包单位和分包单位就分包工程对建设单位承担连带责任。

二是提倡总承包，禁止转包和肢解发包。建筑工程的发包单位可以将建筑工程的勘察、设计、施工、设备采购一并发包给一个工程总承包单位，也可以将建筑工程勘察、设计、施工、设备采购的一项或者多项发包给一个工程总承包单位；但是，不得将应当由一个承包单位完成的建筑工程肢解成若干部分发包给几个承包单位。

禁止承包单位将其承包的全部建筑工程转包给他人，禁止承包单位将其承包的全部建筑工程肢解以后以分包的名义分别转包给他人。

三是禁止指定供应商。按照合同约定，建筑材料、建筑构配件和设备由工程承包单位采购的，发包单位不得指定承包单位购入用于工程的建筑材料、建筑构配件和设备或者指定出产厂、供应商。

四是禁止无资质或超越资质承包，禁止出借资质。承包建筑工程的单位应当持有依法取得的资质证书，并在其资质等级许可的业务范围内承揽工程。

禁止建筑施工企业超越本企业资质等级许可的业务范围或者以任何形式用其他建筑施工企业的名义承揽工程。禁止建筑施工企业以任何形式允许其他单位或者个人使用本企业的资质证书、营业执照，以本企业的名义承揽工程。

五是联合承包。大型建筑工程或者结构复杂的建筑工程，可以由两个以上的承包单位联合共同承包。共同承包的各方对承包合同的履行承担连带责任。

两个以上不同资质等级的单位实行联合共同承包的，应当按照资质等级低的单位的业务许可范围承揽工程。

（3）实行建筑工程监理制度。监理制度有利于提高工程建设的投入效益和社会效益，保障工程质量和工程安全，因此国家推行建筑工程监理制度，并对国家重点建设工程、大中型公用事业工程、利用外国政府或者国际组织贷款、援助资金的工程等工程实行强制监理。

实行监理的建筑工程，由建设单位委托具有相应资质条件的工程监理单位监理。建设单位与其委托的工程监理单位应当订立书面委托监理合同。

建筑工程监理应当依照法律、行政法规及有关的技术标准、设计文件和建筑工程承包合同，对承包单位在施工质量、建设工期和建设资金使用等方面，代表建设单位实施监督。

工程监理人员认为工程施工不符合工程设计要求、施工技术标准和合同约定的，有权要求建筑施工企业改正。

工程监理人员发现工程设计不符合建筑工程质量标准或者合同约定的质量要求的，应当报告建设单位要求设计单位改正。

工程监理单位应当根据建设单位的委托，客观、公正地执行监理任务。

## 三、资质与资格规定

在《建筑业企业资质管理规定》、《建筑施工企业安全生产许可证管理规定》（2004 年 7 月 5 日建设部令第 128 号）、《建筑施工企业主要负责人、项目负责人和专职安全生产管理人员安全生产管理规定》（住房和城乡建设部令第 17 号）中对资质与资格进行了明确规定。《建筑业企业资质管理规定》于 2015 年 1 月 22 日以住房和城乡建设部令第 22 号公布，自 2015 年 3 月 1 日起施行。该规定分总则、申请与许可、延续与变更、监督管理、法律责任、附则 6 章 42 条。2007

年6月26日建设部颁布的《建筑业企业资质管理规定》（建设部令第159号）予以废止。2018年根据《住房城乡建设部关于修改〈建筑业企业资质管理规定〉等部门规章的决定》进行修改。

（1）部门分工负责。国务院住房城乡建设主管部门负责全国建筑业企业资质的统一监督管理。国务院交通运输、水利、工业信息化等有关部门配合国务院住房城乡建设主管部门实施相关资质类别建筑业企业资质的管理工作。省、自治区、直辖市人民政府住房城乡建设主管部门负责本行政区域内建筑业企业资质的统一监督管理。省、自治区、直辖市人民政府交通运输、水利、通信等有关部门配合同级住房城乡建设主管部门实施本行政区域内相关资质类别建筑业企业资质的管理工作。

（2）资质类别与等级。建筑业企业资质分为施工总承包资质、专业承包资质、施工劳务资质三个序列。施工总承包资质、专业承包资质按照工程性质和技术特点分别划分为若干资质类别，各资质类别按照规定的条件划分为若干资质等级。施工劳务资质不分类别与等级。

## 四、工程发承包规定

《中华人民共和国建筑法》《建设工程安全生产管理条例》《建设工程质量管理条例》均对工程发承包作出了明确规定。《房屋建筑和市政基础设施工程施工分包管理办法》（建设部令第124号）、《建筑工程施工发包与承包违法行为认定查处管理办法》（建市规〔2019〕1号）对工程发承包作了明确规定。《房屋建筑和市政基础设施工程施工分包管理办法》，于2004年2月3日以建设部令第124号发布，根据2014年8月27日住房和城乡建设部令第19号第一次修正，根据2019年3月13日住房和城乡建设部令第47号第二次修正。

（1）专业工程分包与劳务作业分包。房屋建筑和市政基础设施工程施工分包分为专业工程分包和劳务作业分包。专业工程分包，是指施工总承包企业将其所承包工程中的专业工程发包给具有相应资质的其他建筑业企业完成的活动。劳务作业分包，是指施工总承包企业或者专业承包企业将其承包工程中的劳务作业发包给劳务分包企业完成的活动。

（2）分包要求。建设单位不得直接指定分包工程承包人。分包工程承包人必须具有相应的资质，并在其资质等级许可的范围内承揽业务。严禁个人承揽分包工程业务。

专业工程分包除在施工总承包合同中有约定外，必须经建设单位认可。专业分包工程承包人必须自行完成所承包的工程。

劳务作业分包由劳务作业发包人与劳务作业承包人通过劳务合同约定。劳务作业承包人必须自行完成所承包的任务。

（3）项目管理机构应当具有与承包工程的规模、技术复杂程度相适应的技术、经济管理人员。其中，项目负责人、技术负责人、项目核算负责人、质量管理人员、安全管理人员必须是本单位的人员。

禁止将承包的工程进行转包。不履行合同约定，将其承包的全部工程发包给他人，或者将其承包的全部工程肢解后以分包的名义分别发包给他人的，属于转包行为。

（4）禁止将承包的工程进行违法分包。下列行为，属于违法分包：①分包工程发包人将专业工程或者劳务作业分包给不具备相应资质条件的分包工程承包人的；②施工总承包合同中未有约定，又未经建设单位认可，分包工程发包人将承包工程中的部分专业工程分包给他人的。

禁止转让、出借企业资质证书或者以其他方式允许他人以本企业名义承揽工程。

分包工程发包人没有将其承包的工程进行分包，在施工现场所设项目管理机构的项目负责人、技术负责人、项目核算负责人、质量管理人员、安全管理人员不是工程承包人本单位人员的，视同允许他人以本企业名义承揽工程。

## 五、施工许可规定

依据《中华人民共和国建筑法》规定，建筑工程开工前，建设单位应当按照《建筑工程施工许可管理办法》要求申领施工许可证。2014 年 6 月 25 日，《建筑工程施工许可管理办法》由住房和城乡建设部令第 18 号公布，自 2014 年 10 月 25 日起施行。根据 2018 年 9 月 28 日《住房城乡建设部关于修改〈建筑工程施工许可管理办法〉的决定》第一次修正，根据 2021 年 3 月 30 日《住房和城乡建设部关于修改〈建筑工程施工许可管理办法〉等三部规章的决定》第二次修正。

该办法规定，在中华人民共和国境内从事各类房屋建筑及其附属设施的建造、装修装饰和与其配套的线路、管道、设备的安装，以及城镇市政基础设施工程的施工，建设单位在开工前应当依照本办法的规定，向工程所在地的县级以上地方人民政府住房城乡建设主管部门申请领取施工许可证。工程投资额在 30 万元以下或者建筑面积在 300 平方米以下的建筑工程，可以不申请办理施工许可证。省、自治区、直辖市人民政府住房城乡建设主管部门可以根据当地的实际情况，对限额进行调整，并报国务院住房城乡建设主管部门备案。按照国务院规定的权限和程序批准开工报告的建筑工程，不再领取施工许可证。

## 六、安全生产监管

建设工程安全生产（建设质量）的法规、规章主要有：《建设工程安全生产管理条例》、《建设工程质量管理条例》、《建筑施工企业安全生产许可证管理规定》（建设部令第128号）、《危险性较大的分部分项工程安全管理规定》（住房城乡建设部令第37号）等。

**1.《建设工程安全生产管理条例》**

《建设工程安全生产管理条例》（国务院令第393号）于2003年11月24日公布，2004年2月1日起正式施行。它是中国第一部规范建设工程安全生产的行政法规，共8章71条。《建设工程安全生产管理条例》确立了有关建设工程安全生产监督管理的基本制度，明确了参与建设活动各方责任主体的安全责任，确保了建设工程参与各方责任主体安全生产利益及建筑工人安全与健康的合法权益，为维护建设市场秩序，加强建设工程安全生产监督管理提供了重要的法律依据。其内容主要有：

（1）确定划分建设单位、勘察单位、施工单位、设计单位、工程监理及其他有关单位的安全责任。

（2）指导生产安全事故的应急救援和调查处理。

（3）明确建设行业各方所承担的法律责任。

**2.《建设工程质量管理条例》**

《建设工程质量管理条例》（国务院令第279号）于2000年1月10日通过，2000年1月30日起发布施行，并于2019年4月23日对其部分条款进行第二次修订。《建设工程质量管理条例》共计9章82条，是《中华人民共和国建筑法》颁布实施后制定的第一部配套的行政法规，也是中国第一部建筑法建设工程质量条例。为加强对建设工程质量的管理，明确划分建设工程质量的责任主体，保证建设工程质量，提高建设工程质量颁布的行政法规，其重要内容有：

（1）对建设工程的新建、扩建、改建等有关活动及建设工程质量监督管理的活动进行管控。

（2）要求建设单位、勘察单位、设计单位、施工单位、工程监理单位依法对建设工程质量负责。

（3）要求各级人民政府加强对建设工程质量的监督管理。

（4）划定建设单位职责、义务，并对相应流程进行管控。

**3.《建筑施工企业安全生产许可证管理规定》**

《建筑施工企业安全生产许可证管理规定》于2004年7月5日以建设部令第128号公布，根据2015年1月22日《住房和城乡建设部关于修改〈市政公用设施抗灾设防管理规定〉等部门规章的决定》修订。

依据此规定，国家对建筑施工企业实行安全生产许可制度。《建筑施工企业安全生产许可证管理规定》规定了建筑企业申办安全生产许可证的条件、许可证的申请与颁发、监督管理、处罚等内容。

**4.《危险性较大的分部分项工程安全管理规定》**

《危险性较大的分部分项工程安全管理规定》于2018年3月8日以住房城乡建设部令第37号公布，根据2019年3月13日《住房和城乡建设部关于修改部分部门规章的决定》修正。

（1）危险性较大的分部分项工程范围包括：基坑工程、模板工程及支撑体系、起重吊装及起重机械安装拆卸工程、脚手架工程、拆除工程、暗挖工程及建筑幕墙安装等其他工程。

（2）施工单位应当在危大工程施工前组织工程技术人员编制专项施工方案。

（3）对于超过一定规模的危大工程，施工单位应当组织召开专家论证会对专项施工方案进行论证。实行施工总承包的，由施工总承包单位组织召开专家论证会。专家论证前专项施工方案应当通过施工单位审核和总监理工程师审查。

（4）专项施工方案实施前，编制人员或者项目技术负责人应当向施工现场管理人员进行方案交底。施工现场管理人员应当向作业人员进行安全技术交底，并由双方和项目专职安全生产管理人员共同签字确认。

**5.《房屋市政工程生产安全重大事故隐患判定标准（2022版）》（建质规〔2022〕2号）**

(1) 施工安全管理有下列情形之一的，应判定为重大事故隐患：建筑施工企业未取得安全生产许可证擅自从事建筑施工活动；施工单位的主要负责人、项目负责人、专职安全生产管理人员未取得安全生产考核合格证书从事相关工作；建筑施工特种作业人员未取得特种作业人员操作资格证书上岗作业；危险性较大的分部分项工程未编制、未审核专项施工方案，或未按规定组织专家对“超过一定规模的危险性较大的分部分项工程范围”的专项施工方案进行论证。

(2) 基坑工程有下列情形之一的，应判定为重大事故隐患：对因基坑工程施工可能造成损害的毗邻重要建筑物、构筑物和地下管线等，未采取专项防护措施；基坑土方超挖且未采取有效措施；深基坑施工未进行第三方监测；有下列基坑坍塌风险预兆之一，且未及时处理：一是支护结构或周边建筑物变形值超过设计变形控制值；二是基坑侧壁出现大量漏水、流土；三是基坑底部出现管涌；四是桩间土流失孔洞深度超过桩径。

（3）模板工程有下列情形之一的，应判定为重大事故隐患：模板工程的地基基础承载力和变形不满足设计要求；模板支架承受的施工荷载超过设计值；模板支架拆除及滑模、爬模爬升时，混凝土强度未达到设计或规范要求。

（4）脚手架工程有下列情形之一的，应判定为重大事故隐患：脚手架工程的地基基础承载力和变形不满足设计要求；未设置连墙件或连墙件整层缺失；附着式升降脚手架未经验收合格即投入使用；附着式升降脚手架的防倾覆、防坠落或同步升降控制装置不符合设计要求、失效、被人为拆除破坏；附着式升降脚手架使用过程中架体悬臂高度大于架体高度的2/5或大于6米。

（5）起重机械及吊装工程有下列情形之一的，应判定为重大事故隐患：塔式起重机、施工升降机、物料提升机等起重机械设备未经验收合格即投入使用，或未按规定办理使用登记；塔式起重机独立起升高度、附着间距和最高附着以上的最大悬高及垂直度不符合规范要求；施工升降机附着间距和最高附着以上的最大悬高及垂直度不符合规范要求；起重机械安装、拆卸、顶升加节以及附着前未对结构件、顶升机构和附着装置以及高强度螺栓、销轴、定位板等连接件及安全装置进行检查；建筑起重机械的安全装置不齐全、失效或者被违规拆除、破坏；施工升降机防坠安全器超过定期检验有效期，标准节连接螺栓缺失或失效；建筑起重机械的地基基础承载力和变形不满足设计要求。

（6）高处作业有下列情形之一的，应判定为重大事故隐患：钢结构、网架安装用支撑结构地基基础承载力和变形不满足设计要求，钢结构、网架安装用支撑结构未按设计要求设置防倾覆装置；单榀钢桁架（屋架）安装时未采取防失稳措施；悬挑式操作平台的搁置点、拉结点、支撑点未设置在稳定的主体结构上，且未做可靠连接。

（7）施工临时用电方面，特殊作业环境（隧道、人防工程，高温、有导电灰尘、比较潮湿等作业环境）照明未按规定使用安全电压的，应判定为重大事故隐患。

（8）有限空间作业有下列情形之一的，应判定为重大事故隐患：有限空间作业未履行“作业审批制度”，未对施工人员进行专项安全教育培训，未执行“先通风、再检测、后作业”原则；有限空间作业时现场未有专人负责监护工作。

（9）拆除工程方面，拆除施工作业顺序不符合规范和施工方案要求的，应判定为重大事故隐患。

（10）暗挖工程有下列情形之一的，应判定为重大事故隐患：作业面带水施工未采取相关措施，或地下水控制措施失效且继续施工；施工时出现涌水、涌沙、局部坍塌，支护结构扭曲变形或出现裂缝，且有不断增大趋势，未及时采取措施。

（11）使用危害程度较大、可能导致群死群伤或造成重大经济损失的施工工艺、设备和材料，应判定为重大事故隐患。

（12）其他严重违反房屋市政工程安全生产法律法规、部门规章及强制性标准，且存在危害程度较大、可能导致群死群伤或造成重大经济损失的现实危险，应判定为重大事故隐患。

交通、水利、发展改革、文物等其他建设工程的主管部门也分别制定并印发了相关建设工程安全管理规定或办法。如《公路建设监督管理办法》（交通部令2006年第6号发布，交通运输部令2021年第11号修正）、《水利工程建设安全生产管理规定》（水利部令第26号发布，第49号修改）、《电力建设工程施工安全监督管理办法》（国家发展和改革委员会令第28号）、《关于进一步规范文物建筑保护工程施工组织设计相关工作的通知》（文物保函〔2016〕1962号）、《国家文物局关于公布〈文物保护工程安全检查督察办法（试行）〉的决定》（文物督发〔2020〕11号）等。

## 第三节　安全生产监管工作情况

### 一、加强安全生产组织领导

建设相关部门认真学习贯彻习近平总书记关于安全生产重要论述及习近平总书记等中央领导同志对青海西宁“1·13”公交车站路面坍塌事故、福建泉州欣佳酒店“3·7”坍塌事故、山西临汾襄汾县农村饭店“8·29”坍塌事故等重要指示批示精神，印发《关于加强城市地下市政基础设施建设的指导意见》等文件，强化风险隐患排查治理，坚决守住安全底线。交通运输部将做好安全生产作为政治任务，提升抓好安全生产工作的主动性和自觉性，认真研究部署公路和水运工程建设领域安全风险化解和突发事故应对工作。水利部严格落实“三个必须”原则，健全水利部安全生产协调机制，推进调整水利部安全生产领导小组，研究制定领导小组工作例会等制度，提出年度重点工作，加强统筹协调和跟踪督促重点工作落实。

### 二、压实安全生产责任体系

住房城乡建设部严格落实“三个必须”要求，按照国务院安委会成员单位任务分工，研究制定年度安全生产工作要点和部内任务分工。建立农村房屋安全隐患排查整治部际工作协调机制，全面部署开展农村房屋安全隐患排查整治工作。与能源、交通、水利等部门加强协作，做好相关专业工程消防设计审查验收管理。统筹推进常态化疫情防控和安全生产保障，印发《房屋建筑和市政基础设施工程施工现场新冠肺炎疫情常态化防控工作指南》等文件，指导各地住房城乡建设部门加强复工复产安全监管和指导服务。完善建筑施工生产安全事故约谈、督办工作机制，约谈13个省住房城乡建设厅、3家中央建筑企业，督办23起房屋市政工程较大事故，强化对事故责任单位和责任人员追究。交通运输、水利等主管部门加大对地方相关建设工程安全生产指导和协调力度，召开各类会议，统筹推动各地建设工程安全监管责任落实。

## 三、扎实推进安全生产专项整治三年行动

住房城乡建设、交通运输、水利等主管部门加强专项整治三年行动的组织领导，成立工作专班，强化工作运行机制，分别制定城市建设、交通、水利安全专项整治实施方案，明确任务分工、工作措施、完成期限，确保各项整治任务落细落实。住房城乡建设部针对住房城乡建设领域安全风险防范特点，印发《关于开展城市桥梁护栏升级改造专项工作的通知》等文件，督促地方住房城乡建设部门压实监管责任，扎实推进安全生产专项整治三年行动。全面开展安全隐患排查治理，排查梳理10个方面的突出隐患，制定23条针对性整改措施。指导各地住房城乡建设部门建立“两个清单”，制定时间表路线图，明确整改责任单位和整改要求，整治工作取得初步成效。各地方均制定了治理行动实施方案，并向基层、一线延伸，建设工程安全生产专项整治三年行动取得良好成效。

## 四、构建安全生产双重预防机制

水利部出台了关于加强水利安全风险分级管控、隐患排查治理工作的指导意见，制定水利工程生产安全重大事故隐患判定标准、水利工程施工等工程运行危险源辨识与风险评价导则等文件规范。对水毁修复工程、大中型水库防洪调度、山洪灾害防御项目进行“四不两直”督查，下发“一省一单”，要求限期进行问题整改。同时，动态更新隐患排查治理“两个清单”，紧盯工程建设和运行等重点领域开展监督，2021年全年共暗访检查项目1.5万余个，全行业全年共排查隐患32万余个，隐患整改率达到99.6%，共制定有关制度2500余个。住房城乡建设部出台了《房屋市政工程生产安全重大事故隐患判定标准》，并组织学习和宣贯工作。要求严格依据该标准开展房屋及市政工程安全隐患排查，并实施隐患治理。

## 五、严厉打击非法违法建设行为

住房城乡建设部组织开展了房屋市政工程安全生产治理行动，强化建筑市场

和施工现场两场联动，将市场秩序整顿和安全责任落实一体部署、一体检查、一体推进。加强顶层设计，要求严厉打击违法违规行为，加大公开通报力度，落实安全生产“一票否决”制度。各地不断从源头规范建筑市场，严厉打击各类违法建筑行为，筑牢建筑市场安全监管防线。水利部加强水利工程建设违法行为查处，加强对转包、违法分包行为的调查处理和公开曝光，公开水利工程建设安全生产相关不良行为记录信息 20 余条，实施联合惩戒。对水利工程建设监理单位和甲级质量检测单位进行抽查。

### 六、多措并举推动行业安全监管

交通运输部组织开展“双随机、一公开”监管，印发《2021 年交通运输部市场秩序与服务质量检查工作方案》，把打击转包和违法违规分包行为等纳入常态化检查内容，指导地方开展公路水运建设市场督查工作。压实企业安全生产主体责任，对安全事故多发的挂牌督办建设单位持续跟踪指导，对安全事故多发的施工企业和部分省级交通运输主管部门进行约谈。住房城乡建设部加大农村房屋安全隐患排查整治力度，强化部门协同，会同部际协调机制成员单位推进农村房屋安全隐患排查整治工作。2021 年全年召开 19 次排查整治联络员视频调度会，定期调度工作进展，2021 年基本完成全国 2.24 亿户农村房屋安全隐患排查摸底和用作经营的农村自建房阶段性整治。研究制定农村自建房管理制度，起草关于加强农房建设管理的指导意见，提出包括用作经营的农村房屋建设管理的政策措施，农村房屋建设管理工作取得初步成效。

## 第四节　存在的主要问题与风险挑战

虽然目前全国建设工程安全生产形势总体平稳，但是影响安全生产的深层次问题尚未得到根本解决，建设工程安全风险依然处于高位状态。一是房屋建筑及基础设施建设投资规模还将进一步上升，建设规模大、战线长，同时气候环境条件复杂、施工难度大，施工队伍人员不足、专业素质不高。二是受疫情影响，建筑业企业停工时间较长，成本上升，疫情对建筑业企业的生产经营造成了较大影响。2021 年，部分建筑业企业为了弥补疫情带来的消极影响，抢工赶工、夜间施工等成为常态，安全投入普遍不足，部分企业还可能偷工减料以节约工期和成本，导致施工现场事故隐患众多。三是中国改革开放初期大规模建设的房屋逐步进入老化期，农村房屋建设未纳入有效监管，特别是不少地区还有大量的违法建筑，本身就存在质量安全隐患。如擅自装修、改造投入生产经营将带来很大的安全风险，由此可见，安全生产工作面临较大的压力与挑战。同时，建设工程还存在着以下问题，导致安全风险增大。

## 一、建筑市场竞争激烈，安全红线意识不强

建筑市场竞争日趋激烈，根据国家统计局数据，2021 年全国建筑业企业超过 12 万家，比 2017 年增加 4 万多家，建筑业企业产值利润率逐年下降。部分企业采取低价中标策略赢得市场后，压缩包括安全投入在内的成本支出来实现盈利；安全红线意识不牢，认为安全是一种纯粹的消耗而没有产出，没有把安全作为企业发展的战略支撑，隐性的安全效益未得到重视和认可；项目部的考核机制主要是以工程进度为依据，在考核的压力下，项目部管理人员心怀侥幸，在一定程度置安全问题于不顾。

## 二、工程组织模式混乱，市场秩序不够规范

在各类建筑施工项目中，建设、监理、施工总分包等参建单位利益关系复杂，一些“潜规则”暗流涌动，一些建筑企业不履行基本建设程序、转包及违法分包、借用资质、人员挂靠、无证上岗等问题长期存在；特别是一些参建企业与分包单位长期存在“裙带关系”，把工程发包给不具备安全生产条件、无资质的分包单位，从源头上带来了安全管理风险。2020 年各地住房和城乡建设主管部门共排查出 9725 个项目存在各类建筑市场违法违规行为。其中，存在违法发包行为的项目 461 个，占违法项目总数的 4.8%；存在转包行为的项目 298 个，占违法项目总数的 3.0%；存在违法分包行为的项目 455 个，占违法项目总数的 4.7%；存在挂靠行为的项目 104 个，占违法项目总数的 1.0%；存在“未领施工许可证先行开工”等其他市场违法行为的项目 8407 个，占违法项目总数的 86.5%。

## 三、工程质量安全管理薄弱，安全责任落实不到位

部分企业不会抓安全生产工作，把握不住安全生产工作的边界和深度，普遍存在畏难情绪和依赖心理。企业依赖于政府部门“保姆式”的安全监管；企业内部技术、运营等其他业务部门依赖于企业安全管理部门，忽视工程整体安全性；总包方依赖于分包方的管理，在专业性较强的分包领域，部分总包方还以“不懂专业工程所以才找专业分包企业来做”为由推卸安全管理责任。特别是部分企业基层项目部的安全管理工作过度依赖劳务分包企业，包而不管的现象较为突出。但现阶段中国多数劳务分包企业属于“包工头式”企业，专业化、规范

化水平明显不足，安全管理组织机构、人员配备、管理体系、管理能力等存在明显短板。在这种情况下，施工现场本应是特级资质或一级资质施工企业的管理水平，最后却变为了“草头班子”的管理水平。

## 四、违法违章事故屡禁不止，事故教训未深入吸取

部分企业以“看客”心态看待同行业企业发生的典型性事故，对于事故所暴露出的突出问题以及事故调查报告提出的意见建议，特别是对于国务院安委办、应急管理部和行业管理部门多次发出的事故通报和事故警示，置之不理，不认真反思事故惨痛教训，不认真对照查改本企业、本项目存在的类似问题隐患，导致事故教训不能在同行业得到深入吸取。2019 年上海长宁厂房“5・16”重大坍塌事故由违法违规改建导致；2020 年厦门市思明区台湾山庄“10・22”较大坍塌事故由于违法加建了四层五层的楼板，导致建筑结构发生变化，引发坍塌事故；2020 年福建泉州市“3・7”重大坍塌事故酒店历经多次违规改建；2021 年江苏苏州四季开源酒店“7・12”重大坍塌事故，系业主擅自违法违规拆除承重墙造成房屋坍塌，均属于应报（审）未报（审）、违法违规建设项目。

## 五、改扩建、装修事故多发，野蛮拆除成为重点问题

近年来随着各地城镇老旧小区改造行动的推进，由改扩建和装修装饰导致的建筑事故日益多发。据统计，2011 年以来发生的 26 起建筑业重特大事故中，9 起由于改扩建和装修装饰施工引起，占重特大事故总量的 34.6%，特别是 2019 年、2020 年、2021 年近三年均有发生。2018—2020 年由于野蛮拆除导致的坍塌事故共计 156 起（不完全统计），死亡 172 人，分别占建筑业坍塌类事故总数的 13.6% 和 10.7%。2019 年 7 月 5 日、7 月 8 日，施工人员先后在武汉市江汉区解放大道 712 号 7 天酒店大楼 2 层使用大锤进行拆墙，使用电镐进行地面瓷砖拆除，拆墙行为改变了房屋的结构受力体系，大锤、电镐作业中产生的振动扰动了上部承重结构，导致房屋发生局部坍塌。一些工程擅自委托无资质单位和人员设计施工、野蛮施工、违章作业，与老旧建筑本身的质量安全隐患相叠加，进一步导致了生产安全事故的发生。

## 六、建筑产业工人短缺，老龄化现象严重

目前中国建筑工人老龄化趋势明显，年龄阶层脱节，缺乏新生力量等问题较突出。中国建筑业协会统计数据显示，截至 2022 年 6 月底，全国建筑工人年龄结构中位数为 47 岁，其中 50 岁以上的占比超过 40%。部分施工企业用工混乱，

管理较为粗放，建筑工人工作环境差、劳动强度和危险性高、待遇保障差；企业和社会没有为建筑工人构建稳定的职业发展通道，建筑工人缺少职业归属感，导致中国建筑工人队伍整体职业化程度偏低、素质不高。目前中国一线建筑工人普遍缺乏技能培训，初中及以下文化程度的工人大量存在，通过调研发现，江苏省施工人员初中小学文化程度占比达到 79%，全省 40 岁以上从业人员占比达 71%，50 岁以上占比达 41.62%。人员老龄化、用工短缺等问题突出，这与建筑业迈向智能化、机械化、自动化的发展趋势极不匹配，无法满足建筑业安全发展和产业升级需要。

## 七、基层监管力量弱，监管队伍人才缺口大

部分地区监管机构专业人员力量不足、经费难以保障，安全质量监管能力有待提升。限额以下工程监管体系不健全，虽然要求各地落实属地监管责任，完善制度措施，推动建立网格化管理机制，发挥乡镇、街道的日常巡查作用，但仍未推动各地落实到位。如江苏省全省一线监督机构人均监督面积 56.5 万平方米，远超全国人均 32.8 万平方米，有 21 家监督机构的人均监督面积超过 100 万平方米。承担工作压力大、面临职业风险高、待遇普遍偏低、晋升通道狭窄等问题造成基层安全监管人才流失严重。

## 八、部门监管宽松软，企业违法违规成本低

部分地区住房和城乡建设、交通运输、水利等行业部门“打非治违”工作不力，监管执法失之于宽、失之于软等问题突出。部分检查人员日常检查执法不到位，未能及时发现存在的违法违规行为，还有一些地方只检查不执法。对施工现场项目负责人长期脱岗、不按施工方案施工等明显的安全隐患视而不见或“轻描淡写”处理，企业违法违规行为得不到应有的惩处和纠正，企业违法违规成本低，导致施工现场违法违规行为反复发生。此外，事故调查处理不严格，威慑作用不够。地方政府特别是市、县层级事故调查组的专业性、规范性不够，部分事故调查原因查找不深入、事故定性不准确、责任认定不清晰、部分整改措施针对性和可操作性不强等问题，不能有效发挥事故警示和震慑作用。特别是重调查处理、轻吸取教训的现象，整改措施没有得到有效落实，相同类型事故反复发生。

# 第四章　建设工程较大及以上生产安全事故案例统计分析

## 第一节　研究分析的安全生产法律法规依据

本书中主要依据的相关法规主要包括：《中华人民共和国安全生产法》、《中华人民共和国建筑法》、《建设工程质量管理条例》、《建设工程安全生产管理条例》、《危险性较大的分部分项工程安全管理规定》（住房城乡建设部令第37号）、《房屋建筑和市政基础设施工程施工分包管理办法》（住房城乡建设部令第19号）、《建筑施工企业安全生产许可证管理规定》（建设部令第128号）、《建筑起重机械安全监督管理规定》（建设部令第166号）、《房屋建筑和市政基础设施工程施工图设计文件审查管理办法》（住房城乡建设部令第13号）、《建筑施工企业主要负责人、项目负责人和专职安全生产管理人员安全生产管理规定》（住房城乡建设部令第17号）、《城镇排水管道维护安全技术规程》（CJJ 6—2009）、《建设工程分类标准》（GB/T 50841—2013）、《房屋建筑和市政基础设施项目工程总承包管理办法》（建市规〔2019〕12号）、《建筑工程施工发包与承包违法行为认定查处管理办法》（建市规〔2019〕1号）等。

## 第二节　研究分析数据及要素的确定

事故案例的分析数据分为两部分，第一部分为事故案例的基本信息，第二部分为事故违法行为情况。其具体要素确定情况如下。

### 一、事故案例基本信息分析要素

基本信息要素包括：事故发生的时间、省份、事故名称、死亡人数、受伤人数、直接经济损失、工程类别、事故类型、事故性质、建设单位性质、施工单位性质、事故简要经过、直接原因等。

**1. 工程类别**

依据《建设工程分类标准》，结合实际情况，本书将建设工程分为：房屋建筑、公路建设、市政建设、工业建设、电力工程、铁路建设、环境工程、水利建设、轨道交通、小型工程、民航工程、通信工程和园林绿化工程共13类。其中，市政建设主要包括截污工程、污水处理及再生水工程、污水管网修复工程等；环境工程主要包括垃圾处理工程、水环境治理工程、噪声与振动污染控制工程等。

**2. 事故类型**

依据《应急管理部关于印发〈生产安全事故统计调查制度〉和〈安全生产行政执法统计调查制度〉的通知》（应急〔2020〕93号），将事故类型分为：物体打击、车辆伤害、机械伤害、起重伤害、触电、淹溺、灼烫、火灾、高处坠落、坍塌、冒顶片帮、透水、爆破、火药爆炸、瓦斯爆炸、锅炉爆炸、容器爆炸、其他爆炸、中毒和窒息、其他伤害。其中，本书将起重机坍塌、提升机坠落统计为起重伤害事故；隧道内顶石坠落造成的人员伤亡统计为冒顶片帮事故。

**3. 建设单位性质**

建设单位是指执行国家基本建设计划，组织、督促基本建设工作，支配、使用基本建设投资的基层单位。一般表现为：行政上有独立的组织形式，经济上实行独立核算，编有独立的总体设计和基本建设计划，是基本建设法律关系的主体。本书建设单位性质，主要指建设单位是基层政府、政府部门、国企还是非国企，由此确定属于政府工程，还是非政府工程。属于国有企业的工程也列入政府工程统计范围。如国有电力企业的工程、国有企业的污水处理工程等。

**4. 施工单位性质**

本书的施工单位性质是指国有企业或非国有企业，其中将国有企业控股的企业，视为国有企业统计。

## 二、事故案例违法行为分析要素

《中华人民共和国建筑法》《建设工程安全生产管理条例》等法律法规，对建筑工程施工许可、从业资格、发包、承包、监理、施工组织设计、安全生产管理、危大工程管理、设备设施管理等均做出明确规定。选取确定违法违规行为的分析要素主要是依据有关法律、法规、规章及重要文件的重点要求，结合事故调查报告中列出的突出违法违规行为，确定分析要素。主要分为12大项、37分项作为分析要素。

**1. 项目许可**

项目许可主要指是否办理了施工许可证。《中华人民共和国建筑法》规定，建筑工程开工前，建设单位应当按照国家有关规定向工程所在地县级以上人民政府建设行政主管部门申请领取施工许可证；但是，国务院建设行政主管部门确定的限额以下的小型工程除外。按照国务院规定的权限和程序批准开工报告的建筑工程，不再领取施工许可证。未办理施工许可证的建设项目可视为非法违法建设。

**2. 发承包管理**

依据《建筑工程施工发包与承包违法行为认定查处管理办法》，发包与承包违法行为包括违法发包、转包、违法分包和挂靠，因此，设定了违法发包、转包、违法分包、挂靠4项分指标。

（1）违法发包，是指建设单位将工程发包给个人或不具有相应资质的单位、肢解发包、违反法定程序发包及其他违反法律法规规定发包的行为。存在以下情形之一的，应当属于违法发包：一是建设单位将工程发包给个人的；二是建设单位将工程发包给不具有相应资质的单位的；三是依法应当招标未招标或未按照法定招标程序发包的；四是建设单位设置不合理的招标投标条件，限制、排斥潜在投标人或者投标人的；五是建设单位将一个单位工程的施工分解成若干部分发包给不同的施工总承包或专业承包单位的。

（2）转包，是指承包单位承包工程后，不履行合同约定的责任和义务，将其承包的全部工程或者将其承包的全部工程肢解后以分包的名义分别转给其他单位或个人施工的行为。存在下列情形之一的，应当认定为转包，但有证据证明属于挂靠或者其他违法行为的除外：一是承包单位将其承包的全部工程转给其他单位（包括母公司承接建筑工程后将所承接工程交由具有独立法人资格的子公司施工的情形）或个人施工的；二是承包单位将其承包的全部工程肢解以后，以分包的名义分别转给其他单位或个人施工的；三是施工总承包单位或专业承包单位未派驻项目负责人、技术负责人、质量管理负责人、安全管理负责人等主要管理人员，或派驻的项目负责人、技术负责人、质量管理负责人、安全管理负责人中一人及以上与施工单位没有订立劳动合同且没有建立劳动工资和社会养老保险关系，或派驻的项目负责人未对该工程的施工活动进行组织管理，又不能进行合理解释并提供相应证明的；四是合同约定由承包单位负责采购的主要建筑材料、构配件及工程设备或租赁的施工机械设备，由其他单位或个人采购、租赁，或施工单位不能提供有关采购、租赁合同及发票等证明，又不能进行合理解释并提供相应证明的；五是专业作业承包人承包的范围是承包单位承包的全部工程，专业作业承包人计取的是除上缴给承包单位“管理费”之外的全部工程价款的；六是承包单位通过采取合作、联营、个人承包等形式或名义，直接或变相将其承包的全部工程转给其他单位或个人施工的；七是专业工程的发包单位不是该工程的施工总承包或专业承包单位的，但建设单位依约作为发包单位的除外；八是专业作业的发包单位不是该工程承包单位的；九是施工合同主体之间没有工程款收付关系，或者承包单位收到款项后又将款项转拨给其他单位和个人，又不能进行合理解释并提供材料证明的。两个以上的单位组成联合体承包工程，在联合体分工协议中约定或者在项目实际实施过程中，联合体一方不进行施工也未对施工活动进行组织管理的，并且向联合体其他方收取管理费或者其他类似费用的，视为联合体一方将承包的工程转包给联合体其他方。

（3）违法分包，是指承包单位承包工程后违反法律法规规定，把单位工程或分部分项工程分包给其他单位或个人施工的行为。存在下列情形之一的，属于违法分包：一是承包单位将其承包的工程分包给个人的；二是施工总承包单位或专业承包单位将工程分包给不具备相应资质单位的；三是施工总承包单位将施工总承包合同范围内工程主体结构的施工分包给其他单位的，钢结构工程除外；四是专业分包单位将其承包的专业工程中非劳务作业部分再分包的；五是专业作业承包人将其承包的劳务再分包的；六是专业作业承包人除计取劳务作业费用外，还计取主要建筑材料款和大中型施工机械设备、主要周转材料费用的。

（4）挂靠，是指单位或个人以其他有资质的施工单位的名义承揽工程的行为。存在下列情形之一的，属于挂靠：一是没有资质的单位或个人借用其他施工单位的资质承揽工程的；二是有资质的施工单位相互借用资质承揽工程的，包括资质等级低的借用资质等级高的，资质等级高的借用资质等级低的，相同资质等级相互借用的；三是其他情形有证据证明属于挂靠的。

**3. 参建单位资质**

参建单位资质包括无施工企业相应资质、资质不符合要求、无安全生产许可证。

（1）无施工资质，指施工单位、分包单位没有施工资质证书。依据《建筑业企业资质管理规定》，建筑业企业资质分为施工总承包资质、专业承包资质、施工劳务资质三个序列。施工总承包资质、专业承包资质按照工程性质和技术特点分别划分为若干资质类别，各资质类别按照规定的条件划分为若干资质等级。施工劳务资质不分类别与等级。

（2）资质不符合要求，指施工单位、分包单位的资质等级或经营范围不符合要求。

（3）无安全生产许可证，指施工单位或分包单位没有安全生产许可证。《建筑施工企业安全生产许可证管理规定》要求，国家对建筑施工企业实行安全生产许可制度，建筑施工企业未取得安全生产许可证的，不得从事建筑施工活动。

**4. 人员资格**

依据《建设工程质量管理条例》规定，施工单位应当建立质量责任制，确定工程项目的项目经理、技术负责人和施工管理负责人。

(1) 项目管理人员无资格证书，指施工单位的主要负责人、项目负责人、专职安全生产管理人员未取得安全生产资格合格证书，或项目负责人未取得相应的执业资格证书。

(2) 项目管理人员缺失，指项目负责人、专职安全生产管理人员、技术负责人等未配备或不在岗、重点岗位人员缺失或数量不足。

(3) 人员挂靠，指项目负责人、专职安全生产管理人员、技术负责人为挂靠或与实际不符。

(4) 特种作业人员、驾驶员等无资格证书等，指垂直运输机械作业人员、安装拆卸工、爆破作业人员、起重信号工、登高架设作业人员等特种作业人员以及车辆驾驶员等，必须按照国家有关规定经过专门的培训，并取得特种作业操作资格证书或驾驶证书后，方可上岗作业。

**5. 设计文件编制**

依据《建设工程质量管理条例》《建筑工程施工许可管理办法》规定，从事建设工程活动，必须严格执行基本建设程序，坚持先勘察、后设计、再施工的原则。施工图设计文件未经审查批准的，不得使用。同时规定，施工单位必须按照工程设计图纸和施工技术标准施工，不得擅自修改工程设计，不得偷工减料。

(1) 没有正规设计文件，指没有经有资质的设计单位编制的设计文件。未办理施工许可证的项目，一般没有正规设计文件。此类项目可能由无资质企业或个人施工，安全管理工作缺失。

(2) 设计文件有缺陷，指设计单位或人员无相关资质，或设计文件未经审查、未按标准设计等问题。

(3) 未按设计施工图纸施工，指凭经验、未按国家及行业标准组织施工，或未按设计要求选用建筑材料、建筑构配件和设备等，存在偷工减料行为。

**6. 施工组织设计**

《中华人民共和国建筑法》规定，建筑施工企业在编制施工组织设计时，应当根据建筑工程的特点制定相应的安全技术措施；对专业性较强的工程项目，应当编制专项安全施工组织设计，并采取安全技术措施。办理施工许可证需要提交施工组织设计。

(1) 未制定施工组织设计。编制施工组织设计是办理施工许可证的条件之一，未制定此设计，一般未取得施工许可证，属非法违法项目，施工项目管理混乱。

（2）施工组织设计有缺陷。包括施工组织设计未经审批，或内容不全、不符合规章及标准要求等。

（3）未按施工组织设计施工。未按设计规定的程序、方法施工，施工工序颠倒、缺乏安全技术措施、缺乏验算等。

**7. 危险性较大的工程管理**

依据《建设工程安全生产管理条例》规定，设定以下指标：

（1）未制定专项施工方案。未按《建设工程安全生产管理条例》规定，编制危险性较大的分部分项工程的专项施工方案。

（2）方案有缺陷，指未按规定进行安全验算，相关人员未签字，或未组织专家论证，方案内容不符合规章、标准等要求。

（3）未按方案施工。没有按照方案要求组织施工，没有进行相应的检查、验收等。

**8. 设备设施**

设备设施包括安全防护用具、机械设备（特种设备）、施工机具、建筑材料、建筑构配件等。依据《中华人民共和国建筑法》规定，设定以下指标：

（1）设备设施未按要求安装，指未按施工方案要求安装相关的设备设施，施工程序混乱等。

（2）设备设施未检验，指未按规定要求，对各种设备设施、构配件等进行检验或检测等。

（3）设备设施有缺陷。使用的相应的设备设施、建筑配件或构件不符合标准要求、质量不合格等。

**9. 安全措施**

安全措施包括安全技术措施、现场防护措施、安全管理措施等。

（1）未经安全风险辨识，指没有进行安全风险辨识评估或风险辨识不到位。编制施工组织设计前应开展工程安全风险辨识评估，针对风险辨识情况编制风险管控措施。

（2）缺少专项技术措施。技术措施是指运用工程技术手段消除物的不安全因素，是施工组织设计中的重要组成部分。

（3）缺少现场防护措施，指施工现场的“三宝四口五临边”缺失、安全警示标识不足等。

（4）缺少管理措施，指缺少安全技术交底、安全培训、安全检查等。

**10. 现场作业**

依据《中华人民共和国建筑法》规定，设定以下指标：

（1）违章指挥。施工单位或项目负责人违反有关法规规定或施工组织设计、设计文件等，指挥作业人员施工作业。

（2）违章作业。作业人员违反有关法规规定、管理制度、操作规定等，进行施工作业。

**11. 监理责任**

依据《建设工程安全生产管理条例》《建设工程质量管理条例》等规定，设定以下指标：

（1）监理人员无资格证书，指监理人员不具备相应的资格。

（2）未配备相应的监理人员进场。未指派总监理工程师、监理工程师进驻施工现场。

（3）监理履职不力。未落实监理安全责任，未进行相应的检查、验收、签字，未发现存在的问题等。

**12. 总包单位责任不落实**

《建设工程安全生产管理条例》规定，设定总包单位责任不落实，指未落实法规赋予的相应责任，只包不管、以包代管，项目管理失管失控。

## 第三节　事故案例基本情况统计分析

通过对2019—2021年145起较大和重大建设工程事故案例进行了筛选，选取了具有分析条件的生产安全事故共131起作为研究对象，从事故发生地区、工程类别、事故类型、事故发生月份分布、建设单位性质、施工单位性质、事故等级和事故性质8个维度进行统计分析，具体情况如下所述。

### 一、地区分布

从事故发生地区来看，建设工程事故主要集中发生在广东、广西、云南、安徽和四川，5个省份事故共52起，死亡215人，分别占比40%和36.9%。

### 二、工程类别

从工程类别来看，房屋建筑、公路建设和市政建设是建设工程事故发生最主要的类别。其中，房屋建筑工程事故48起，死亡265人，分别占比36.6%和45.5%；公路建设事故24起，死亡113人，分别占比18.3%和19.4%；市政建设事故19起，死亡62人，分别占比14.5%和10.6%；三类事故共91起，死亡440人，分别占比69.5%和75.5%。此外，工业建设、电力工程、铁路建设、环境工程、水利建设、轨道交通和小型工程事故起数分别为8起、7起、7起、5起、5起、3起、2起，死亡人数分别为29人、31人、26人、16人、15人、10人、6人；民航工程、通信工程和园林绿化事故起数均为1起，死亡人数分别为4人、3人、3人（表4-1、图4-1和图4-2）。

表4-1　不同工程类别事故数和死亡人数表

| 工程类别 | 事故起数/起 | 死亡人数/人 |
| --- | --- | --- |
| 房屋建筑 | 48 | 265 |
| 公路建设 | 24 | 113 |
| 市政建设 | 19 | 62 |
| 工业建设 | 8 | 29 |
| 电力工程 | 7 | 31 |
| 铁路建设 | 7 | 26 |
| 环境工程 | 5 | 16 |
| 水利建设 | 5 | 15 |
| 轨道交通 | 3 | 10 |
| 小型工程 | 2 | 6 |
| 民航工程 | 1 | 4 |
| 通信工程 | 1 | 3 |
| 园林绿化 | 1 | 3 |
| 总计 | 131 | 583 |

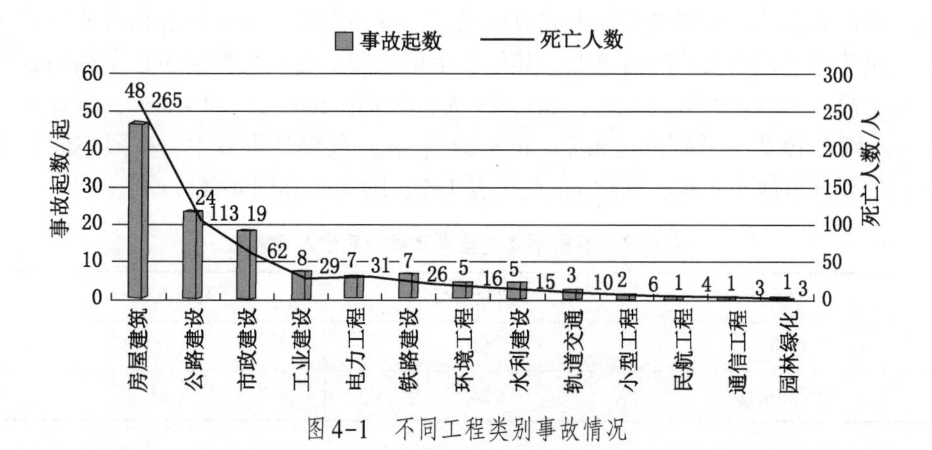


图4-1　不同工程类别事故情况

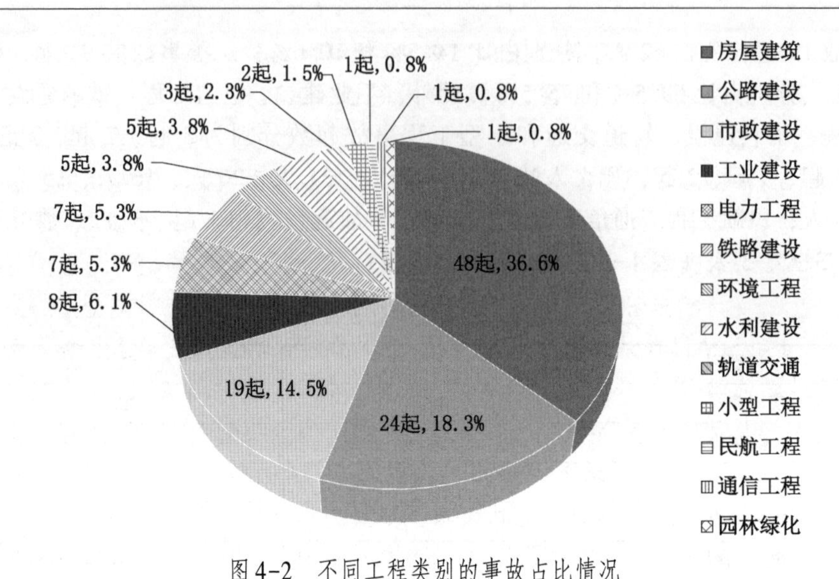


图4-2　不同工程类别的事故占比情况

## 三、事故类型

从事故类型来看，坍塌事故是建设工程事故发生的最主要类型，事故达61起，死亡313人，分别占比46.6%和53.7%；其次是中毒和窒息事故，起数达24起，死亡81人，分别占比18.3%和13.9%，其中有限空间作业导致的中毒和窒息事故达23起，死亡77人；第三是起重伤害事故，起数达12起，死亡50人，分别占比9.2%和8.6%；第四为高处坠落事故，起数为11起，死亡42人，分别占比8.4%和7.2%；上述四种事故类型的事故总量占比约为82.4%，即超过8成的较大及重大建设工程事故由坍塌、中毒和窒息、起重伤害和高处坠落导致，是建设工程事故预防的重点。其他发生事故较多的事故类型还有车辆伤害和爆炸事故，车辆伤害事故8起，死亡27人，分别占比6.1%和4.6%；爆炸事故5起，死亡19人，分别占比3.8%和3.3%；在5起爆炸事故中，有限空间作业导致的爆炸事故为3起，死亡11人（表4-2、图4-3和图4-4）。

表4-2　不同事故类型事故数和死亡人数表

| 事故类型 | 事故起数/起 | 死亡人数/人 |
| --- | --- | --- |
| 坍塌 | 61 | 313 |
| 中毒和窒息 | 24 | 81 |

表4-2（续）

| 事故类型 | 事故起数/起 | 死亡人数/人 |
|---|---|---|
| 起重伤害 | 12 | 50 |
| 高处坠落 | 11 | 42 |
| 车辆伤害 | 8 | 27 |
| 爆炸 | 5 | 19 |
| 物体打击 | 2 | 6 |
| 透水 | 2 | 26 |
| 火灾 | 2 | 6 |
| 冒顶片帮 | 1 | 3 |
| 机械伤害 | 1 | 3 |
| 触电 | 1 | 3 |
| 爆破 | 1 | 4 |

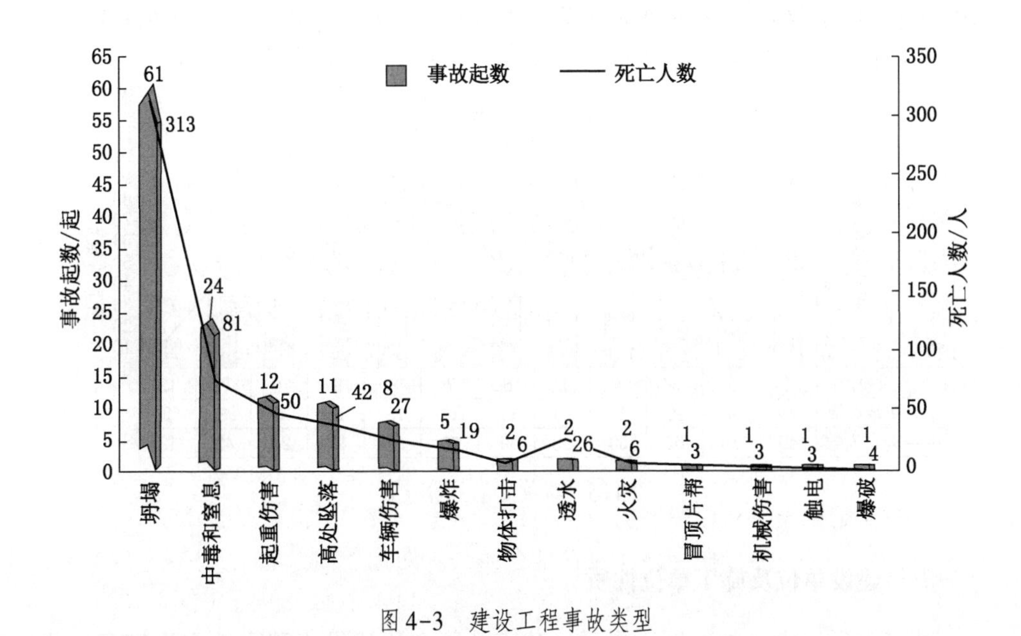


图4-3　建设工程事故类型

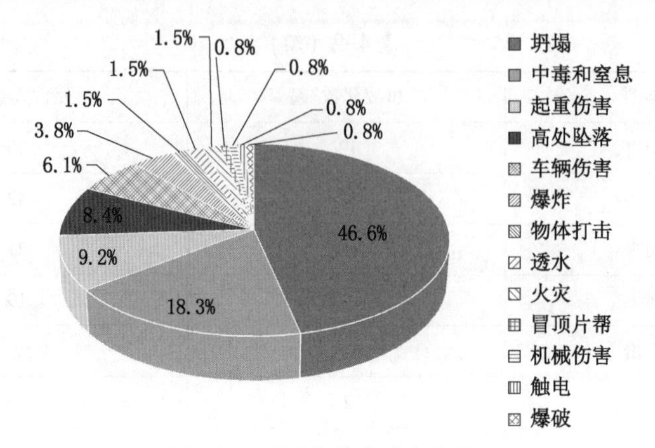


图 4-4　不同事故类型占比情况

## 四、事故发生月份分布

从事故发生月份分布来看，5—8 月事故较多，共发生事故 67 起，死亡 289 人；12 月到次年 2 月间的事故数较少，事故 17 起，死亡 68 人；总体呈现反复波动趋势。分析其原因，每年 1—2 月是元旦和春节假期，多数单位的施工现场放假，工作日减少，事故处于低潮。而开春后，节气发生变换，人员的思想尚未完全进入状态，随着工程逐渐进入旺季，任务增加，发生事故的可能性相对增加。到了高峰期时，事故发生数增加则更明显（图 4-5）。

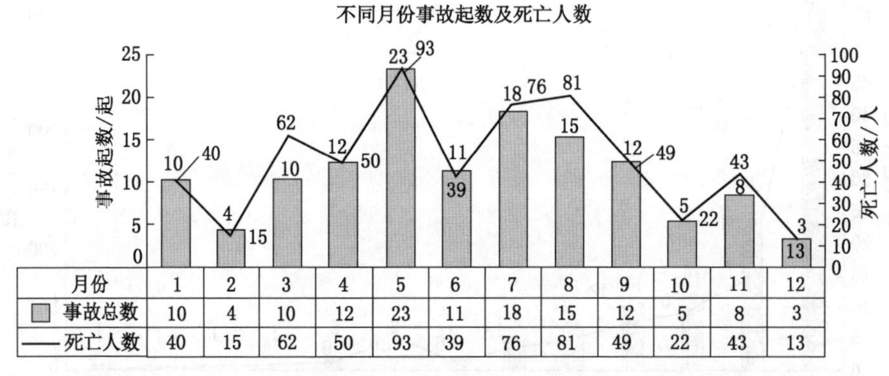


| 月份 | 1 | 2 | 3 | 4 | 5 | 6 | 7 | 8 | 9 | 10 | 11 | 12 |
|---|---|---|---|---|---|---|---|---|---|---|---|---|
| 事故总数 | 10 | 4 | 10 | 12 | 23 | 11 | 18 | 15 | 12 | 5 | 8 | 3 |
| 死亡人数 | 40 | 15 | 62 | 50 | 93 | 39 | 76 | 81 | 49 | 22 | 43 | 13 |

图 4-5　事故发生月份分布

## 五、建设单位及施工单位性质

从工程项目建设单位性质来看，政府及国企的建设工程事故起数较多，共

77 起，占事故总数的 58.8%；民营企业的事故 47 起，占 35.9%；个人建设的事故 7 起，占 5.3%。从施工单位性质来看，国有施工单位的事故 42 起，占 32%，非国有施工单位的事故 89 起，占 68%（图 4-6）。

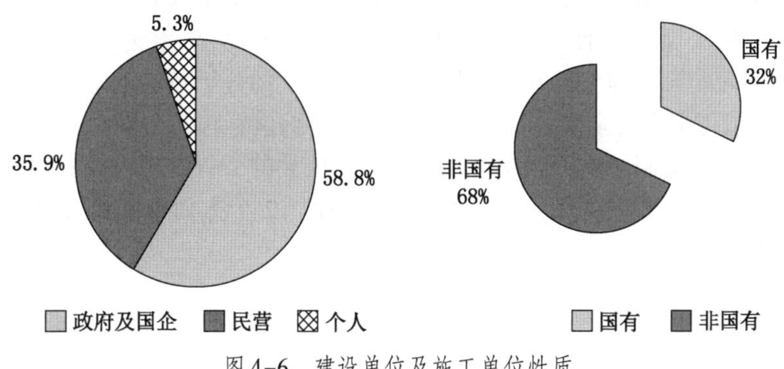


图 4-6　建设单位及施工单位性质

## 六、事故等级及事故性质

从事故等级来看，较大事故 124 起，死亡 470 人，占比分别为 95% 和 80.6%；重大事故 7 起，死亡 113 人，占比分别为 5% 和 19.4%。从事故性质来看，生产安全事故 124 起，死亡 560 人，分别占比 95% 和 96.1%；非生产安全事故 7 起，死亡 23 人，分别占比 5% 和 3.9%；其中包括自然灾害引发的事故 5 起、公共安全事故 1 起、个人原因导致的意外事故 1 起（图 4-7）。

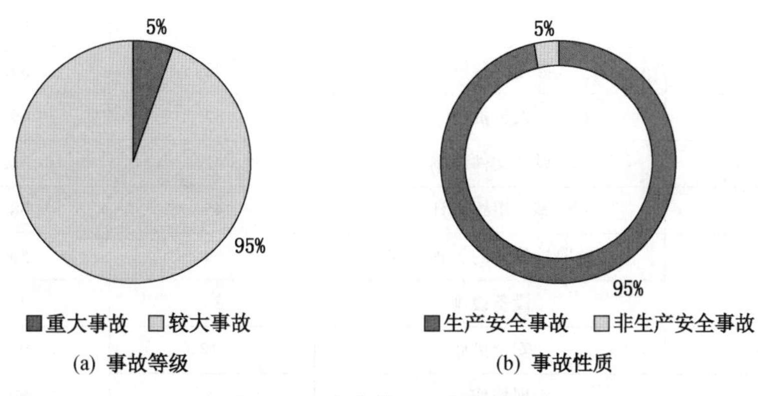


图 4-7　事故等级及事故性质

## 第四节 建设工程生产安全事故违法行为统计分析

在作为研究对象的131起事故中，含有7起自建房事故和6起非生产安全事故，由于适用法规的区别，无法运用已确定的违法行为要素进行分析，故这13起事故不列入建设工程生产安全事故违法行为要素的分析范围。本书针对其余的118起建设工程生产安全事故，从项目许可、发承包管理、参建单位资质、人员资格、设计文件编制、施工组织设计、危险性较大的工程管理、设备设施、安全措施、现场作业、监理责任、总包责任落实情况12个方面存在的违法行为进行了统计分析。

### 一、总体情况

从一级要素看，涉及安全措施不到位的事故最多，事故达113起，占比95.8%；其次为现场作业中存在“违章指挥和违章作业”的违法行为，事故达95起，占比80.5%；监理责任落实方面存在问题的事故达94起，占比79.7%；人员资格方面存在问题的事故达82起，占比69.5%。其余要素涉及的事故数具体见表4-3、图4-8。

表4-3 各要素存在违法行为或问题的事故起数和比例

| 序号 | 分析要素 | 事故起数 | 比例/% |
|---|---|---|---|
| 1 | 项目许可 | 34 | 28.8 |
| 2 | 发承包管理 | 54 | 45.8 |
| 3 | 参建单位资质 | 42 | 35.6 |
| 4 | 人员资格 | 82 | 69.5 |
| 5 | 设计文件编制 | 41 | 34.7 |
| 6 | 施工组织设计 | 45 | 38.1 |
| 7 | 危险性较大的工程管理 | 59 | 50.0 |
| 8 | 设备设施 | 33 | 28.0 |
| 9 | 安全措施 | 113 | 95.8 |
| 10 | 现场作业 | 95 | 80.5 |
| 11 | 监理责任 | 94 | 79.7 |
| 12 | 总包责任落实情况 | 90 | 76.3 |

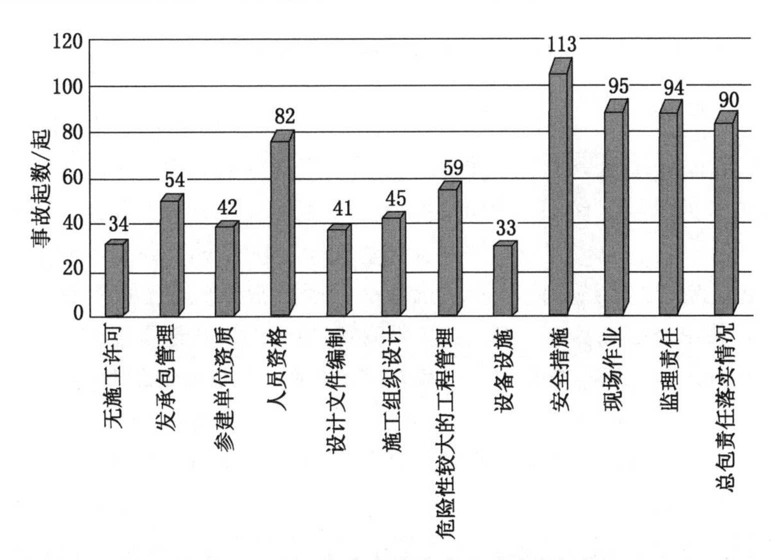


图4-8　各要素存在违法行为的事故起数

## 二、发承包管理方面

在发承包管理方面，存在违法行为的事故为54起，占事故总数的45.8%。主要包括违法发包、转包、违法分包和挂靠4个问题，涉及以上4个问题的事故分别为24起、22起、29起、10起（图4-9）。

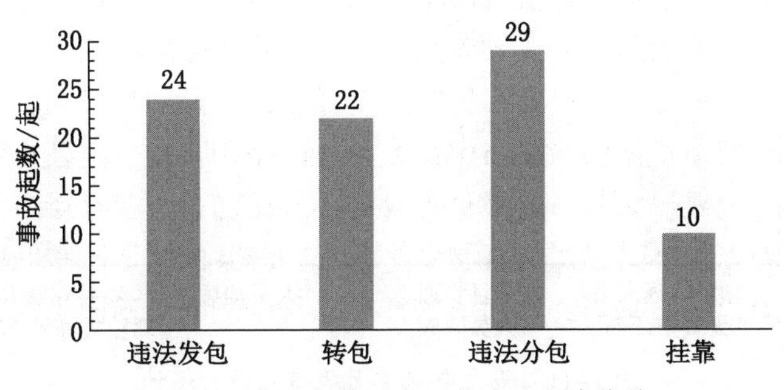


图4-9　发承包管理方面的违法行为统计

## 三、参建单位资质

在参建单位资质方面存在问题的事故为42起，占事故总数的35.6%。主要包括无施工资质、资质不符合要求和无安全生产许可证3个问题，涉及以上3个问题的事故分别为 34 起、11 起、12 起（图 4-10）。

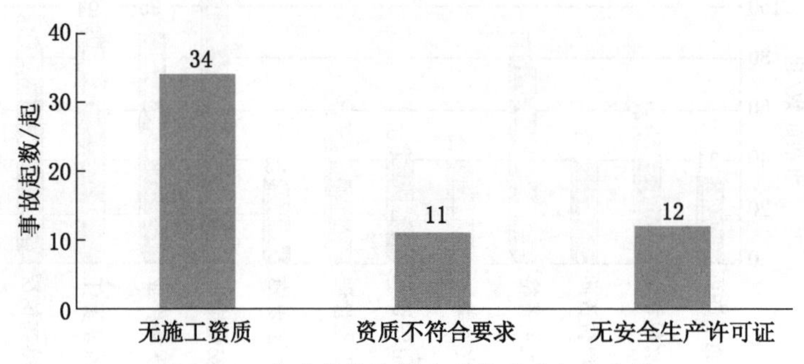


图 4-10　参建单位资质方面的违法行为统计

## 四、人员资格

在人员资格方面存在违法行为的事故为 82 起，占事故总数的 69.5%。主要包括项目管理人员无资格证书，项目管理人员缺失，人员挂靠和特种作业人员、驾驶员等无资格证书 4 个问题，涉及以上 4 个问题的事故分别为 43 起、66 起、10 起、25 起（图 4-11）。

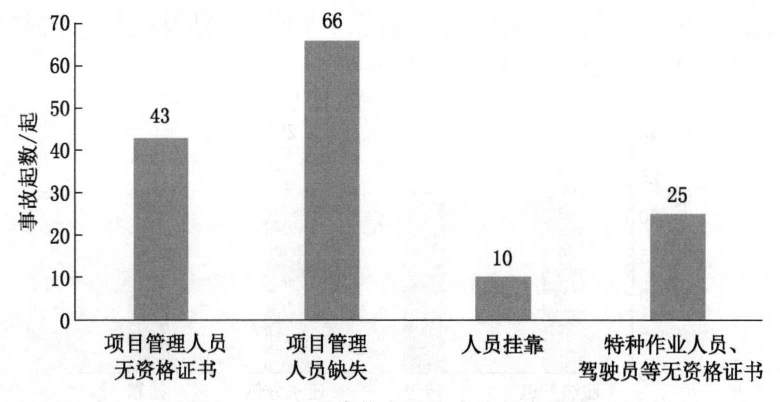


图 4-11　人员资格方面的违法行为统计

## 五、设计文件编制

在设计文件编制方面存在问题的事故为 41 起，占事故总数的 34.7%。主要包括无正规设计文件、设计文件有缺陷、未按设计施工图纸施工 3 个问题，涉及以上 3 个问题的事故分别为 17 起、19 起、14 起（图 4-12）。

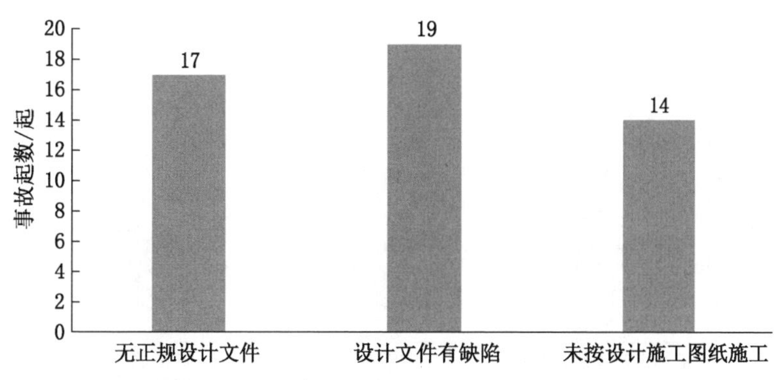

图 4-12　设计文件编制方面的违法行为统计

## 六、施工组织设计

在施工组织设计方面存在问题的事故为 45 起，占事故总数的 38.1%。主要包括未制定施工组织设计、施工组织设计有缺陷和未按施工组织设计施工 3 个问题，涉及以上 3 个问题的事故分别为 13 起、18 起、23 起（图 4-13）。

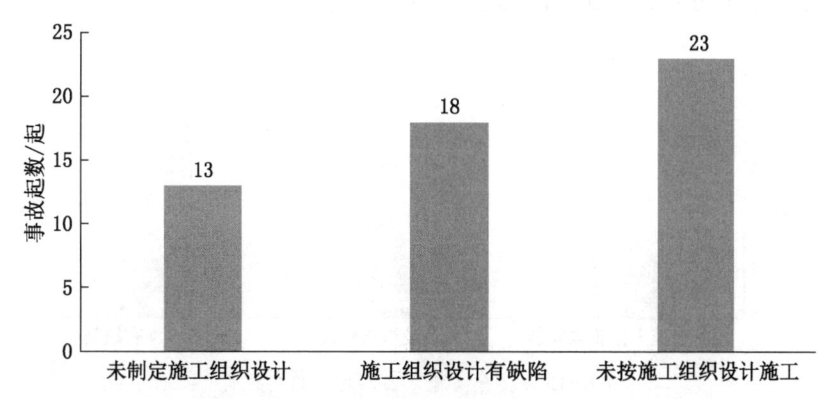

图 4-13　施工组织设计方面的违法行为统计

## 七、危险性较大的工程管理

在危险性较大的工程管理方面存在问题的事故为 59 起，占事故总数的 50.0%。主要包括未制定专项施工方案、方案有缺陷和未按危大工程专项施工方案施工 3 个问题，涉及以上 3 个问题的事故分别为 35 起、22 起、15 起（图 4-14）。

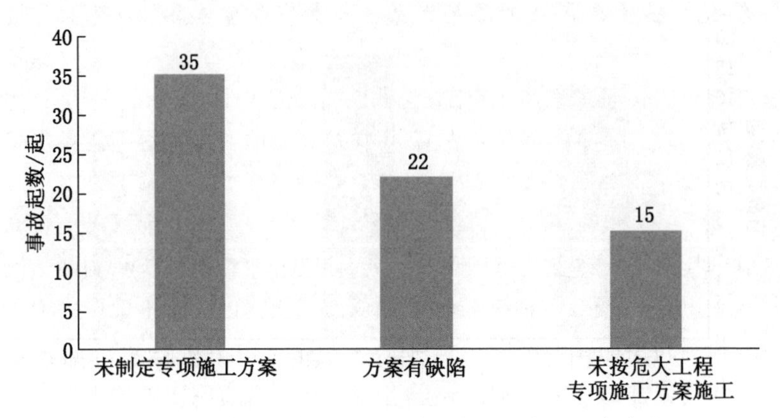


图 4-14　危险性较大的工程管理方面的违法行为统计

## 八、设备设施

在设备设施方面存在问题的事故为 33 起，占事故总数的 28. 0% 。主要包括设备设施未按要求安装、设备设施未检验和设备设施有缺陷 3 个问题，涉及以上 3 个问题的事故分别为 9 起、14 起、24 起（图 4-15）。

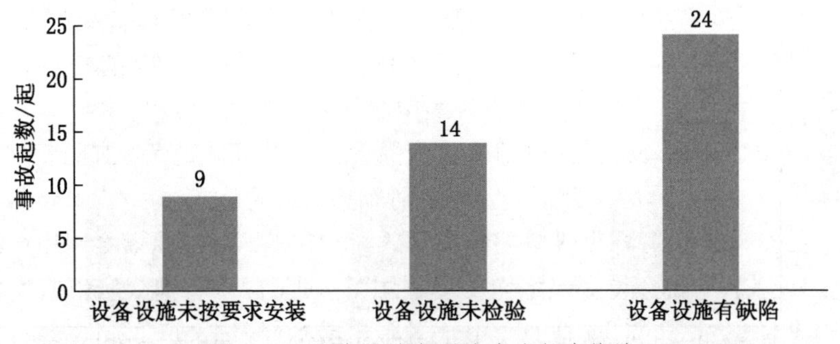


图 4-15　设备设施方面的违法行为统计

## 九、安全措施

在安全措施方面存在问题的事故为 113 起，占事故总数的 95. 8% 。主要包括未经安全风险辨识、缺少专项技术措施、缺少防护措施、缺少管理措施 4 个问题。涉及以上 4 个问题的事故分别为 74 起、56 起、53 起、108 起（图 4-16）。

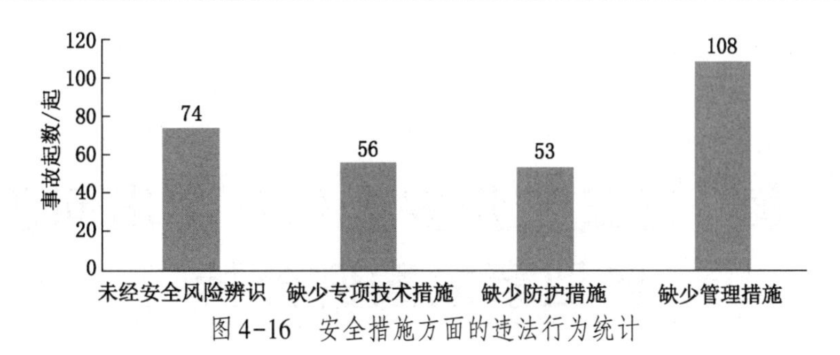

图 4-16　安全措施方面的违法行为统计

## 十、现场作业

现场作业方面存在问题的事故为 95 起，占事故总数的 80.5%。主要违法行为包括违章指挥和违章作业，涉及两者的事故分别为 62 起、91 起（图 4-17）。

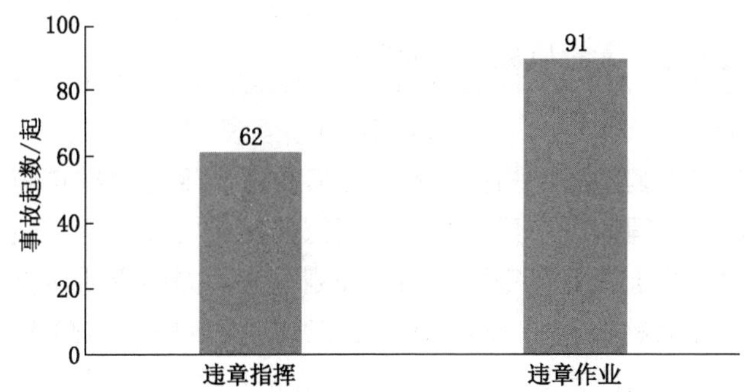

图 4-17　现场作业方面的违法行为统计

## 十一、监理责任

监理责任落实方面存在问题的事故为 94 起，占事故总数的 79.7%。主要包括监理人员无资格证书，未配备监理人员、监理力量不足、监理人员不在场和监理履职不力 3 个问题，涉及以上 3 个问题的事故分别为 16 起、44 起、83 起（图 4-18）。

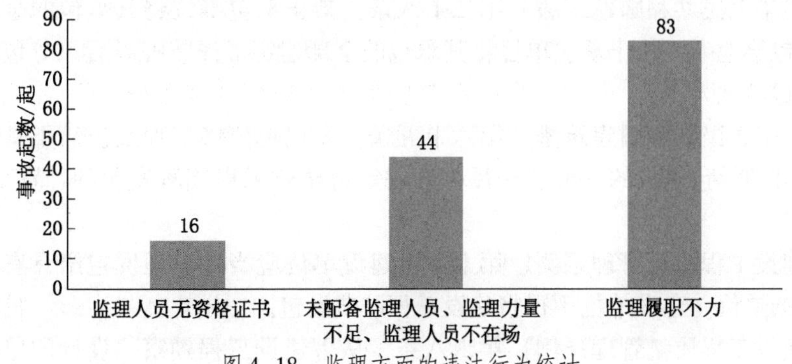

图 4-18　监理方面的违法行为统计

# 第五章　建筑市场安全生产突出问题及典型事故案例分析

## 第一节　典型案例分析——企业突出问题

### 一、违法发承包、无资质施工行为严重

**1. 法规要求**

《中华人民共和国建筑法》第十三条：从事建筑活动的建筑施工企业、勘察单位、设计单位和工程监理单位，按照其拥有的注册资本、专业技术人员、技术装备和已完成的建筑工程业绩等资质条件，划分为不同的资质等级，经资质审查合格，取得相应等级的资质证书后，方可在其资质等级许可的范围内从事建筑活动。

《中华人民共和国建筑法》第二十六条：承包建筑工程的单位应当持有依法取得的资质证书，并在其资质等级许可的业务范围内承揽工程。

禁止建筑施工企业超越本企业资质等级许可的业务范围或者以任何形式用其他建筑施工企业的名义承揽工程。禁止建筑施工企业以任何形式允许其他单位或者个人使用本企业的资质证书、营业执照，以本企业的名义承揽工程。

《中华人民共和国建筑法》第二十八条：禁止承包单位将其承包的全部建筑工程转包给他人，禁止承包单位将其承包的全部建筑工程肢解以后以分包的名义分别转包给他人。

《中华人民共和国建筑法》第六十五条：发包单位将工程发包给不具有相应资质条件的承包单位的，或者违反本法规定将建筑工程肢解发包的，责令改正，处以罚款。

《建设工程质量管理条例》第七条：建设单位应当将工程发包给具有相应资质等级的单位。建设单位不得将建设工程肢解发包。

《建设工程质量管理条例》第十八条：从事建设工程勘察、设计的单位应当

依法取得相应等级的资质证书，并在其资质等级许可的范围内承揽工程。

禁止勘察、设计单位超越其资质等级许可的范围或者以其他勘察、设计单位的名义承揽工程。禁止勘察、设计单位允许其他单位或者个人以本单位的名义承揽工程。

《建设工程质量管理条例》第二十五条：施工单位应当依法取得相应等级的资质证书，并在其资质等级许可的范围内承揽工程。禁止施工单位超越本单位资质等级许可的业务范围或者以其他施工单位的名义承揽工程。禁止施工单位允许其他单位或者个人以本单位的名义承揽工程。

《建设工程安全生产管理条例》第十一条：建设单位应当将拆除工程发包给具有相应资质等级的施工单位。

《建设工程安全生产管理条例》第十七条：在施工现场安装、拆卸施工起重机械和整体提升脚手架、模板等自升式架设设施，必须由具有相应资质的单位承担。

《建筑施工企业安全生产许可证管理规定》第二条：国家对建筑施工企业实行安全生产许可制度。建筑施工企业未取得安全生产许可证的，不得从事建筑施工活动。

**2. 案例要素统计分析**

规范建设工程发承包管理，严把施工队伍资质一直是建设领域安全管理的重要环节，但从事故案例所反映的情况看，建设单位、施工单位在这方面的问题仍然比较严重。

在纳入分析的118起事故案例中，有54起事故涉及违法发承包问题，占案例总数的45.8%，涉及违法行为共85项，其中违法发包24项，转包22项，违法分包29项，挂靠10项。

同时，在纳入分析的事故案例中，有42起事故涉及参建企业无相关资质或资质不符合要求的问题，占案例总数的35.6%，涉及违法行为共57项，其中无施工资质34项，资质不符合要求11项，无安全生产许可证12项。

违法分包、转包严重违反“公平、公正”的市场原则，事实上形成了“层层扒皮、雁过拔毛”的恶劣现象，使实际用于工程建设的费用大大削减，最终导致一些承包人在施工过程中偷工减料，降低安全投入；一些工程经转包或肢解分包后落入不具备相应资质条件的“地下”包工队之手，出现资质一流的施工队伍参与投标，资质二流的施工队伍进场，而真正进行实际施工作业的是资质三流的施工队伍的不正常现象，严重地扰乱建筑市场的正常秩序。

在违法分包、转包的工程项目中，实际施工队伍及人员良莠不齐，特别是违法分包、转包造成大量无资质或管理水平低的施工队伍进场，在技术、设备、施工经验和组织能力方面难以满足工程建设的需求，因对施工安全的重视程度不够，规章制度欠缺，安全防护设备不足或者因工人安全意识不强，没有经过安全培训就上岗作业等原因，极易引发安全事故。且在违法分包、转包中，承包人将工程违法分包后，很难对分包人的建筑资质、施工技术水平以及持证上岗人数进行监督管理，因此对于分包项目的质量也难以保证。

**3. 事故案例**

**案例一　上海市长宁区昭化路148号①幢厂房“5·16”坍塌重大事故**

2019年5月16日11时10分左右，上海市长宁区昭化路148号①幢厂房发生局部坍塌，造成12人死亡，10人重伤，3人轻伤，坍塌面积约1000平方米，直接经济损失约3430万元。

在该起事故中，建设单位琛含公司未尽到建设方主体责任，违规将工程的拆旧、敲墙部分以及装饰装修部分发包给个人和不具备结构改造资质的隆耀公司，隆耀公司又将其中的立柱及屋顶加固部分违法分包给不具备资质的个人，构成多重非法承包行为。

由于琛含公司未尽到建设方主体责任，建设项目未立项、报建，结构设计图纸未经审查，在未取得施工许可证的情况下私自开工，且在收到该区域工程停工通知单、知道①幢厂房承重砖墙（柱）本身承载力不足，依然组织人员进行违法施工。同时隆耀公司未尽到承包方主体责任，违规允许个人挂靠，安排人员挂名项目经理，在无施工组织设计、无安全技术交底的情况下违法组织施工项目，最终导致事故的发生。

**案例二　临沧市凤庆县云凤高速公路安石隧道“11·26”重大涌水突泥事故**

2019年11月26日17时21分许，云南省临沧市凤庆县在建云凤高速公路安石隧道发生涌水突泥事故，共造成12人死亡，10人受伤，直接经济损失2525.01万元。

在该起事故中，工程勘察设计单位中交公路规划设计院有限公司将项目地质勘查的总体工作分包给湖南辉达规划勘测设计有限公司，将安石隧道工程地质初步勘察、详细勘察工作分包给重庆江北地质工程勘察院，重庆江北地质工程勘察院又将物探勘测工作分包给重庆岩土工程检测中心有限公司，构成多重非法承包行为。

经调查，工程勘察设计单位中交公路规划设计院有限公司安全生产勘察设计主体责任落实不力，《工程地质勘察工作大纲》（初、详勘阶段）未经项目建设管理单位批准，勘察设计阶段（初、详勘阶段）未按《公路工程地质勘察规范》（JTG C20—2011）要求对安石隧道隧址区开展专项区域水文地质调绘工作，安石隧道设计中所依据的地质勘察资料未经项目建设管理单位专项验收，施工技术交底报告中未见涌水突泥风险的交底内容，安石隧道后期服务在岗设计代表资质不符合合同文件履约要求。项目施工总承包单位贵州省公路工程集团有限公司安全生产主体责任落实不到位，制定的涌水突泥专项应急预案缺乏针对性和可操作性，未开展涌水突泥专项应急演练，日常安全教育培训和管理不到位，对下属单位监督管理不到位。监理单位重庆锦程工程咨询有限公司未严格履行安全生产监理主体责任，对施工组织设计审核把关不严格。《安石隧道专项施工方案（修订稿）》《应急救援预案汇编》审查工作不落实，现场巡查、检查等监理工作不严格、不到位。相关部门安全生产行业监管主体责任落实不到位，各单位的疏忽最终导致了这起事故的发生。

**案例三　河源市龙川县麻布岗镇“5·23”较大坍塌事故**

2020年5月23日12时10分许，龙川县麻布岗镇远东花园违法建筑施工工地发生一起较大事故，造成8人死亡，1人轻伤。

在该起事故中，建设单位远东公司在未取得用地、规划、报建、施工等合法手续，未取得房地产开发资质的情况下进行违法违规建设。此外该公司将涉事建筑违法发包给没有建筑资质的个人施工，严重违反了《中华人民共和国安全生产法》第四十六条规定和《建筑工程施工发包与承包违法行为认定查处管理办法》第六条规定。设计单位广州天靖设计公司在涉事建筑未取得项目批准文件、城乡规划、工程建设强制性标准和国家规定的建设工程设计深度要求的依据下，违法承揽涉事建筑设计业务。

经调查，建设单位远东公司管理严重缺失，安全生产主体责任落实不到位。公司主要负责人未建立、健全本公司的安全生产责任制，未组织制定本公司安全生产规章制度和操作规程，未组织制定并实施本公司安全生产教育和培训计划，对本公司没有安全生产投入，未督促、检查本单位的安全生产工作，未及时消除生产安全事故隐患，未组织制定并实施本单位的生产安全事故应急救援预案，未检查本公司的安全生产状况。安全生产管理人员未及时排查生产安全事故隐患，未提出改进安全生产管理的建议，未制止和纠正违章指挥、违反操作规程的行为，未督促落实本公司安全生产整改措施的情况，同时相关行政监管部门监管不力，未按规定履行日常监管职责，日常监督检查严重缺失，最终导致了这起事故的发生。

**案例四　江夏区武汉巴登城生态旅游开发项目一期一（1）二标段“1·5”较大坍塌事故**

2020年1月5日15时30分左右，位于江夏区五里界天子山大道1号的武汉巴登城生态休闲旅游开发项目一期一（1）二标段发生一起较大坍塌事故，造成

6 人死亡，6 人受伤。事故直接经济损失为 1115 万元。

在该起事故中，施工单位山河建设集团有限公司未严格审核湖北强国建筑劳务有限公司相关建设施工劳务作业资质，把劳务工程木工、泥工、钢筋工、架子工、水电工、油漆工、电焊工等图纸设计范围内所需工种工作发包给不具备安全生产条件的劳务单位，湖北强国建筑劳务有限公司在承接劳务工程后，又将泥工、钢筋连接、钢筋植筋加固、模板、脚手架、钢筋工等工程违法转包给个人劳务队伍，构成多重非法承包行为。

经调查，施工单位山河建设集团有限公司安全管理责任不落实：一是未严格落实高大模板支撑安全专项施工方案要求。二是未按规定组织开展安全教育培训，在施工作业前未有效组织安全技术交底，相关工作台账不健全。三是未按规定对高大模板支撑体系架体材料进行查验，导致架体的承载力及稳定性不满足方案的设计预期。四是违章指挥，盲目组织现场施工。五是未按要求配备专职安全生产管理人员，项目安全员也未取得相关安全管理资格。

项目劳务单位湖北强国建筑劳务有限公司安全生产责任不落实：一是安全生产基础工作薄弱，未建立安全生产责任制和安全管理制度，未配备专职或者兼职的安全生产管理人员，无相关安全教育培训和安全检查工作台账。二是未对现场劳务作业过程实施管控，安全管理缺位。

监理单位湖北天成建设工程项目管理有限公司安全监理责任不落实：一是未合理安排和组织现场安全监理工作，项目监理人员未经监理业务培训，安全监理工作能力不足。二是未严格履行危险性较大的分部分项工程的验收程序，高大模板支撑体系搭设完毕后未组织安全验收。三是未及时发现和制止现场违规浇筑施工行为，现场安全监理和巡查检查缺位，事故当天无监理人员在岗。四是未严格开展项目日常安全监理工作。

建设单位武汉巴登城投资有限公司综合安全管理责任落实不到位：一是未全面掌握高大模板支撑体系施工进度，未及时督促项目严格落实危险性较大的分部分项工程的验收程序。二是未有效开展现场巡查，未及时发现和制止现场违规浇筑施工行为。三是未按军运会期间停复工工作要求，组织施工、监理单位对项目复工前的安全生产状况进行检查，隐患排查治理不到位。同时，属地及行业管理部门安全监管责任履行不到位，企业及相关部门均存在一定的管理问题，最终导致这起事故的发生。

**案例五　成都轨道交通 17 号线二期建设北路站防尘降噪施工棚工程“9 · 10”较大坍塌事故**

2021 年 9 月 10 日 14 时 1 分，成都轨道交通 17 号线二期工程土建五工区建设北路站防尘降噪施工棚工程施工过程中发生坍塌，造成4人死亡，14人受伤，直接经济损失650余万元。

在该起事故中，工程发包人成都轨道交通集团有限公司、中铁十一局城轨公司违法发包，将跨度超过36米的钢结构工程发包给无钢结构资质施工单位四川玖鼎科技有限公司，导致玖鼎公司在无资质的情况下，承揽了该钢结构工程。玖鼎公司因无钢结构工程专业承包资质，承揽工程后，又将钢结构（含网架部分）及屋面系统安装转包给只具有钢结构工程专业承包叁级资质的恒裕翰公司，致使恒裕翰公司超资质进行钢结构工程施工。

由于恒裕翰公司存在施工现场管理不到位。未严格按设计要求工序组织施工，在实际采用的施工方案与设计单位要求的网架安装方案不一致时未对施工过程进行模拟计算，施工安全措施等不安全行为，最终造成事故的发生。

## 二、危大工程管理存在缺陷

### 1. 法规要求

《建设工程安全生产管理条例》第二十六条：施工单位应当在施工组织设计中编制安全技术措施和施工现场临时用电方案，对下列达到一定规模的危险性较大的分部分项工程编制专项施工方案，并附具安全验算结果，经施工单位技术负责人、总监理工程师签字后实施，由专职安全生产管理人员进行现场监督：①基坑支护与降水工程；②土方开挖工程；③模板工程；④起重吊装工程；⑤脚手架工程；⑥拆除、爆破工程；⑦国务院建设行政主管部门或者其他有关部门规定的其他危险性较大的工程。

对前款所列工程中涉及深基坑、地下暗挖工程、高大模板工程的专项施工方案，施工单位还应当组织专家进行论证、审查。

《危险性较大的分部分项工程安全管理规定》第十条：施工单位应当在危大工程施工前组织工程技术人员编制专项施工方案。

《危险性较大的分部分项工程安全管理规定》第十一条：专项施工方案应当由施工单位技术负责人审核签字、加盖单位公章，并由总监理工程师审查签字、加盖执业印章后方可实施。

《危险性较大的分部分项工程安全管理规定》第十二条：对于超过一定规模的危大工程，施工单位应当组织召开专家论证会对专项施工方案进行论证。实行施工总承包的，由施工总承包单位组织召开专家论证会。专家论证前专项施工方案应当通过施工单位审核和总监理工程师审查。

**2. 案例要素统计分析**

危险性较大的分部分项工程（危大工程）概念的提出，本身就是鉴于相关工程施工可能导致作业人员群死群伤或者造成重大经济损失的高风险性，危大工程安全管理是防范施工安全事故，特别是多人事故的重要环节。但从案例的统计数据来看，这方面存在的问题依然大量存在。

本书基于事故案例，对作为危大工程管理重中之重的专项施工方案的制定及实施情况进行了统计分析，在纳入分析的118起事故案例中，有59起事故涉及危大工程管理问题，占案例总数的50.0%，涉及违法行为共72项，其中未制定危大工程专项施工方案35项，方案有缺陷22项，未按方案施工15项。通过分析可以看到，约有一半的多人事故是在危大工程施工中发生的，而其中超过半数的事故根本就没有制定专项施工方案。

危大工程数量多、分布广，存在着工程复杂度高，施工风险因素多，现场管控难度大，容易导致人员群死群伤或者造成重大经济损失等特征。面对这种情况，作为工程项目参建各方务必要对“危大工程”安全管理中的违法违规行为有清楚的认识。一旦违反相关法规、规定，造成各方安全职责不清、专项施工方案缺失或不合理、现场施工不按方案进行等行为的发生，就会导致风险的失控，造成人员群死群伤以及重大的经济损失。

**3. 事故案例**

**案例一　百色市乐业县乐业大道道路工程（含隧道工程）一期工程“9·10”较大隧道坍塌事故**

2020年9月10日17时40分许，乐业县乐业大道道路工程一期项目上岗隧道左洞ZK0+651-K0+675段发生隧道洞顶岩体塌方事故，造成9人死亡，直接经济损失1414.7201万元。

该事故涉及的上岗隧道为分离式隧道，事发时，8名施工人员正在进行掌子面ZK0+651-ZK0+653段钢拱架右侧安装支护作业，17时40分许，台车上部作业人员发现掌子面ZK0+651-ZK0+653段拱顶出现掉块现象，立即往开挖台车右侧扶梯下撤，同时在现场值班施工管理人员后方左侧拱顶初支混凝土块掉落，现场值班施工管理人员立即通知台车上作业的施工人员撤离，随即往洞口方向奔跑。现场值班施工管理人员撤离至桩号ZK0+668，台车上部右侧7名施工人员撤离至台车扶梯中部，台车下部右侧1名施工人员撤离至桩号ZK0+658时，ZK0+651-ZK0+675右侧拱顶及拱腰发生坍塌，塌方尺寸纵向约24米，环向约19米，从初支混凝土掉块到完全坍塌整个过程时间持续3秒，造成正在洞内施工的9名施工人员（其中1名为现场值班人员）被压埋。

经调查，设计单位天津市市政工程设计研究院及其粤桂分院对场地局部岩溶发育规律复杂性分析不够全面，隧道分段地质评价不够详细，对岩流裂隙面形成与隐状性不利组合对隧道的影响认识不充分，地质专业人员未能全程驻场参与施工过程。施工单位广西路桥工程集团有限公司及其乐业县乐业大道道路工程（含隧道工程）一期项目经理部对岩溶隧道可能遇到的危害风险认识不全面，对隧道可能遇到的垮塌风险分析预判不足，超前地质预报工作方法单一，应急预案和安全技术交底针对性不强，最终导致了这起事故的发生。

**案例二　重庆市合川区金星玻璃制品有限公司 4 号库房“7·21”较大坍塌事故**

2021 年 7 月 21 日，重庆市合川区金星玻璃制品有限公司新建 4 号库房发生坍塌事故，造成 5 名作业人员死亡，直接经济损失 1049.9 万元。

此次坍塌事故所涉建筑物系金星玻璃制品有限公司年产 6 万吨日用玻璃制品节能玻璃窑炉及其配套生产线项目中的 4 号库房，其结构形式为轻型门式刚架结构，建筑面积 6228.71 平方米，建筑高度 25 米；由 64 根钢柱、6 根抗风柱、16 根钢梁组成。

经调查，施工单位重庆可人建筑装饰工程有限公司违反《危险性较大的分部分项工程安全管理规定》第十条第一款、第十一条第一款和第十七条的规定，在危大工程施工作业前，未组织工程技术人员编制《钢结构安装危大工程专项施工方案》，未安排专职安全生产管理人员对施工情况进行现场监督，仅依托钢结构班组劳务作业人员凭经验施工，在钢结构主体钢柱、钢梁安装完毕的情况下，施工单位未安装檩条、支撑、隅撑。特别是前两榀钢架未设置支撑、隅撑等支撑杆件，导致钢结构未形成整体受力体系，稳定性不足，在事发时段 0.04～0.05 千牛/平方米的风压下，结构发生过大变形，柱脚螺栓拉压均超应力导致柱脚螺栓失稳断裂，最终致使钢结构整体坍塌，导致多人死亡事故的发生。

**案例三　金沙县后山镇在建农贸市场“10·21”较大挡土墙坍塌事故**

2019 年 10 月 21 日 15 时 58 分许，金沙县后山镇在建农贸市场发生一起挡土墙坍塌事故，造成 5 人死亡，直接经济损失 560 余万元。

在该起事故中，作业人员在基础施工时未进行高边坡防护，挖掘、扰动周边建筑不符合规范的挡土墙基础，最终导致挡土墙坍塌。事发时，施工工人在后山镇在建农贸市场工地上进行地梁沟施工，有住户反映工地东面挡土墙上方的猪圈、房屋已经开裂且呈逐渐扩大趋势，现场负责人员仍未采取措施，安排挖掘机司机紧挨着东面挡土墙下方继续挖地梁沟（下挖深度至挡土墙基底面 1～3 米），最终导致工地东面挡土墙中段突然坍塌（坍塌长度约 20 米），将在地梁沟里砌砖的5名作业人员掩埋。

经调查，代建单位贵州玉林三丈水生态旅游开发有限责任公司，在未按照基本建设程序取得建设项目规划、用地、建设等手续的情况下违法安排开工，违法违规将工程发包给不具有资质等级的施工单位，在未提供经审查合格的项目勘察报告、设计图纸等情况下违法组织施工。珠海亿源建设工程有限公司，作为项目施工单位，未持有相应等级的资质证书，以虚假的房屋建筑总承包壹级、土石方施工工程壹级等建筑业企业资质证书承揽工程，将工程施工违法转包给没有资质的人员，未按规定成立项目部、配备项目管理人员并开展安全教育培训，使用未经审查合格的施工图指导项目施工，未对施工现场对毗邻的建筑物、构筑物可能造成损害采取安全防护措施，未开展施工现场安全隐患排查治理。项目监理单位重庆海发工程项目管理咨询有限公司，未按规定对事发项目施工现场派驻项目监理机构，对施工现场未按规定成立项目部、未编制专项施工方案，未编制隐患排查治理方案，未对施工现场对毗邻的建筑物、构筑物可能造成损害采取安全防护措施等失管失察。

**案例四　广州市增城区金叶子酒店二期项目“11·23”较大坍塌事故**

2020年11月23日14时34分许，位于增城区派潭镇高滩村的广州金叶子酒店有限公司二期项目中，发生一起施工边坡坍塌事故，事故造成4人死亡，直接经济损失约844.79万元。

该事故事发时所涉及的施工内容为边坡土方开挖施工、挡土墙基槽开挖施工，属于房屋建设主体工程配套的地质灾害治理工程项目内容。

经调查，工程开工前，总包单位浙江欣捷建设有限公司编制了施工区域《边坡支护施工及开挖施工安全专项施工方案》及《危险性较大分部分项工程安全专项施工方案（边坡施工）》通过了专家评审，并报请监理单位及建设单位核验。但在实际施工过程中，土方开挖工程承包单位广州市速运土石方工程有限公司在山体开挖过程中未按照施工图要求和专项方案采取从上至下分层分段的开挖顺序进行，未采取削坡、放坡、支护等安全技术措施，违规作业，形成重大安全隐患。而后，施工单位欣捷公司施工项目部在挡土墙基槽开挖施工中，在未根据安全专项施工方案要求做好施工前准备，未对边坡进行支护并经检测合格的情况下冒险作业，继续掏挖山体并开挖基槽，最终导致坍塌，造成事故的发生。

## 三、总包单位以包代管问题突出

### 1. 法规要求

《中华人民共和国建筑法》第四十五条：施工现场安全由建筑施工企业负

责。实行施工总承包的，由总承包单位负责。分包单位向总承包单位负责，服从总承包单位对施工现场的安全生产管理。

《建设工程安全生产管理条例》第二十四条：建设工程实行施工总承包的，由总承包单位对施工现场的安全生产负总责。

总承包单位应当自行完成建设工程主体结构的施工。

总承包单位依法将建设工程分包给其他单位的，分包合同中应当明确各自的安全生产方面的权利、义务。总承包单位和分包单位对分包工程的安全生产承担连带责任。

分包单位应当服从总承包单位的安全生产管理，分包单位不服从管理导致生产安全事故的，由分包单位承担主要责任。

《房屋建筑和市政基础设施工程施工分包管理办法》第十一条：分包工程发包人应当设立项目管理机构，组织管理所承包工程的施工活动。项目管理机构应当具有与承包工程的规模、技术复杂程度相适应的技术、经济管理人员。其中，项目负责人、技术负责人、项目核算负责人、质量管理人员、安全管理人员必须是本单位的人员。

《房屋建筑和市政基础设施工程施工分包管理办法》第十七条：分包工程发包人对施工现场安全负责，并对分包工程承包人的安全生产进行管理。专业分包工程承包人应当将其分包工程的施工组织设计和施工安全方案报分包工程发包人备案，专业分包工程发包人发现事故隐患，应当及时作出处理。分包工程承包人就施工现场安全向分包工程发包人负责，并应当服从分包工程发包人对施工现场的安全生产管理。

**2. 案例要素统计分析**

不履行安全职责，“以包代管”是长期影响企业安全生产工作的老问题，其在工程建设领域的主要表现形式为总包单位放弃或弱化对施工现场安全、质量工作的统筹协调和监督检查，放弃或弱化对分包单位的安全、质量管理的主体责任，放任分包单位，特别是劳务分包单位自行进行组织施工生产，导致安全管理失控。

在纳入分析的118起事故案例中，有90起事故涉及总包对分包单位以包代管的问题，占案例总数的76.3%。其占比之高，充分体现了此类行为对建筑业安全生产带来的危害。

建设工程具有参建单位多、管理层级多、施工程序多、交叉作业多、施工周期长的特点，安全管理的难度较大，而分包单位往往注重自身的工作任务和经济效益，不会从全局考虑工程的整体性以及单位之间相互衔接和配合，并妥善处理安全及质量管理问题。一些分包单位自身就存在安全意识差、人员素质低、安全管理不完善的问题。特别是目前工程建设中大量使用劳务分包队伍，往往是由个体包工头牵头，组织一些有一定建筑技能的人员从事劳务分包，但从业人员以农民工为主，缺乏系统的培训，综合能力和素质较低，技术单一或水平不高，组织松散，管理粗放，常常凭自己的理解和经验做事，安全意识和安全技能更是不容乐观。从法律层面看，劳务分包单位不具有独立组织施工的权限，从现实状况看，绝大多数劳务分包单位也不具有独立组织施工的安全管理能力。面对此类情况，总包单位对分包单位在安全生产工作上的协调、监督和直接管理就显得尤为重要。

而从案例反映的情况看，一些总包单位安全法制意识、安全责任意识不强，不重视甚至放弃对分包单位的安全管理，现场安全管理力量薄弱，管理人员专业水平不足、责任心不强，不能有效履行施工现场安全生产的统筹协调和监督检查职能，没有切实担负对分包单位的安全管理责任，放任分包单位的粗放管理、凭经验施工、违章违纪等不安全、不规范行为的发生，成为导致生产安全事故发生的重要原因之一。

**3. 事故案例**

**案例一　江夏区武汉巴登城生态旅游开发项目一期一（1）二标段“1·5”较大坍塌事故**

2020年1月5日15时30分左右，位于江夏区五里界天子山大道1号的武汉巴登城生态休闲旅游开发项目一期一（1）二标段发生一起较大坍塌事故，造成6人死亡，6人受伤。事故直接经济损失为1115万元。

在该起事故中，施工单位山河建设集团有限公司未严格审核湖北强国建筑劳务有限公司相关建设施工劳务作业资质，把劳务工程木工、泥工、钢筋工、架子工、水电工、油漆工、电焊工等图纸设计范围内所需工种工作发包给不具备安全生产条件的劳务单位，湖北强国建筑劳务有限公司在承接劳务工程后，又将泥工、钢筋连接、钢筋植筋加固、模板、脚手架、钢筋工等工程违法转包给个人劳务队伍，构成多重非法承包行为。

该起事故中，作为总包单位的山河建设集团有限公司安全责任不落实，以包代管问题突出。一是未严格审核劳务分包公司相关建设施工劳务作业资质，把劳务工程发包给不具备安全生产条件的劳务单位。二是未严格按照方案要求进行高大模板支撑体系搭设，且未严格落实高大模板支撑体系安全验收程序，在高大模板支撑体系搭设完成后，未按规定组织验收。三是未严格落实高大模板支撑安全专项施工方案要求，在浇筑完门楼的两根框架柱后，在强度未达到要求的情况下即开始上部梁板的混凝土浇筑。四是未按规定对高大模板支撑体系架体材料进行查验，部分钢管、扣件、可调顶托等材料不合格，导致架体的承载力及稳定性不满足方案的设计预期。五是盲目组织现场施工，在总监理工程师未签署浇筑令的情况下违规组织浇筑施工作业。六是未按要求配备专职安全生产管理人员，项目安全员未取得相关安全管理资格。七是未按规定组织开展安全教育培训，在施工作业前未有效组织安全技术交底，相关工作台账不健全。

**案例二　河源东站框架涵底板工地“4·30”较大事故**

2020 年 4 月 30 日，位于河源市江东新区管委会河源东站站北路框架桥涵第九段底板钢筋施工工地发生一起 3 死 3 伤的较大事故，直接经济损失约 480.6 万元。事故发生后，涉事人员瞒报，直至 5 月 2 日 18 时 16 分因请求辖区政府协调出具火化证明时得以暴露。江东新区核实事故后，立即按规定逐级上报。

在该起事故中，中铁四局集团第五工程有限公司作为总包单位安全责任不落实。一是总包单位发文明确发生事故的东站项目部绝大部分人员与其他项目部的管理人员相互交叉任职，导致东站项目部管理人员严重不足，重点环节项目管理缺位。二是总包单位对此情况未发现，该项目的框架涵工程由德星劳务公司承包后，德星公司又将工程转交给挂靠其下的包工头刘某施工队，该施工队没有施工资质，德星公司在劳务分包工程项目地未设立安全管理机构，未派安全管理人。三是项目部未对分包单位实施统一协调和管理，未发现施工人员不按有关技术规定进行作业，未发现和消除不符合技术要求的钢筋骨架存在的事故隐患，未发现聘请未取得电焊特种作业资格证的工人进行割焊作业，未按规定加强现场管理。四是总包单位及项目部未发现分包单位发生较大事故并瞒报及破坏事故现场的行为。

**案例三　扬州中航宝胜海洋工程电缆项目“3·21”附着式升降脚手架坠落较大事故**

2019 年 3 月 21 日 13 时 10 分左右，扬州经济技术开发区的中航宝胜海洋电缆工程项目 101a 号交联立塔东北角 16.5-19 层处附着式升降脚手架下降作业时发生坠落，坠落过程中与交联立塔底部的落地式脚手架（简称落地架）相撞，造成 7 人死亡，4 人受伤。

在该起事故中，总包单位中国建筑第二工程局有限公司安全生产责任不落实。一是未严格审核分包单位深圳前海特辰科技有限公司的资质，未发现南京特辰采用挂靠前海特辰资质方式承揽爬架工程项目。二是未发现前海特辰违法将劳务作业发包给不具备资质的个人承揽。三是中国建筑第二工程局有限公司项目部工程部经理、安全员违章指挥爬架分包单位与劳务分包单位人员在爬架和落地架上同时作业。四是在落地架未经验收合格的情况下，总包单位项目部经理违章指挥劳务分包单位人员上架从事外墙抹灰作业。五是在爬架下降过程中，总包单位项目部经理违章指挥劳务分包单位人员在爬架架体上从事墙洞修补作业。六是总包单位未及时发现并制止分包单位前海特辰备案项目经理长期不在岗，南京特辰安全员充当现场实际负责人，冒充项目经理签字。七是总包单位未发现爬架作业人员持有的架子工资格证书存在伪造情况。

**案例四　双流国际机场交通中心停机坪及滑行道项目“3·21”较大坍塌事故**

2019 年 3 月 21 日 16 时 17 分左右，双流国际机场交通中心停机坪及滑行道项目 2 号横梁钢筋笼在施工过程中沿横桥向发生倒塌，造成 4 名作业人员死亡，13 人受伤，直接经济损失 800 余万元。

在该起事故中，施工总承包单位中铁二局第六工程有限公司总包责任不落实，以包代管问题突出。一是未发现并纠正劳务分包单位搭设的马凳筋间距过大，且未有效连接的安全隐患。二是安全风险辨识不充分，风险管控措施落实不到位，未对横梁钢筋笼稳定性进行辨识评估，编制的《施工组织设计（方案）》措施不具体，对现场施工指导性不足。三是安全教育、技术交底不到位，三级安全教育不按规定要求实施，项目层级教育代替公司层级安全教育，技术交底有缺失。此外，监理单位中航监理公司监理监督检查流于形式，施工现场监理巡查缺位，不按《建设工程监理合同》配备监理人员，总监理工程师长期不在岗，部分监理员存在无证上岗的情况，未下达整改指令督促施工单位进行及时有效整改。

## 四、工程项目安全生产重点岗位人员管理缺失

### 1. 法规要求

《建设工程安全生产管理条例》第二十三条：施工单位应当设立安全生产管理机构，配备专职安全生产管理人员。

专职安全生产管理人员负责对安全生产进行现场监督检查。发现安全事故隐患，应当及时向项目负责人和安全生产管理机构报告；对违章指挥、违章操作的，应当立即制止。

《中华人民共和国建筑法》第四十六条：建筑施工企业应当建立健全劳动安全生产教育培训制度，加强对职工安全生产的教育培训；未经安全生产教育培训的人员，不得上岗作业。

《建设工程安全生产管理条例》第三十六条：施工单位的主要负责人、项目负责人、专职安全生产管理人员应当经建设行政主管部门或者其他有关部门考核

合格后方可任职。

施工单位应当对管理人员和作业人员每年至少进行一次安全生产教育培训，其教育培训情况记入个人工作档案。安全生产教育培训考核不合格的人员，不得上岗。

《建设工程安全生产管理条例》第二十五条：垂直运输机械作业人员、安装拆卸工、爆破作业人员、起重信号工、登高架设作业人员等特种作业人员，必须按照国家有关规定经过专门的安全作业培训，并取得特种作业操作资格证书后，方可上岗作业。

**2. 案例要素统计分析**

施工企业的主要负责人、项目负责人、专职安全员是施工单位的安全生产决策者及管理者，而特种作业人员是保证施工安全的重点人员，他们对于保障施工项目的安全运行担负着重要的责任，也应当发挥重要的作用，安全生产的法规、规章对这部分人员所应具备的条件、工作的职责、配备的原则都提出了明确的要求。但在现实中，许多施工单位对这些人员的要求、管理并不严格，部分人员在不具备任职条件、没有资质的条件下入场，一些管理者长期不在岗位上实际进行工作，部分施工单位使用欺骗手段指派他人承担工程项目的实际控制人，不按要求配备专职业安全生产管理人员，特种作业人员无证上岗现象在许多企业施工单位依然存在。

在纳入分析的118起事故案例中，有82起事故涉及安全生产关键岗位人员资格不符合要求的问题，占案例总数的69.5%，涉及违法行为共144项，其中项目管理人员无职业资格证书43项，项目管理人员缺失66项，人员挂靠10项，特种作业人员、驾驶员等无资质证书25项。

施工企业安全生产重点人员不能有效发挥作用，会导致生产现场施工组织缺乏有效的指挥和协调，政府的安全部署和要求不能及时贯彻落实，企业安全的检查督促机制不能有效运行，现场的安全问题无法得到及时地发现和解决，突发的紧急情况难以得到及时有效地处置，给施工安全埋下严重的隐患。

**3. 事故案例**

**案例一　广东省汕尾市陆河县“10·8”较大建筑施工事故**

2020年10月8日10时50分，陆河县看守所迁建工程业务楼的天面构架模板发生坍塌事故，造成8人死亡，1人受伤，事故直接经济损失共约1163万元。

经调查，施工单位广东建恒建筑工程有限公司，严重违反安全生产法律法规和有关规定，不落实安全生产主体责任，未建立安全生产管理机构，公司主要负责人和有关安全管理人员没有到施工现场履行管理职责，只派出实习生到施工现场收集资料，安全管理工作形同虚设。广东钧信建设管理有限公司作为监理单位，不履职、不尽责，对施工单位项目经理一直未到岗履职的情况，未采取有效措施，专业监理工程师、监理员2人均为挂靠人员，且未驻场履职。现场监理人员2人，均未具备相关资质，工作制度不落实，严重违反安全生产法律法规和有关规定；陆河县公安局作为建设单位，安全生产责任落实不到位，意识缺失，派出1名不熟悉情况的工作人员到施工现场，也没有明确其工作职责，导致失管、挂空档。

**案例二　玉林市玉林碧桂园凤凰城五期“5·16”建筑施工事故**

2020年5月16日19时50分左右，玉林市二环北路的玉林碧桂园凤凰城五期Al标1号、2号、5号楼工程在建工地发生1起施工升降机坠落事故，造成现场施工人员6人死亡。

在该起事故中，广西北流航博建筑机械租赁有限公司作为施工升降机租赁安拆单位，施工现场管理缺失，无施工升降机顶升加节施工专项方案，未按规定配备足够安拆人员；进行施工升降机顶升加节操作的员工无施工升降机特种作业操作资格证；公司专职安全生产管理员没有在现场指导及全程监督顶升加节作业；承建单位广东龙越建筑工程有限公司未按规定配备足够的专职安全生产管理员；在原项目经理辞职后，未按规定及时任命项目负责人并向相关监管部门报备。

经调查，建设单位广东龙越建筑工程有限公司未按规定组织安拆、监理等必要的施工升降机顶升加节操作后就违规投入使用；同时监理单位广西至佳建设工程咨询有限公司对建设项目安全生产的监理主体责任不落实，项目监理部未按规定严格把关施工升降机验收手续，未把施工升降机顶升加节中发现的安全事故隐患按规定及时汇报行业主管部门；玉林市盛享碧桂园房地产开发有限公司作为建设单位，恶意压缩工期，该项目定额工期为1008天，作为业主签订的建设施工合同工期却只有400天，各方主体的违法违规行为最终导致了这起事故的发生。

**案例三　滁州市全椒县滁来全快速通道跨襄河在建大桥“9·1”较大坍塌事故**

2019年9月1日10时52分左右，由安徽新建控股集团有限公司承建的滁来全快速通道跨襄河在建大桥在进行钢箱梁滑移作业时发生贝雷梁垮塌，事故造成4人死亡，15人受伤，直接经济损失约1049.56万元。

在该起事故中，建设单位滁州市共赢建设工程有限公司未设置安全管理机构及人员，施工单位施工现场安全管理力量薄弱，施工过程的技术及安全管理缺失。施工总承包单位安徽新建控股集团有限公司现场安全技术管理缺失，对专业分包单位存在以包代管现象、关键工序钢箱梁滑移作业时，监理单位人员未在现场进行旁站监管、钢箱梁架设过程无有资质的监控单位进行现场监控量测，并进行有效的指导控制。

经调查，专业分包单位中铁四局集团钢结构建筑有限公司违规分包，对分包单位管理不到位，此外，劳务分包单位中机建（上海）钢结构股份有限公司现场安全管理混乱，设备设施进场验收不规范，施工指挥人员风险辨识、预判能力弱，在发现严重异常时，未及时采取有效安全措施，同时，监理单位安徽省高等级公路工程监理有限公司现场监理工作流于形式，对违规分包行为及危险性较大的分项工程监理不到位。

**案例四　江西喜多橙农产品有限公司“12·30”较大建筑安装事故**

2020 年 12 月 30 日 8 时 5 分许，安远县江西喜多橙农产品有限公司年初加工脐橙 5.5 万吨项目 A2 果品车间在钢结构安装过程中发生倒塌，造成 4 人死亡，4 人受伤，直接经济损失 986 万元。

经调查，监理单位重庆建新建设工程监理咨询有限公司设立的项目监理机构，其总监理工程师、专业监理工程师为挂名虚设，2 名现场监理员缺乏相应的专业技能和从业经历；施工单位江西力宏建筑工程集团有限公司没有建立现场质量、安全生产管理体系，现场未实际派驻项目经理和管理人员、没有建立安全生产管理机构。

此外，施工单位江西力宏建筑工程集团有限公司违法违规允许他人使用本企业的资质证书、营业执照，以本企业的名义承揽工程，仅收取管理费，不依法履行施工项目的法定安全生产义务。设计单位中联合创设计有限公司未在设计文件中注明钢结构安装工程是危大工程。对钢结构安装顺序这一危大工程的重点环节，没有严格按照标准规范提出指导意见。

**案例五　管城区中国建筑第七工程局有限公司“8·28”较大起重伤害事故**

2019 年 8 月 28 日 9 时 25 分，位于郑州市管城区二里岗办事处未来路与凤凰路交叉口西南角的中博集团中博片区城中村改造项目 B 地块南院 4 楼施工工地，在塔吊顶升作业过程中发生一起起重伤害事故，造成 3 人死亡，1 人受伤，直接经济损失 451 万元。

经调查，塔吊顶升单位制定的专项施工方案中技术负责人非本单位员工且中级职称证书系伪造，方案的编制人员系挂靠在公司且从未从事过塔吊作业的人员；塔吊顶升作业项目负责人、技术负责人、专职安全人员都不是其真实员工，也未在施工现场实际履职；塔吊安装公司专职安管人员配备不足，塔吊顶升作业施工方案中的项目负责人实际在其他单位工作，未在施工现场实际履职；现场施工未安排项目负责人、专业技术人员、专职安管人员在现场履职，也未安排司索工、信号工，3 名安拆人员未取得塔吊司机操作证。

## 五、违章指挥、违章作业行为屡禁不止

**1. 法规要求**

《中华人民共和国建筑法》第四十七条：建筑施工企业和作业人员在施工过程中，应当遵守有关安全生产的法律、法规和建筑行业安全规章、规程，不得违章指挥或者违章作业。作业人员有权对影响人身健康的作业程序和作业条件提出改进意见，有权获得安全生产所需的防护用品。作业人员对危及生命安全和人身健康的行为有权提出批评、检举和控告。

《建设工程安全生产管理条例》第二十三条：施工单位应当设立安全生产管理机构，配备专职安全生产管理人员。

专职安全生产管理人员负责对安全生产进行现场监督检查。发现安全事故隐患，应当及时向项目负责人和安全生产管理机构报告；对违章指挥、违章操作的，应当立即制止。

《建设工程安全生产管理条例》第三十二条：施工单位应当向作业人员提供安全防护用具和安全防护服装，并书面告知危险岗位的操作规程和违章操作的危害。

作业人员有权对施工现场的作业条件、作业程序和作业方式中存在的安全问题提出批评、检举和控告，有权拒绝违章指挥和强令冒险作业。

**2. 案例要素统计分析**

违章指挥、违章作业是产生事故最直接、最常见的因素，是妨碍企业安全生产的痼疾。在纳入分析的118起事故案例中，有95起事故涉及违章指挥、违章作业问题，占案例总数的80.5%，涉及违法行为共153项，其中违章指挥62项，违章作业91项。

人的不安全因素是生产安全事故的重要成因之一，在生产实际中，一些生产人员安全意识淡漠，片面追求省时省力省成本，置安全风险于不顾；一些人存在侥幸心理，认为偶然违章不会发生事故，凭运气行事；一些人盲目自信，情况不明决心大，不思后果，冒险蛮干，导致违章指挥、违章作业屡禁不止，而违章行为又具有一定的隐蔽性、反复性和辐射性，如果不能被及时、有效地加以纠正，就会形成思维定式，在一定范围和特定生产环节上造成习惯性或从众性的违章违纪，不仅极难克服，而且危害极大。

伴随着社会生产的不断发展和人类安全需求的不断提高，通过总结生产安全事故中鲜血带来的教训，人们不断深化对风险防范的认识，针对各个专业领域、各个生产环节制定出了日臻完善的安全生产标准、规范及规章制度，安全生产工

作发展到今天，可以说，只要规范地遵守这些规则，就可以有效地防范绝大多数安全事故的发生。但是，再好的措施也需要通过人才能得以实现，违章指挥、违章作业行为使得这些规则形同虚设，严重影响企业的安全秩序，导致大量事故发生，成为安全生产的“头号敌人”。

**3. 事故案例**

**案例一　福建省泉州市欣佳酒店“3·7”坍塌事故**

2020 年 3 月 7 日 19 时 14 分，位于福建省泉州市鲤城区的欣佳酒店所在建筑物发生坍塌事故，造成 29 人死亡，42 人受伤，直接经济损失 5794 万元。事发时，该酒店为泉州市鲤城区新冠疫情防控外来人员集中隔离健康观察点。

在该起事故中，建设单位泉州市新星机电工贸有限公司违法违规建设、改建，在未依法履行基本建设程序、未依法取得相关许可的情况下，擅自加盖夹层，组织无资质的施工人员，将原为四层（局部五层）的建筑物改扩建为七层，达到极限承载能力并处于坍塌临界状态，在发现建筑物钢柱严重变形后，未依法办理加固工程质量监督手续，违法组织无资质的施工人员对钢柱进行焊接加固作业，违规冒险蛮干，直接导致建筑物坍塌，同时伪造施工单位资质证书、公章、法定代表人身份证以及签名等资料，假冒施工单位，使用私刻的资质章、出图章，假冒设计单位，制作《不动产权证书》《建筑工程施工许可证》《建设工程竣工验收报告》等虚假资料骗取相关审批和备案。

经调查，技术服务机构福建省建筑工程质量检测中心有限公司违反《福建省建设工程质量管理条例》第五十三条规定，在已发现欣佳酒店建筑物钢柱、钢梁构件表面无防火涂层等情况下，在酒店负责人的要求下，违反技术标准，作出“该楼上部承重结构所检项目的正常使用性基本符合鉴定标准要求”的结论；福建超平建筑设计有限公司在未取得欣佳酒店提供的政府有关部门关于该酒店装修工程的批准文件、全套施工图等资料情况下，违规承接欣佳酒店装修工程施工图、消防设计图纸审核业务，并出具《施工图设计文件审查报告》；福建省泰达消防检测有限公司在欣佳酒店未提供消防施工单位竣工图、设计图纸等资料情况下，组织消防设施检测，出具建筑消防设施检测报告；福建省亚厦装饰设计有限公司在无相关资质的情况下，承接欣佳酒店施工图、消防工程设计等图纸修改业务，各方主体的违法违规行为最终导致了这起事故的发生。

**案例二　哈尔滨市道里区哈尔滨市玉手食品有限责任公司库房“8·4”较大坍塌事故**

2020 年 8 月 4 日 8 时 55 分许，位于哈尔滨市道里区城安街 3 号的哈尔滨市玉手食品有限责任公司库房部分楼体坍塌，造成 9 人死亡，1 人受伤，直接经济损失 2602.28 万元。

经调查，哈尔滨市玉手食品有限责任公司违法违规改扩建，在未取得建设工程规划许可证，未组织勘察、设计，未将施工图设计文件报送施工图审查机构审查，未办理工程质量监督和安全监督手续，未取得建筑工程施工许可证等情况下，将工程非法发包给个人，违法组织建筑施工活动；承租方违法违规组织装修施工，在没有经过设计单位出具的设计方案、未办理拆改手续的情况下，向承包人明确拆除作业具体内容，并要求工人进场施工。

案例三　“11·1”天津南环临港铁路桥梁垮塌铁路交通较大事故

2020 年 11 月 1 日，天津市滨海新区天津南环临港铁路发生一起桥梁垮塌铁路交通较大事故，造成 8 人死亡，1 人重伤，5 人轻伤。

在该起事故中，天津南环铁路维修有限责任公司违反《普速铁路工务安全规则》规定，违规将钢轨和清理出的道砟堆放在桥梁两侧及人行道上，放置在桥梁两侧及人行道上的钢轨、道砟及分布的作业人员竖向静活载超过设计标准值，导致梁体偏载，梁部结构横向失稳垮塌。

经调查，该项目在施工前未对桥梁状态进行全面调查、也未进行检算，未按规定编制施工方案；且设计单位违反工程建设标准的相关规定。一是施工设计错误，采用不存在的设计图。二是采用过期的标准图。三是采用超出标准范围时，未就梁体内侧道砟槽板进行横向联结作补充设计；监理单位在监理过程中，对施工单位将设计中“价购梁”变更为“现场预制梁”，未履行设计变更手续问题也未向建设、设计、施工单位提出，各方主体均未发现该建设项目存在严重的安全质量问题，将不合格工程按合格工程验收并交付使用，最终导致了这起事故的发生。

案例四　兴山县水月寺镇危旧房屋拆除“6·4”较大坍塌事故

2019 年 6 月 4 日 9 时 25 分左右，兴山县水月寺镇石柱观村 3 组 7 号农户的危旧房屋在拆除过程中，墙体突然倒塌，6 名施工作业人员被埋压，其中 5 人死亡，1 人受伤，直接经济损失 450 万元。

在这起事故中，施工作业人员违规采取人工推倒墙体的方式拆除房屋墙体，导致墙体反向倾倒，将现场作业人员埋压。

经调查，建设单位煌泰公司未履行安全生产主体责任，项目施工组织管理混乱。项目施工未配备专职安全生产管理人员，未落实相关组织机构，仅安排毫无拆除施工作业经验的人员在现场负责施工组织管理；项目施工既未编制施工组织设计、安全专项施工方案和生产安全事故应急预案，也未按照招投标文件中的相关措施进行施工，长期违规冒险作业；拆除作业前，也未对作业人员进行岗前安全教育培训和安全技术交底。

**案例五　珠海市金湾区“7·25”珠机城轨金海大桥施工段箱梁垮塌较大事故**

2021年7月25日8时2分许，珠海市金湾区三灶镇珠机城轨金海公路大桥HJZQ-2标公路项目施工段右幅165～166号墩边跨梁发生箱梁垮塌事故，造成4人死亡，1人失踪，直接经济损失约为11040561元。

在该起事故中，165号墩A6节段挂篮施工完毕，5名工人继续实施挂篮向166号墩侧方向移动工作，准备施工A7节段，移动过程中挂篮前端辅助施工部件与现浇段梁底满堂碗扣支架位置冲突，工人为使挂篮移动到位，擅自拆除梁底部分碗扣支架剪刀撑、横撑和立杆。拆除后会造成多跨支架为不稳定体系，导致右幅165～166号墩现浇段Ay9梁段支架失稳，造成梁体坠落海中，正在拆除挂篮平台作业的5名工人掉落到白藤河水道后失联。劳务分包单位成都盛祥公司工班长王某浩在未报经项目部技术人员或劳务分包单位现场负责人同意的情况下，擅自决定拆除挂篮工作平台，工人违规作业造成发生此次事故。

**案例六　泾河新城陕西明珠家居产业有限公司“8·1”较大触电事故**

2020年8月1日8时26分许，位于泾河新城高庄镇陕西明珠家居产业有限公司管业北区钢结构库房项目施工现场，3名作业人员在移动脚手架过程中，脚手架顶部不慎触碰上方架空高压电线，引发触电事故，致使3人当场死亡。

在该起事故中，明珠家居公司和陕西华油公司在明知作业区域内高压架空线路重大隐患严重威胁施工安全，现场安全生产条件严重不符合有关标准的情况下，仍然违规冒险组织人员在电力设施保护范围内进行库房工程施工作业。3名劳务工人安全意识淡薄，没有风险辨识能力，不清楚、不掌握作业场所重大危险因素，在未取得特种作业操作资格的情况下，违规进行高处作业和电焊作业，且未佩戴必要安全防护用品，盲目冒险在10千伏高压线危险距离内移动脚手架，致使脚手架顶部不慎触碰高压线单相线，最终导致3人触电死亡。

## 六、安全生产基础管理薄弱

### 1. 法规要求

《中华人民共和国建筑法》第三十七条：建筑工程设计应当符合按照国家规定制定的建筑安全规程和技术规范，保证工程的安全性能。

《中华人民共和国建筑法》第三十九条：建筑施工企业应当在施工现场采取维护安全、防范危险、预防火灾等措施；有条件的，应当对施工现场实行封闭管理。

《建设工程安全生产管理条例》第二十一条：施工单位主要负责人依法对本单位的安全生产工作全面负责。施工单位应当建立健全安全生产责任制度和安全生产教育培训制度，制定安全生产规章制度和操作规程，保证本单位安全生产条件所需资金的投入，对所承担的建设工程进行定期和专项安全检查，并做好安全检查记录。

施工单位的项目负责人应当由取得相应执业资格的人员担任，对建设工程项目的安全施工负责，落实安全生产责任制度、安全生产规章制度和操作规程，确保安全生产费用的有效使用，并根据工程的特点组织制定安全施工措施，消除安全事故隐患，及时、如实报告生产安全事故。

《建设工程安全生产管理条例》第二十八条：施工单位应当在施工现场入口处、施工起重机械、临时用电设施、脚手架、出入通道口、楼梯口、电梯井口、孔洞口、桥梁口、隧道口、基坑边沿、爆破物及有害危险气体和液体存放处等危险部位，设置明显的安全警示标志。安全警示标志必须符合国家标准。

《建设工程安全生产管理条例》第三十二条：施工单位应当向作业人员提供安全防护用具和安全防护服装，并书面告知危险岗位的操作规程和违章操作的危害。

《建设工程安全生产管理条例》第三十四条：施工单位采购、租赁的安全防护用具、机械设备、施工机具及配件，应当具有生产（制造）许可证、产品合格证，并在进入施工现场前进行查验。

施工现场的安全防护用具、机械设备、施工机具及配件必须由专人管理，定期进行检查、维修和保养，建立相应的资料档案，并按照国家有关规定及时报废。

**2. 案例要素统计分析**

通过事故调查所反映的情况看，除了在前述各节中已分析的导致施工生产安全事故的重要因素外，发生事故的施工单位在施工设备管理、风险辨识、施工安全防护设施和安全技术措施以及包含建章立制、培训教育、检查督促、技术交底等在内的安全管理措施的实施方面也存在着大量的不规范行为。纳入分析的118起事故案例中，涉及安全措施的共113例，占95.8%。其中未经安全风险辨识74项，缺少专项技术措施56项，缺少防护措施53项，缺少管理措施108项；涉及设备设施的33项，其中设备设施未按要求安装9项，设备设施未检验14项，设备设施有缺陷24项。

安全生产基础管理工作是实现企业安全生产的基本手段和前提条件，在整个安全管理工作中占有重要的地位，对提高企业安全管理水平和整体安全素质具有十分重要的意义。企业安全管理基础工作薄弱，就不可能形成完整有效的安全生产管理体系，无法针对人、机、环境等生产过程中的各个要素提出并落实可行的风险防范措施，使得企业的安全生产工作处于无序甚至是失控状态，极大地增加事故发生的概率。

**3. 事故案例**

**案例一　汝城县“6·19”较大房屋坍塌事故**

2021 年 6 月 19 日 12 时 37 分，郴州市汝城县卢阳镇发生一起居民自建房坍塌事故，造成 5 人死亡，7 人受伤，直接经济损失 734 万元。

在该起事故中，建设工程安全生产管理混乱。坍塌房屋为村民自建房屋，未经具有资质的单位进行地质勘察和设计，并委托无施工资质、未经工匠培训的个人组织施工，且该坍塌房屋未经竣工验收违规对外出租，房内居住人数大幅增加，导致了事故伤亡人数的扩大。

经调查，施工现场缺少基础安全生产管理措施。拟重建房屋房主未向地基开挖人员提供毗邻建筑物的有关资料、未对地基开挖可能造成损害毗邻建筑物的潜在安全风险采取专项防护措施，导致在无施工方案指导下盲目开挖，拟重建房屋地基开挖人员未对开挖过程中潜在的重大安全风险进行辨识，违章指挥，冒险作业。

**案例二　湖南泗联电力建设有限公司衡南 220 千伏输变电工程基础施工“7·2”较大中毒窒息事故**

2020 年 7 月 2 日 9 时 30 分左右，湖南泗联电力建设有限公司衡南堆子岭 220 千伏输变电工程基础施工 G30 号基坑施工时发生一起一氧化碳中毒事故，造成 5 人死亡，直接经济损失 665 万元。

在该起事故中，建设公司安全生产管理混乱，项目安全监管失职失责。泗联建设公司没有采用严格考核督促安全生产责任制的落实。未建立安全教育培训档案，安全培训内容针对性、时效性不强，没有针对下基坑作业进行有效的培训。安全管理主体责任落实不到位，公司及专业部门负责人没有深入现场，项目部项目经理、项目总工、安全员长期不到岗履行职责，导致公司的安全管理制度、施工安全管控措施没能落实到项目建设施工全过程，项目现场管理混乱，施工人员违章作业，安全措施没有有效落实。

监理督促落实不到位。作为监理单位，省电力咨询公司发现了泗联建设公司存在的问题，但督促整改落实不到位。导致现场安全管理缺位，相关安全管理制度和作业规程得不到有效落实。对施工人员下基坑作业安全措施不到位、不按规定进行通风和气体检测的违规行为督促整改落实不到位。

**案例三　晋江市磁灶镇张林村“4·30”较大坍塌事故**

2019年4月30日，晋江市磁灶镇张林村恒信石子加工场一条在建排水沟边坡坍塌，造成5人死亡。

在这起事故中，晋江市磁灶镇恒信石子加工场非法使用未取得合法手续的土地，在未配套建设相应环境保护设施、未办理排污证的情况下违法进行石子破碎和洗砂作业，安排没有施工经验的石子场工人开挖铺设排水管沟渠，且没有设置临时支挡安全防护措施，导致铺设排水管开挖边槽边坡失稳坍塌。

**案例四　龙潭长江大桥南锚碇工程“6·22”沉井模板坍塌较大事故**

2021年6月22日14时35分，中交二公局第二工程有限公司龙潭长江大桥工程南京栖霞区境内南锚碇建设工地，在沉井第九节接高施工过程中，发生一起模板坍塌事故，造成3人死亡，12人受伤，直接经济损失约958万元。

在该起事故中，涉事项目施工现场管理混乱，现场施工无章可循。施工单位项目部未按规定将安全技术措施落实过程的工序次序纳入管理范围，制定补充方案后和开工前，项目部均未按规定向生产部门、安全管理部门、各级施工队伍、作业班组人员进行分层级、全员安全技术交底，口头交底内容缺少对变更工序的解释说明，也无重点部位、节点细化操作规程，内容缺乏针对性和操作性。此外，劳务单位来安华新公司未按规定开展班组安全教育，对作业人员违反作业工序，长时间违章行为不予制止，最终导致事故发生。

安全技术措施未有效落实。施工单位项目部在施工过程中，片面节约成本，盲目提速增效，未按规定对重大风险进行辨识和动态管控，未经安全稳定性建模计算，将发挥结构支撑重要作用的劲性骨架拆除循环使用，缺乏科学依据和系统性论证。变更施工方案后，对明显增大的安全风险没有重视，未对设置缆风绳、型钢桁架等模板固定措施的有效性进行论证，未根据施工现状调整完善相关安全技术措施。

**案例五　杭州市环境集团有限公司天子岭循环经济产业园“1·14”厌氧罐较大爆炸事故**

2020年1月14日12时45分许，位于拱墅区半山镇石塘村的杭州市环境集团有限公司天子岭循环经济产业园的餐厨（厨余）资源化利用工程4号厌氧罐，在施工过程中发生沼气爆炸，造成3人死亡，直接经济损失约748万元。

在该起事故中：施工单位对风险辨识不到位、未采取有效安全防范措施。维尔利集团负责施工安装4号厌氧罐体设备过程中，在未完成罐顶正负压保护器安装情况下，加入具有厌氧菌成分污泥活性物进行试运行，导致在罐内发酵产生甲烷（沼气）集聚，人为造成安全隐患，与空气混合形成爆炸性气体并达到爆炸极限，遇现场作业人员吸烟产生明火引发爆炸事故。施工组织管理不严格。施工现场未配备安全管理人员，现场无组织指挥人员，聘用无资质项目经理负责工程管理。安全生产教育培训不到位。现场施工人员安全意识淡薄，维尔利集团在明知厌氧罐内存在沼气遇明火容易发生爆炸的情况下，未对作业人员进行必要的安全教育培训和安全技术交底，只用手机微信及口头简单交代，致使作业人员对现场危险因素辨识不足而造成事故。

## 七、监理单位安全责任落实不到位

### 1. 法规要求

《中华人民共和国建筑法》第十三条：从事建筑活动的建筑施工企业、勘察单位、设计单位和工程监理单位，按照其拥有的注册资本、专业技术人员、技术装备和已完成的建筑工程业绩等资质条件，划分为不同的资质等级，经资质审查合格，取得相应等级的资质证书后，方可在其资质等级许可的范围内从事建筑活动。

《中华人民共和国建筑法》第三十四条：工程监理单位应当在其资质等级许可的监理范围内，承担工程监理业务。

工程监理单位应当根据建设单位的委托，客观、公正地执行监理任务。

工程监理单位与被监理工程的承包单位以及建筑材料、建筑构配件和设备供应单位不得有隶属关系或者其他利害关系。

工程监理单位不得转让工程监理业务。

《中华人民共和国建筑法》第三十五条：工程监理单位不按照委托监理合同的约定履行监理义务，对应当监督检查的项目不检查或者不按照规定检查，给建设单位造成损失的，应当承担相应的赔偿责任。

工程监理单位与承包单位串通，为承包单位谋取非法利益，给建设单位造成损失的，应当与承包单位承担连带赔偿责任。

《工程监理企业资质管理规定》第十六条：工程监理企业不得有下列行为：

（1）与建设单位串通投标或者与其他工程监理企业串通投标，以行贿手段谋取中标；

（2）与建设单位或者施工单位串通弄虚作假、降低工程质量；

（3）将不合格的建设工程、建筑材料、建筑构配件和设备按照合格签字；

（4）超越本企业资质等级或以其他企业名义承揽监理业务；

（5）允许其他单位或个人以本企业的名义承揽工程；

（6）将承揽的监理业务转包；

（7）在监理过程中实施商业贿赂；

（8）涂改、伪造、出借、转让工程监理企业资质证书；

（9）其他违反法律法规的行为。

《建设工程安全生产管理条例》第十四条：工程监理单位应当审查施工组织设计中的安全技术措施或者专项施工方案是否符合工程建设强制性标准。

工程监理单位在实施监理过程中，发现存在安全事故隐患的，应当要求施工单位整改；情况严重的，应当要求施工单位暂时停止施工，并及时报告建设单位。施工单位拒不整改或者不停止施工的，工程监理单位应当及时向有关主管部门报告。

工程监理单位和监理工程师应当按照法律、法规和工程建设强制性标准实施监理，并对建设工程安全生产承担监理责任。

**2. 案例要素统计分析**

监理单位是受建设单位委托从事工程监管服务的独立的项目机构，监理的安全职责是对工程建设中的人、机、环境及施工全过程进行安全评价、监控和督察，并采取法律、经济、行政和技术等手段，保证建设行为符合国家安全生产、劳动保护法律、法规和有关政策，制止建设行为中的冒险性、盲目性和随意性，有效地把建设工程安全控制在允许的风险范围以内，以确保建设项目的安全性。

但从事故案例所反映的情况看，部分监理单位在认真履责方面仍存在不少的问题。一些监理公司由于人员力量不满足所承接工程的需要或刻意压缩成本，导致进场监理力量不足或无资质、资质不符合要求的监理人员进场；一些监理人员，特别是总监理工程师长期缺岗，更有一些监理单位和监理人员出于工作态度或工作能力的原因不能认真履行监理的安全职责，如对施工组织设计，专项技术方案、危大工程专项施工方案的制定或变更把关不严，不按规定采取旁站监视和巡视检查形式开展现场监理，不能及时发现现场安全违章违纪行为或对发现不安全行为不发出监理通知并持续跟踪整改等。

在本次纳入分析的 118 起事故案例中，有 94 起事故涉及监理责任问题，占案例总数的 79.7%，涉及违法行为共 143 项，其中监理人员无资格证书 16 项，未配备监理人员、监理力量不足、监理人员不在场 44 项，监理履职不力 83 项。

监理单位安全责任的缺失，造成了工程项目安全管理链条的弱化，使得工程参与单位的不安全行为不能得到有效地制止和纠正，施工现场的安全生产隐患不能得到及时地发现和整改，致使一些可防可控的风险未能得到有效控制，最终导致事故的发生。

### 3. 事故案例

**案例一　扬州市广陵区古运新苑农民拆迁安置小区四期B2地块项目“4·10”基坑局部坍塌较大事故**

2019年4月10日9时30分左右，扬州市广陵区古运新苑农民拆迁安置小区四期B2地块一停工工地，擅自进行基坑作业时发生局部坍塌，造成5人死亡，1人受伤。

经调查，该工程监理单位履行职责不到位。金泰公司发现B104号住宅楼基坑未按坡比放坡等安全隐患的情况下，未采取有效措施予以制止；默认施工单位相关管理人员不在岗且冒充签字；对四建公司坡面挂网喷浆混凝土未按方案采用钢筋固定，且混凝土质量不符合标准，未采取措施；监理合同上明确的专业监理工程师未到岗履职，公司安排其他监理人员代为履职并签字，其中1人存在挂证的现象。

**案例二　南宁市经开区居仁村文化活动中心工程项目“5·30”戏台坍塌较大事故**

2019年5月30日10时许，南宁经济技术开发区托管的金凯街道办事处居仁村文化活动中心工程项目在对戏台屋面浇筑混凝土时发生坍塌较大事故，造成3人死亡，4人受伤，直接经济损失约400万元。

调查发现，监理单位鑫帅监理公司未履行监理职责。允许个人以公司的名义承担工程监理业务；未依照法律、法规以及有关技术标准、设计文件实施监理；没有建立危险性较大的分部分项工程安全监理制度，对危险性较大的分部分项工程施工方案没有提出编制审查要求；对不符合标准搭设的模板支撑系统，既不制止，也不报告；未对危险性较大的分部分项工程施工实施进行专项巡视检查，现场施工监管缺失。其行为违反了《建设工程质量管理条例》第三十四条第二款、《建设工程安全生产管理条例》第十四条第二款、《危险性较大的分部分项工程安全管理规定》第十八条的相关规定。

此外，施工单位未履行安全生产职责，施工现场未建立安全生产规章制度，备案的项目经理未到岗履职，施工现场未配备具有相应资质的人员对项目进行管理，安排不具备执业资格的非公司人员履行项目管理职责，致使施工现场盲目组织施工，项目安全管理混乱。

**案例三　鄂托克旗建元煤焦化有限责任公司在建煤棚工程“6·8”钢结构坍塌较大生产安全事故**

2019年6月8日17时30分许，鄂尔多斯市鄂托克旗棋盘井园区建元煤焦化项目储煤棚建筑工地发生钢结构坍塌事故，造成3人死亡，1人受伤。

经调查，监理单位北京中寰工程项目管理有限公司项目监理部现场监理工作严重失职。未督促施工单位采取有效措施强化现场安全管理；现场巡检不力，未有效监督并督促整改，不按专项施工方案组织施工和项目经理、技术负责人、安全管理人员未到岗履职等突出问题。

此外，调查发现，鑫鹏公司项目部现场施工管理混乱。雇佣无特种作业资格的劳务作业人员违章安装施工；未按规定与劳务作业人员签订劳动合同；未编制合法有效的施工图纸；未按专项施工方案组织施工；施工安装前，未进行施工模拟验算；施工安装过程中，未进行有效的施工过程监测与控制；未对施工作业人员组织开展安全培训教育和安全技术交底；隐患排查流于形式。

**案例四　静安府二期“10·22”较大起重伤害事故**

2020年10月22日，位于沈阳市苏家屯区金桔路的静安府二期施工现场，平头塔式起重机安装施工过程中，发生一起较大起重伤害事故，造成3名工人死亡，直接经济损失约480万元。

在该起事故中，监理单位万宇国际公司没有严格落实《建设工程安全生产管理条例》有关要求，指派没有执业资格的人员参加监理工作。在事故塔吊安装作业当天，项目监理人员没有对安装人员的身份情况进行审核登记并指定人员旁站监督，没有及时制止已发现的施工违章行为。

经调查，平头塔式起重机安装单位聚资得公司没有严格落实《建设工程安全生产管理条例》《建筑起重机械安全监督管理规定》有关要求，施工项目管理失管失控。未按照塔吊安装说明书编制施工方案，并且没有按照已审定的方案组织施工，项目负责人在事发当天没有到场对施工活动进行组织管理，作业期间更换安装工人后，未对安装工人进行安全技术交底。

**案例五　珙县玛斯兰德国际（酒店）社区工程“2·24”塔吊垮塌较大事故**

2019年2月24日17时28分，位于宜宾市珙县巡场镇玛斯兰德国际（酒店）社区工程施工现场，安拆人员在对现场起重塔吊加装标节提升作业过程中，发生塔吊起重臂失稳垮塌事故，造成现场3名安拆工人死亡。

调查判定，该工程监理单位四川省城市建设工程监理有限公司未按照法律法规认真履行监理职责，公司报备派驻该项目监理人员与实际派驻的监理人员不相符，现场个别监理员无岗位证书，且事发时未安排监理人在顶升作业现场旁站。现场监理人员对该项目未批先建、项目执行经理无资质、长期冒用他人名签字造假、塔吊未经编制专项施工方案等严重违法违规行为未进行制止。

## 八、有限空间作业安全管理问题不容忽视

**1. 案例要素统计分析**

在各类工程项目中，涉及有限空间的工程量在总工程量中的比重很小，但有限空间造成的事故比重却居高不下，这种现象折射出了有限空间施工的高风险性及当前建设施工领域有限空间安全管理缺失的严重程度。

在纳入分析的118起事故案例中，有限空间作业事故共26起，占事故总起数的22%。其中，导致的中毒和窒息事故达23起，导致的爆炸事故3起，市政建设工程领域事故起数19起，其中12起为有限空间作业事故，占市政建设事故数的63.2%。

从案例的分析和调研的情况看，目前针对建设工程中有限空间的施工安全管理还存在以下问题：

一是有限空间作业安全风险认识不足。一些施工单位未开展全面安全风险辨识评估，对有限空间作业安全重视不够，特别是对硫化氢、甲烷等中毒窒息、爆炸等事故风险缺乏认识。施工中普遍存在未制定有限空间作业方案、违法分包、层层转包的问题，缺乏相应的安全管理制度和操作规程，安全管理存在漏洞。二是有限空间作业安全管理极不规范。由于建筑施工的随机性和动态性，有限空间的作业人员往往是临时指派，这些人员没有作业经验，未经针对性培训教育，不掌握有限空间的风险及防范措施，作业随意性大，加之建筑施工用工普遍存在的作业人员素质偏低的原因，诸如作业前不进行检测及通风，不正确佩戴防护用品，现场不设专人进行监控等不安全行为大量存在，极易引发安全事故。三是因盲目施救导致事故扩大的概率极高。由于缺乏培训教育及应急预案不完善、不落实，在有限空间发生人员中毒窒息的紧急情况下，现场人员往往出于本能，在不具备条件的情况下盲目进行救援，导致事故伤亡扩大，在列入分析的有限空间中毒窒息的案例中，几乎全部存在因施救不当造成事故扩大的情况。加强对有限空间施工的安全管理，有效遏制此类事故，应当成为施工安全的工作重点之一。

**2. 事故案例**

**案例一　常州市武进区半夜浜河道水质提升工程“4·29”较大中毒事故**

2020年4月29日17时20分许，位于武进区湖塘镇梅园路河南桥东侧半夜浜、战斗河、里底河水质提升工程小庙浜施工现场，常州光标环保科技有限公司员工在安装调试装配式渠道智能截污井过程中，发生一起较大中毒事故，造成3人死亡，直接经济损失483.8万元。

在该事故中，因常州光标环保科技有限公司制造的装配式渠道智能截污井设备相关配置与《施工图设计》不符，未按《施工图设计》制造截污井设备，导致人员需进入截污井内部安装，构成有限空间作业，且因井内积有大量污水，抽水搅动污水过程中释放出大量硫化氢气体；作业人员明知“臭味”较重而未采取强制送风措施、未对截污井箱体内有毒有害气体进行检测，未佩戴具备硫化氢防护作用的防毒面具进入有毒有害气体环境进行作业，致使1名作业人员中毒并跌入井内污水中，另2名作业人员盲目施救导致伤亡扩大。

**案例二　永宁县农村生活污水处理站提标改造项目（一期）“9·10”较大中毒和窒息事故**

2020年9月10日17时50分许，广东维清环境工程有限公司承建的永宁县农村生活污水处理站提标改造项目（一期），在实施望洪镇望洪中心村污水处理站提标改造时发生一起较大中毒和窒息事故，造成6人死亡，1人受伤。

在该起事故中，永宁县望洪中心村污水处理站集水池生活污水及池底淤积污泥，在厌氧细菌作用下，产生大量硫化氢、氨气等有毒有害气体，广东维清公司作业人员启动集水池提升泵从集水池向调节池抽入生活污水过程中，污水水位差引起水流强烈翻动及曝气过程中致使大量有毒有害气体迅速扩散到调节池的空气中，而调节池又是一个有限空间，不利于有毒有害气体的扩散稀释，导致有毒有害气体的浓度迅速提高，严重超出人体安全临界浓度，致使3名无任何防护用品在调节池内作业的人员相继中毒昏迷，掉入池中窒息，另外3名作业人员进入池中盲目施救，中毒窒息，导致事故扩大。

经调查，施工单位广东维清公司承接“永宁县农村生活污水处理站提标改造项目”后，未制定有限空间作业管理相关制度，未按照有关规定正式成立项目组织机构，未设立安全管理机构，未针对有限空间作业配备符合安全作业条件的防护设备设施，不具备安全生产条件。此外，该公司也未按照规定对作业人员实施安全培训教育，未针对有限空间作业进行安全技术交底，现场作业人员未经培训上岗作业，导致作业人员对作业场所和工作岗位存在的危险因素不了解，对防范措施和事故应急措施不掌握，最终导致了事故后果的扩大。

**案例三　河南国安建设集团有限公司开元大道上跨新伊大街工程污水管道“4·19”较大中毒窒息事故**

2021年4月19日7时20分许，洛阳市洛龙区开元大道上跨新伊大街工程附属污水管道内发生一起中毒窒息事故，造成4人死亡，直接经济损失约728.87万元。

在该起事故中，河南国安建设集团项目部施工指挥员未执行停工指令，未执行《河南省地下有限空间作业安全管理办法》相关规定，违章指挥现场作业人员进入硫化氢气体严重超标的 WN2 污水井从事危险作业，同时现场作业人员未按照地下有限空间作业“先通风、后检测、再作业”的规定，未佩戴任何安全防护装备进入地下有限空间作业，此外，3 名现场救援人员在未佩戴任何安全防护装备的情况下，盲目施救，导致事故扩大。

经调查，失事企业施工作业无序，现场安全管理混乱。未对项目现场施工人员进行安全教育培训，致使施工人员不具备地下有限空间作业所需的安全常识；安全生产双重预防工作不深不实，未对施工现场进行安全风险辨识评估；未按规定为有限空间作业人员提供必需的防护用品、应急救援装备和检测、通风设备；未按照规定对地下有限空间作业进行专项应急演练，未按施工计划进行施工；有限空间作业前未制定施工方案，未对有限空间作业进行审批；对施工现场未进行有效管理，对现场违规施工作业失管失察。

## 第二节　典型案例分析——政府监管问题

### 一、部分门类建设工程安全生产监管体制不顺

在分析的 131 起建设工程事故案例中，房屋建筑工程事故 48 起，死亡 265 人，分别占比 36.6% 和 45.45%；公路工程事故 24 起，死亡 113 人，分别占比 18.3% 和 19.38%；市政建设事故 19 起，死亡 62 人，分别占比 14.5% 和 10.6%；以下依次为工业建设、电力工程、铁路建设、环境工程、水利建设、轨道交通、小型工程、通信工程、民航工程和园林绿化等，后 10 类事故共 40 起，死亡 114 人，分别占比 30.5% 和 19.6%。在国家层面，住房城乡建设部负责房屋及市政、轨道交通等工程安全监管，水利部负责水利工程建设安全监管，交通部负责公路工程安全监管等总体分工基本明确。但各省级以下地区对各类建设工程的安全监管仍存在着职责分工不清，上下体制不顺等问题。如工业（除房屋建设外）、环保等工程安全生产监管部门在不少地方职责不明确，存在安全监管漏洞；燃气、热力等工程在部分省级以下地区，市政管理部门与住房建设部门相互推诿，安全监管职责分工不清晰，形成安全监管空隙；国家铁路局及地区监管局的职责中铁路工程安全生产监管的职责未有明确规定；除国家或省级重点电力工程外，属地的电力工程，如电力设施安装、维护、检修等，地方电力主管部门与国家能源管理部门职责分工不清，安全生产监管工作相对薄弱；通信工程安全监管主体上下不对应，安全监管机制不畅。

**典型事故案例　航空港局中铁七局集团第五工程有限公司“8·3”较大高处坠落事故**

2019年8月3日21时40分左右，位于航空港区三官庙办事处辖区内，由中铁七局集团第五工程有限公司承建的郑州南站城际铁路应急工程，在D4双线特大桥9号门式墩实施封锚作业过程中发生一起高处坠落事故，造成3人死亡，直接经济损失305万元。

郑州南城际动车基地D4、D5走行线和郑州南站至登封至洛阳城际铁路引线相关工程作为应急工程，由省发展改革委按程序审批后，纳入郑州南站统一委托郑州铁路局同步建设。参建单位情况：①建设单位为河南郑州机场城际铁路有限公司；②代建单位为中国铁路郑州局；③总承包单位为中铁七局集团；④施工单位为中铁七局集团第五工程有限公司；⑤工程劳务分包单位为河南再盛建筑劳务有限公司；⑥监理单位为中铁济南工程建设监理有限公司；⑦勘察设计单位为中铁第四勘察设计院集团有限公司；⑧工程质量监督单位为中铁武汉勘察设计研究院有限公司。

铁路建设施工安全存在行业监管缺失、属地监管不明等问题。具体情况如下：

武汉铁路监督管理局对监管情况作出说明：因该应急工程为地方铁路建设项目，武汉铁路监督管理局认为：“地方政府有关部门负责地方铁路工程的监管，国家铁路局和地区铁路监管局作为铁路行业监管部门负责对地方政府有关部门进行指导监督”。“武汉监管局认真贯彻国家铁路局的要求，通过对地方政府及其铁路监管部门在铁路安全监管和工程质量安全监督的指导，落实‘管行业必须管安全’的要求”，“施工安全的属地监管先于行业监管”。

郑州市城乡建设局和郑州航空港综合实验区规划市政建设环保局关于职责是否包含“铁路建设监管”的说明：《国务院安全生产委员会成员单位安全生产职责分工》中，（十二）住房城乡建设部安全生产工作职责：“依法对全国的建设工程安全生产实施监督管理（按照国务院规定职责分工的铁路、交通、水利、民航、电力、通信专业建设工程除外）。”由此可见，住房城乡建设部门不负责铁路建设工程的安全生产监管工作。2019年9月25日，郑州市城乡建设局出具《证明》：“我局委托郑州航空港经济综合实验区《行政执法委托协议书》（行政处罚）的内容不包含铁路项目监管；郑州市辖区内的铁路项目不在我局监管范围之内，我局也从未监管过铁路项目。”郑州航空港综合实验区规划市政建设环保局认为：“郑州航空港综合实验区规划市政建设环保局没有对辖区内铁路建设质量安全监督的责任”。

郑州市发展和改革委员会履职情况：郑州市发展和改革委员会内设机构“基础设施发展处（郑州市铁路建设工作办公室）”主要职责：统筹全市交通运输发展规划与国民经济和社会发展规划、计划的衔接平衡；提出重大基础设施布局并协调实施；综合分析全市交通运输运行状态，提出有关政策建议，研究拟订轨道交通建设法规政策；组织或配合编制全市铁路、民航、公路、城市轨道交通的中长期规划和年度计划；按规定权限，办理相关交通运输建设项目有关事宜。根据以上职责，郑州市发展和改革委员会没有“铁路建设监管”职责。

综上可见，目前铁路建设施工安全的行业和属地监管部门不明、监管责任不清，导致一定程度上的安全监管缺失。

## 二、建设工程有限空间作业存在监管盲区

在调查分析的131起事故案例中，有限空间作业中毒和窒息事故达23起，占事故总数的17.6%。事故暴露的突出问题：

一是对有限空间作业安全重视程度不够。建设工程有限空间作业中毒窒息或爆炸事故一般为较大事故，未引起国家及部分省级有关部门的充分重视，发生事故后，一般只是由牵头事故调查处理的地区安全生产委员会办公室发文提出一般性要求，缺乏对事故原因的深层次研究，未采取源头管控措施，存在头痛医头、脚痛医脚的问题，部分地区和企业并未真正汲取事故教训，强化有限空间作业安全管理。

二是有限空间作业法制强制性规定缺失。2013年国家安全生产监督管理总局出台《工贸企业有限空间作业安全管理与监督暂行规定》，全国各地应急管理狠抓工贸领域有限空间作业安全监管工作，取得了较好成效。但经调研，目前建设工程领域没有相关法规或规章的强制性规定。已有的城镇建设工程行业标准《城镇排水管道维护安全技术规程》（CJJ 6—2009），适用范围有限，各地宣贯力度不足，未得到有效落实。现行的法律、规章未将有限空间作业列为风险工程，缺乏对有限空间作业的具体要求，如应制定作业方案、进行作业审批、安全交底以及先通风、再检测、后作业等强制性规定。一些施工单位未认清有限空间作业的安全风险，违章作业、冒险施救，导致事故伤亡较大。

三是有限空间作业事故警示教育不足。有关政府主管部门组织的安全培训缺乏针对性，没有针对有限空间作业典型事故案例进行警示教育，提示提醒、指导服务不足，没有深刻吸取教训，举一反三，采取事故防范措施。

**典型事故案例　河南国安建设集团有限公司开元大道上跨新伊大街工程污水管道“4·19”较大中毒窒息事故**

2021年4月19日7时20分许，洛阳市洛龙区开元大道上跨新伊大街工程附属污水管道内发生一起中毒窒息事故，造成4人死亡，直接经济损失约728.87万元。

政府安全监管存在的问题：

洛阳市住房和城乡建设局作为行业主管部门和建设单位，履行行业监管职责不到位。一是履行行业部门安全监管职责不到位，督促企业落实安全生产主体责任不力；二是事故案例警示教育不深入，安全教育培训针对性不强，汲取新安县热力管道“1·1”较大事故教训不深刻，措施不力，4个月内同类事故再次发生；三是监督管理存在漏洞，未按要求督促指导行业领域内相关生产经营单位开展典型事故案例“以案为鉴、以案促改”警示教育活动；四是对企业安全生产的监督检查不力，行政执法力度不大，2020年、2021年1—3月未对全市市政建设项目和监理公司违法行为进行过处罚；五是内部机构安全职责分工不清晰，安全监管有漏洞，履职尽责不到位；六是履行建设单位主体责任不到位，分指挥部成员分工不清晰，开元大道上跨新伊大街工程未指定安全管理专员，对该开元大道上跨新伊大街工程《施工合同》和《监理合同》的履约情况监督不力。

## 三、农民自建房安全管理问题依然突出

多年来，全国各地农民自建房事故时有发生，且发生事故的原因高度相似。2019—2021年三年的建设工程事故案例中，共发生较大、重大农民自建房施工事故7起，死亡55人。虽然近年来住房建设主管部门及各地方政府开展了大量工作，但农民自建房安全问题，并未能得到有效解决。

一是法规标准体系不健全。中国缺乏针对农村房屋建设管理的专门法律法规，而《中华人民共和国建筑法》《建设工程质量管理条例》《建设工程安全生产管理条例》均明确其适用范围不包括“农民自建低层住宅的建设活动”。1993年颁布的《村庄和集镇规划建设管理条例》和2004年实施的《关于加强村镇建设工程质量安全管理的若干意见》等内容相对滞后。此外，施工过程无标准规范。自建房普遍存在“四无”现象，即无正式审批、无设计图纸、无施工资质、无竣工验收，施工随意性强。

二是建筑质量无保障。许多自建房者为节约成本，大多雇佣不具备资质和能力的施工人员施工，施工人员未经过专业技术培训，无专业人员组织施工，未制定施工组织方案，缺乏安全管理规章制度，大部分施工多依靠自身经验或个人想

法随意开展。同时还使用廉价或不合格建材，未采取相应的技术措施，建成后房屋质量无法保证且安全稳定性差。一些城中村、城乡接合部居民缺乏安全意识，为获得更多租金等经营性收益，不顾房屋结构承载力强行加层，严重超出承载负荷。一些自建房擅自改变使用功能，被改为可容纳几十人、上百人的农家乐、民宿、休闲农庄等人员密集经营性公共场所，这种行为无论在施工、装修过程还是在使用过程都存在严重的安全风险，极易引发人身伤亡事故。

三是管理体制机制不顺畅。从目前情况看，农村自建房主要以属地管理为主，各地出台的有关法律法规文件普遍把监管任务重点放在乡镇政府和村委会，但镇一级农村房屋建设管理机构呈收缩态势，专职管理机构较少，专业技术人员严重短缺，很难对农村自建房的安全管理严格把关，很多地方农村房屋安全基本处于失管状态。依据现有的法律法规和部门职责，农村房屋建设管理涉及农业农村、自然资源和住房城乡建设等多个职能部门。三个部门都是从自身角度强调职责范围，缺乏工作联动，没有形成系统性合力，不能覆盖农村自建房的全过程，也没有切中问题的要害，打击违法违规建设不力。

**典型事故案例　湖南长沙“4·29”特别重大居民自建房倒塌事故调查报告**

2022 年 4 月 29 日 12 时 24 分，湖南省长沙市望城区金山桥街道金坪社区盘树湾组发生一起特别重大居民自建房倒塌事故，造成 54 人死亡，9 人受伤，直接经济损失 9077.86 万元。

政府安全监管存在的问题：

日常监管相互推诿回避矛盾。2019 年湖南省机构改革后，省住房城乡建设厅以城乡规划管理职责移交自然资源厅为由，在未向省政府请示的情况下，不再推进违法建设专项整治行动，造成在省级层面断档 2 年；市区两级住房城乡建设和规划主管部门日常监管工作也推诿扯皮。2021 年 6 月湖南汝城“6·19”房屋坍塌事故后，望城区组织开展房屋安全隐患大排查大整治，区里要求各街道排查，街道又把任务派给社区，且未组织任何专业力量和业务培训，涉事房屋所在金坪社区以一天 120 元的价格，临时聘请一名毫无建筑专业知识的无业人员用 2 天时间，仅凭目测对包括涉事房屋在内的 40 余栋房屋进行检查，判定涉事房屋“基本安全”。

排查整治不认真、走过场。望城 2011 年已“县改区”，但实行“一改三不改”政策，即县改区，职能、体制、区划不改，享有县级管理权限。2016 年长沙在开展城市建成区违法建设治理中，把望城视为县参照“城五区”开展；2018 年在开展县城违法建设治理中，湖南按照县域行政区名单将望城视为区未将其纳入范围，长沙市虽将文件转发望城区但未督促检查，两次专项治理望城区均未制定实施方案也未认真开展，成为整治盲区。金坪社区明知非法建筑、危险建筑不得作为经营场所，在未实际核查的情况下，为涉事房屋内的经营户先后违规出具14份“住改商”证明，相关部门全都放行，上下“心照不宣”共同糊弄、蒙混过关。

对违法违规行为查处不力。长沙市、望城区住房城乡建设部门长期以来“只管合法、不管非法”“只管报建、不管自建”，只把合法建设房屋纳入监管，对大量私人规模的违法自建房未纳入许可监管范围，对眼皮底下大量不申报、集体土地上的自建房安全风险放任不管，人为形成监管盲区。

房屋检测机构管理混乱。2020年8月和2021年8月，湖南省住房城乡建设厅对湖南湘大工程检测有限公司通过中间人提交的虚假申报材料审核把关不严，违规颁发《建设工程质量检测机构资质证书》，事后也未进行过监管；长沙市、望城区住房城乡建设部门未按照《长沙市房屋安全管理条例》等规定对房屋安全鉴定活动进行过监管，三级市场监管部门事中事后监管也不到位。

## 四、建设工程安全生产监管效能有待强化

长期以来，各级住房城乡建设部门在加强房屋及配套工程建设方面形成了比较完善的监管体系，安全生产监管力度相对较大。但相关专业工程如水务、市政、电力、园林、通信、环保、工业等工程法规体系不完善，监管手段不足，监督检查不到位。

一是建设工程安全监管统筹协调机制有待完善。一些地区已成立了由住房城乡建设部门牵头的安全生产专业委员会，负责建设工程安全生产统筹协调工作，并已列入地方建设工程安全生产法规或规章的内容，成为法定责任和义务。但国家及部分省（市）尚未建立建设工程安全生产统筹协调机制，实现企业安全生产违法信息共享，对存在严重安全生产违法失信行为的企业采取联合惩戒措施。企业违法行为成本低，有关部门的监督执法未触及企业的核心利益，对一些严重违法违规行为没有形成强有力的威慑作用。

二是安全生产执法检查不到位。事故案例中，大部分政府部门的监督执法检查只是针对安全生产责任制、管理制度、应急预案等制定，作业人员安全培训情况等内容。对于可能存在重大隐患的关键环节缺乏检查。如对危险性较大的分部分项工程未编制、未审核专项施工方案，或未按规定组织专家对“超过一定规模的危险性较大的分部分项工程范围”的专项施工方案进行论证等情况，进行重点检查。

三是部分地区专业工程安全监管存在薄弱环节。长期以来，燃气、热力、水

务、电力、通信、园林绿化等专业工程，不同程度存在监管部门分工不清，相互推诿等问题，监管力量、监管手段不足，导致安全监管工作十分薄弱。部分专业工程领域违法发包、转包等行为未得到有效制止，项目安全管理松懈，事故隐患问题长期存在。

**典型事故案例　衡水市翡翠华庭“4·25”施工升降机轿厢坠落重大事故**

2019年4月25日7时20分左右，河北省衡水市翡翠华庭项目1号楼建筑工地，发生一起施工升降机轿厢（吊笼）坠落的重大事故，造成11人死亡，2人受伤，直接经济损失约1800万元。

政府安全监管存在的问题：

衡水市建材办负责区域内建筑起重机械设备日常监督管理工作。对区域内建筑起重机械设备监督组织领导不力，监督检查执行不力，未发现广厦建筑公司翡翠华庭项目升降机安装申报资料不符合相关规定；未发现升降机安装时，安装单位、施工单位、监理单位的有关人员没有在现场监督；未发现安装单位安装人员与安装告知人员不符，安装后未按有关要求自检并出具自检报告；未发现施工升降机未经验收投入使用，升降机操作人员未取得特种作业操作资格证；未发现安装单位、施工单位施工升降机档案资料管理混乱；贯彻落实上级组织开展的安全生产隐患大排查、大整治工作不到位，致使事故施工升降机安装、使用存在的重大安全隐患未及时得到排查整改。

属地监管部门衡水市建设工程安全监督站，对区域内建筑工程安全生产监督不到位，未发现广厦建筑公司对翡翠华庭项目工地管理不到位，职工安全生产培训不符合规定，项目经理长期不在岗，项目专职安全员不符合要求、未能履行职责，监理人员违规挂证、监理不到位等问题，对翡翠华庭项目工地安全生产管理混乱监管不力。

### 五、部分建设工程安全生产法制建设滞后

建设工程安全生产法制建设不完善，有些领域或环节安全管理强制性要求缺失，由此可能产生建设工程安全管理盲区或漏洞。

一是《建设工程安全生产管理条例》亟待修订。《建设工程安全生产管理条例》于2004年2月1日起施行，至今已19年，有些关键的管理要求缺失。如开展安全风险辨识评估、制定风险管控措施是事故预防的重要措施，《中华人民共和国安全生产法》已作出强制规定，但该条例没有相关要求。一些施工单位未开展全面的安全风险辨识或开展风险辨识不到位，导致身边存在着看不到、想不到的事故风险，没有采取相应的事故防控措施，从而导致事故发生。再如，有限空

间作业中毒窒息及爆炸事故重复发生，有限空间作业已成为较大安全风险的工程，但条例中未对有限空间作业提出任何要求。2021 年《中华人民共和国安全生产法》重新修订并实施，其中修改内容较多，《建设工程安全生产管理条例》应抓紧重新修订，以适应防范降低建设工程安全风险的法制建设要求。

二是部分专业工程安全生产法制规定缺失。《建设工程安全生产管理条例》明确规定其不适用于交通、水利等专业工程。虽然交通部、水利部针对公路水运工程和水利工程制定了部门规章，即《公路水运工程安全生产监督管理办法》(交通部令第 25 号)、《水利工程建设安全生产管理规定》(水利部令第 26 号)。但由于公路、水利等建设规模庞大、工程情况复杂，规章的层级、权威性不适应当前形势需要，需要出台权威更强的行政法规，或扩大《建设工程安全生产管理条例》的适用范围，强化公路、水利工程等各类建设工程的安全管理。此外，铁路工程、环保工程、工业工程、园林工程、通信工程等长期缺乏法规或规章，以上工程安全生产法制建设相对滞后。

# 第六章　建筑市场安全生产违法行为防范措施

建筑业是传统的高危行业和劳动密集行业，事故多发频发，重特大事故风险高。近年来事故起数和死亡人数仅次于道路运输行业，死亡人数约占全国生产安全事故总量的10%。其特点主要表现在：一是施工环境的复杂性。建筑施工通常是露天作业，受自然气候条件影响大。公路铁路等基础设施工程多位于荒郊野外，地形地貌、水文地质条件复杂，施工环境风险极高。二是建筑产品的复杂性。与一般的制造业企业相比，建筑企业承建的每一个建筑产品均不相同，其建筑布局、外形、高度、结构形式、风险特点均有较大差别，对企业管理人员、技术人员的要求较高。三是施工工艺的复杂性。施工现场高处作业、临边临空临水、有限空间等高危作业多，立体交叉作业相互干扰概率大。脚手架、深基坑、高边坡、起重机械、隧道施工爆破作业等重特大事故风险高。四是建筑市场的复杂性。建筑行业快速发展和建筑市场不规范的现象共存，恶意竞标、强揽工程、转包、违法分包、挂靠等现象大量存在，从源头上带来了极高的安全风险。五是人员组织的复杂性。建设、施工、监理、劳务分包等参建企业，往往之前并无交集，通过招投标等程序聚合在一起，相互不熟悉，技术水平、管理模式等均有较大差别，组织协调难度大。特别是一线工人流动性大，专业素质低，“三违”作业风险高。抓好建筑施工安全工作对于维护人民群众生命财产健康、保障重大工程项目建设等具有极其重要的意义。特别是中央建筑企业和省属国有建筑企业，承担的大都是国家和地方推进的高铁、高速公路、地铁以及学校、医院等重大项目，一旦发生事故，造成人员伤亡，将直接对项目的顺利建成运营乃至经济社会健康稳定发展产生重大消极影响。因此，工程建设项目属地政府、监管部门和参建单位，都应有强烈的紧迫感、危机感、责任感，采取切实有效措施，抓好建筑施工安全生产工作。

## 第一节 切实提高政治站位，强化安全发展理念

近年来，中国建筑业快速发展，涌现了一批具有世界竞争力的品牌企业，打造了一批精品工程，但从整体上来说，建筑业企业以粗放式管理为主，重规模、重效益、重进度，安全生产红线意识不牢，管理上麻痹大意，对事故发生抱有侥幸心理。多年的安全生产实践表明，意识淡薄是安全生产事故最大的隐患。一是要强化安全价值取向。在行业内切实贯彻以人民为中心的发展思想，始终把人的生命安全放在首位，正确处理安全与发展的关系，大力实施安全发展战略，为建筑业发展提供强有力的安全保障。督促企业正确处理发展与安全的关系，看到安全生产对企业品牌形象和社会责任的重要性，看到安全生产的隐性价值和长期效益，引导建筑企业强化安全价值取向。二是要增强忧患意识。当前，建筑业事故起数和死亡人数仅次于交通运输业，在工矿商贸业中排名第一，安全形势十分严峻。因此，必须督促全行业充分认清建筑施工高风险性和施工安全工作的长期性、复杂性、反复性，充分认清老问题和新风险交织带来的新挑战，进一步强化底线思维，时刻绷紧安全弦，决不能有丝毫松懈、半点马虎。三是要强化担当精神。中央企业和地方国有企业作为行业“排头兵”，必须按照“党政同责、一岗双责、齐抓共管、失职追责”和“三个必须”要求，切实把安全生产责任扛在肩上，以最坚决的态度坚守“红线”，以最严格的要求落实责任，以最有效的措施防范化解重大安全风险，不断把企业的安全生产工作推向新水平，以实际成效践行“四个意识”、坚决做到“两个维护”。四是要强化警示教育。认真梳理分析近年来典型建筑施工事故情况，及时总结经验教训，扩大事故警示教育的覆盖面和影响力，增强穿透力和说服力，将事故教训传达到每一家企业、每一位从业人员，切实做到“一地出事故、全国受警示”，提升企业和从业人员安全意识和责任意识，采取切实有效措施，防范同类事故反复发生。

## 第二节 严把招投标关口，保证入场队伍资质

建筑行业快速发展和建筑市场不规范的现象共存，恶意竞标、强揽工程、转包、违法分包、挂靠等现象大量存在，从源头上带来了极高的安全风险。因此，必须严格把住招投标关口，保证参建单位和人员具备相应的技术管理能力。一是紧紧抓住建设单位落实责任。建设单位应该在招标文件中，列明工程项目的危大工程清单，并根据项目安全管理难度和安全管理目标严格提出对施工、监理等单

位的资质要求，不得明示或暗示评标委员会选择意向单位。对于高风险工程如隧道工程，在招标时可要求施工单位有相应业绩、拟指派的项目负责人有相应管理经验。坚决杜绝领导干部违反规定插手干预工程建设领域行政审批事项，或以领导小组、会议纪要等方式替代法定基本建设程序的违规行为。二是改进评标办法。对具有通用技术、性能标准的一般建设工程项目，不再进行技术标评审，只进行商务标评审。对结构复杂、规模较大的建设工程项目，可采用综合评估法进行评标，技术标评审一般只进行合格性审查，以商务标评审结果推荐中标候选人。修改“经评审的最低投标价法”模式，除土石方、园林绿化、路灯、管道等简易专业工程外，商务标评审一般不以绝对低价为依据，采用“经评审的平均投标价法”，防范最低价中标带来的安全投入不足。三是强化建筑市场秩序整顿。认真贯彻落实党中央关于常态化开展扫黑除恶斗争的决策部署，聚焦工程建设领域存在的恶意竞标、强揽工程等突出问题，加强建筑市场各类违法行为监管，严格依法查处违法违规行为，切实阻止不符合条件的企业和人员进入建筑市场，从源头上遏制建筑施工安全风险。

## 第三节　压实施工单位安全责任，加强对分包单位的管理

当前，建筑施工企业基本没有自己的作业工人队伍，基本采取外包、分包形式，在有的专业性较强的分项工程上也是如此。以分包模式为主的施工现场，普遍存在分包单位小、人员流动大、缺乏有效的安全管理体系等现象，总包单位往往“包而不管、以包代管”，分包单位不管作业队伍，部分分包单位甚至是草台班子，层层不管的情况下，现场实际上放任作业工人自行施工，这些问题导致事故隐患大量存在，严重威胁施工安全。因此，必须按照法规要求，严格督促施工单位加强分包管理，强化对专业承包、劳务分包及劳务派遣队伍的教育培训和施工现场管理，加强安全检查和考核，防止以包代管、失管失控。一是建立分包单位考核评级机制。施工单位必须建立并严格实施分包单位准入制度，加强考核评级，最大程度调动分包单位积极性。对专业能力强、安全管理规范、服从总包单位管理的专业承包企业和劳务分包单位，纳入“红名单”管理，优先选择为合作单位进场施工，并作为稳定的合作对象。对安全生产表现不良的，纳入“黑名单”管理。施工单位要加强对各级子公司、分公司以及项目部选择分包单位行为的管理，杜绝不符合要求的分包单位进场施工。在工程开工后，随时掌握进场施

工的作业人员情况，避免出现非法转包、分包、以包代管情形。二是全面实行“一体化介入式”分包管理。施工单位必须将分包单位纳入现场安全管理体系，统一标准、统一要求、统一培训、统一奖惩，加强对分包单位安全管理机构、专职安全人员配置、持证上岗等硬性要求的管理力度，利用集中学习、线上培训等方式组织分包单位现场负责人及骨干等参加安全轮训，使分包单位充分适应总包单位的安全管理理念和安全管理体系。三是构建联动安全监管组织体系。构建班组自管体系，形成队长、班长、组长、作业人员的班组逐级管理；构建安全员现场盯控体系，由安全员对队长进行安全盯控；构建项目带班领导巡查体系，巡查掌握现场施工情况；构建施工单位检查体系，随时抽查各项目部领导带班、在岗履职情况。四是加强对施工作业的监管。总包单位必须加强对分包单位人员资质审核，加强对分包单位的安全技术交底，对专业承包单位的施工方案进行严格把关。在施工作业过程中特别是关键分部分项工程、检验批的作业，加强监督检查。随时纠正分包单位、作业人员不按照施工方案和操作规程施工，冒险作业等行为。

## 第四节　落实双重预防机制，切实消除安全隐患

落实双重预防机制是贯彻落实党中央、国务院重大决策部署的必然要求，是有效遏制重特大事故的重要举措，是企业强化安全生产责任、提升本质安全、实现持续稳定发展的现实需要。新修正的《中华人民共和国安全生产法》也明确要求“生产经营单位必须构建安全风险分级管控和隐患排查治理双重预防机制”。要督促建筑施工企业严格落实法律法规要求，把落实双重预防机制摆在重中之重的突出位置，采取有力措施抓实抓好。一是要建立组织领导机构。施工单位主要负责人为企业第一责任人，组织成立企业层级领导机构，负责指导和协调，并逐级明确责任人，指导各级子企业、分公司和项目部建立健全安全生产风险辨识评价机制，组织专业力量和全体员工全方位、全过程辨识施工生产工艺、设备设施、作业环境、人员行为和管理体系等方面存在的安全风险。二是要实施清单式管理。组织开展安全风险辨识和隐患排查，编制企业、项目部两个层级的“安全生产风险库”和“安全生产隐患库”，针对不同类型的风险，制定标准化的管控措施，实施分级管控。利用信息化的手段，监督各项措施有效落实、各个隐患闭环整改，综合分析生产单位安全生产风险的可控度。三是建立健全安全生产风险分级管控机制。对安全生产风险分级、分类进行管理，从组织、制度、技术、应急等方面对安全生产风险进行有效管控。对于采用新技术、新设备、新工

艺的，施工单位要全面分析安全风险，必要时聘请专家进行深入论证，科学判定风险等级，制定相应的防范措施。四是要建立健全安全生产风险警示报告机制。督促施工单位在施工现场醒目位置和重点区域分别设置风险分布四色图、作业活动柱状比较图、安全风险公告栏（公告牌），制作岗位安全风险告知卡和应急处置卡，确保每名员工都能掌握安全风险的基本情况及防范、应急措施。五是要加强监督检查。有关行业部门要把建立双重预防机制工作情况作为督查检查、专项整治和巡查考核等工作的重要内容，采取多种形式，加强对交通、水利、铁路等各类建设施工企业双重预防机制建设情况的督促检查。要积极协调和组织专家力量，加强指导服务，扎实推进企业开展安全风险分级管控和隐患排查治理。

## 第五节　强化危大工程安全管理，切实落实专项施工方案

为有效管控建筑施工安全风险，住房城乡建设部于2004年建立了危大工程管理制度，并于2018年出台了《危险性较大的分部分项工程安全管理规定》。将易发生群死群伤事故的深基坑、高支模、脚手架、起重机械、暗挖工程等列为危险性较大的分部分项工程予以重点管控，从风险识别、施工方案编制、审核、验收等各环节作出了严格规定，该制度实施以对有效遏制较大及以上事故发生发挥了重要作用。但从案例分析来看，在企业执行层面仍然存在不少短板。因此，必须在全行业加强危大工程管理，有效管控和化解重大事故风险。一是制定工程项目危大工程清单。要督促全行业从工程项目设计之初开始抓危大工程实施清单式管理。建设单位应当组织勘察、设计等单位在施工招标文件中列出危大工程清单，在申请办理安全监督手续时应当提交危大工程清单及其安全管理措施等资料。勘察单位应当在勘察文件中说明地质条件可能造成的工程风险，设计单位应当在设计文件中注明涉及危大工程的重点部位和环节，提出保障工程周边环境安全和工程施工安全的意见等。二是严格按要求编制专项施工方案。按照规定，基坑工程、模板支撑体系工程、起重吊装及安装拆卸工程、脚手架工程、拆除工程、暗挖工程、建筑幕墙安装工程、人工挖孔桩工程和钢结构安装工程共9类危大工程必须编制专项施工方案。对于超过一定规模的危大工程专项施工方案必须组织专家论证，并在施工过程中严格按照专项施工方案进行施工。严格履行专项施工方案审批程序，确保专项方案具有针对性、可操作性，杜绝抄袭、套用。三是严格落实专项施工方案。要督促施工单位严格按照专项施工方案要求组织施

工，加强方案交底和方案实施监督，对未按照专项施工方案施工的，应当要求立即整改。对于脚手架、施工升降机等危大工程，必须验收合格的方可进入下一道工序。加强对危大工程进行施工监测和安全巡视，发现危及人身安全的紧急情况，应当立即组织作业人员撤离危险区域。四是加强危大工程监督。相关监管部门应要加大对危大工程的抽查力度，重点检查专项施工方案、危大工程施工方案编制及交底情况，监理单位、项目负责人等在施工现场履职情况及危大工程验收等情况。对未按要求编制专项施工方案、不按施工方案施工等违法违规行为，严格依法处罚，定期进行通报违法违规情况，并将处罚信息纳入不良信用记录。

## 第六节　加强关键人员管理，确保安全责任到位

从施工现场安全管理的实际情况和近年来典型事故规律来看，尽管施工安全人人有责，但少数重要岗位人员没有起到关键作用。只要关键人员尽职履责，安全关卡就能层层把住。一是加强对建设单位主要负责人有效制约。建设单位的主要负责人或工程项目的指挥长，在施工现场安全管理方面起到决策性作用，必须建立有效的制约机制，有关部门可以定期约谈问询，提醒其加强对现场安全生产工作的统筹协调，坚决防止其盲目压缩工期、搞“献礼工程”的冲动。二是三类人员必须符合任职条件。住房城乡建设部规定的三类人员，即建筑施工企业主要负责人、项目负责人和专职安全生产管理人员，必须符合《建筑施工企业主要负责人、项目负责人和专职安全生产管理人员安全生产管理规定》的任职条件，经主管部门考核合格后方可上岗。三是落实施工企业负责人和项目负责人带班作业。施工单位主要负责人必须选派懂专业、懂管理、责任心强的人员担任项目经理，并定期带班检查，每月检查时间不少于其工作日的 25%。项目负责人必须常驻现场管理，全面掌握工程项目质量及安全生产状况，加强对重点部位、关键环节的控制，及时消除隐患。每月带班生产时间不得少于本月施工时间的 80%。四是提高专职安全员的地位。专职安全员承担着繁重的安全监督检查任务，但目前施工现场安全员地位不高，优秀人才不愿意从事这份“吃力不讨好”的工作，要鼓励引导建筑施工企业提高安全员招录条件和薪资水平，并畅通安全员职业发展渠道。建议推行中国中铁“管监分离”的做法，让安全员回归监督本位，其他生产、技术、运营等负责组织落实安全生产各项要求。五是落实施工方案编审人员责任。施工企业技术负责人和项目技术负责人，要严格依据国家标准、行业标准，编制和审核施工方案，确保施工方案满足各项安全和质量要求，防范因方案不合理导致群死群伤事故。六是加强特种作业人员管理。施工企业应按施工方

案要求，配备特种作业人员，垂直运输机械作业人员、安装拆卸工、爆破作业人员、起重信号工、登高架设作业人员等特种作业人员，必须按照国家有关规定经过专门的安全专业培训，并取得特种作业操作资格证书后，方可上岗作业。

## 第七节　消除安全顽疾，杜绝“三违”行为

“三违”行为具体是指在生产作业和日常工作中出现的盲目性违章、盲从性违章、无知性违章、习惯性违章、管理性违章以及施工现场违章指挥、违章操作和违反劳动纪律等行为。根据对全国每年上百万起事故原因进行的分析证明，95% 以上是由于违章而导致的。“三违”是安全生产的大敌，也是安全管理工作中的顽疾。由于当前中国的建筑工人基本不是产业工人，多是“洗脚上岸”的农民工，队伍不稳定，流动性大，部分施工单位对工人缺乏有效管理，工人缺乏安全技能，安全意识薄弱，违规违章现象严重。因此，有效制止“三违”，必须从多方面入手。一是加强培训教育。督促建筑施工企业严格落实三级教育、安全技术交底、班前教育等制度，创新方式，注重实效，用工人听得懂、记得住的方式和语言，强化一线工人安全意识和技能培训，让“以人为本、安全第一”的安全理念“入脑入心”，切实减少工人“三违”行为。二是完善操作安全管理规定。督促施工单位加强对已发现的“三违”行为的分析，与相关指挥者、操作者、劳动者进行谈心谈话，剖析深层次原因，及时修订完善安全管理规章制度和岗位操作规程等，不断增强针对性和可操作性，确保每位职工熟练掌握，让操作有章可循、指挥有据可依，更有效地规范行为。三是要完善激励机制。坚持教育与处罚相结合，加大“三违”行为处罚力度，震慑教育其他人员不敢“三违”；要强化正向激励，选树先进典型，加大对无“三违”班组、职工等的奖励，并将反“三违”工作与晋升、奖励等挂钩，切实提高工人遵章守规的自觉性。如中国建筑制定“三铁六律”行为安全准则严控安全管理底线，杜绝作业人员的违章作业，推动作业人员“要我安全”的落地；同时组织“行为安全之星”活动以正向激励的方式提升作业人员的安全意识，促进作业人员“我要安全”的转变。四是加快建设产业工人队伍。落实《中共中央　国务院关于印发〈新时期产业工人队伍建设改革方案〉的通知》、《住房和城乡建设部等部门关于加快培育新时代建筑产业工人队伍的指导意见》（建市〔2020〕105 号），构建有利于形成建筑产业工人队伍的长效机制。鼓励建筑企业通过培育自有建筑工人、吸纳高技能技术工人和职业院校毕业生等方式，建立相对稳定的核心技术工人队伍。对自有建筑工人占比大的建筑施工企业，在招投标和评优评先时优先考虑。

## 第八节　夯实安全基础，提升本质安全水平

采取多种安全管理手段，强化各参建企业严格落实建设工程安全生产法律法规，规范企业安全生产工作，有效降低事故风险。一是深入推进建筑施工安全生产标准化。深入开展建筑施工企业和项目安全生产标准化考评，推动建筑施工企业依据《建筑施工安全检查标准》（JGJ 59）等开展安全生产标准化建设，使人、机、物、环始终处于安全状态，形成过程控制、持续改进的安全管理机制，实现安全行为规范化和安全管理标准化。建筑施工安全生产标准化考评结果作为政府相关部门进行绩效考核、信用评级、诚信评价、评先推优、投融资风险评估、保险费率浮动等重要参考依据。二是加快先进建造设备、智能设备的推广应用。大力实施“科技兴安”，推进“机械化换人、自动化减人”。推广建筑业10项新技术和城市轨道交通工程关键技术等先进适用技术，推广应用工程建设专有技术和工法，以技术进步支撑装配式建筑、绿色建造等新型建造方式发展。加快淘汰严重危及安全的施工工艺、设备和材料。鼓励引导中央企业加大研发投入，研发先进施工技术装备，提升各类施工机具的性能和配套效率，提高机械化施工程度。三是推进信息化技术应用。加快推进建筑信息模型（BIM）技术在规划、勘察、设计、施工和运营维护全过程的集成应用。推进勘察设计文件数字化交付、审查和存档工作。加强工程质量安全监管信息化建设，推行工程质量安全数字化监管。四是充分发挥市场机制作用。依法推行安全生产责任险，切实发挥保险机构参与风险评估管控和事故预防功能。培育壮大安全咨询行业，鼓励建筑业企业聘用第三方专业服务机构参与安全管理，破解部分企业自身安全管理能力不足的难题。五是注重示范引导。坚持“零死亡”安全管理目标，及时总结和推广典型经验和做法，加强建设项目“鲁班奖”“平安工程”等安全生产示范创建工作，推动新技术、新装备、新工艺、新管理模式的应用，推动参建企业将安全生产作为企业的核心竞争力，带动全行业安全管理水平提升。

## 第九节　强化监理工作，确保尽职尽责

目前，中国监理行业发展不尽如人意，良莠不齐、鱼龙混杂，整体水平较弱。在实际工程项目建设中，监理责任不落实、行为不规范等问题直接影响到工程建设安全，多数事故调查结论中都指出了监理单位履责不到位的问题。从中国建设工程法规来看，监理是推动施工现场管理合规化并对其他参建单位产生有效制约的重要

角色，因此，提升施工现场安全管理水平，必须强化监理单位责任落实。

一是提升监理单位履职的权威性。监理单位法定代表人应对本企业监理工程项目的安全监理全面负责。总监理工程师要对工程项目的安全监理负责，并根据工程项目特点，明确监理人员的安全监理职责。由于监理单位受建设单位委托，监理人员天然上对建设单位缺乏制约，很多事故都是由于建设单位不科学决策、盲目赶工期抢进度造成的。因此，建议相关行业部门探索将监理作为政府监督的延伸，授予其必要的行政监管职责，既提高了监理的权威性，也弥补了行业部门监管力量不足的短板。

二是配齐配强项目监理人员。项目监理机构的人员配备必须与建设项目规模相符、专业配套，并与投标文件、合同约定及监理规划人员名单一致。总监理工程师要保证到岗率。目前，总监理工程师一般同时可担任 3 个项目的总监，建议考虑减少同时任职项目数量，使总监理工程师能集中更多精力负责具体项目管理。坚决杜绝总监理工程师跨区域任职、无法到岗履职尽责的情况发生。

三是严格做好施工现场监理。监理单位应当严格对施工单位、分包单位资质、人员资格进行审核，认真审查施工组织设计和施工方案。加强对施工现场安全生产情况巡视检查，按相关要求对重点部位、关键工序实施旁站，发现隐患督促施工单位立即整改，情况严重的应及时下达工程暂停令，要求施工单位停工整改。施工单位拒不整改或不停工整改的，监理单位应当及时向工程所在地建设主管部门或工程项目的行业主管部门报告。按规定在工程资料上签字，不得代签。定期召开工地例会，针对薄弱环节，提出整改意见，并督促落实。

四是加强监理履责监督。既要依托监理单位加强对施工单位安全管理包括建设单位安全管理工作的监督，又要督促建设单位严格按照监理合同约定加强对监理的工作进行监管，形成相互制约的关系。属地行业主管部门加强执法检查，督促监理单位履行监理职责，按照法律法规、工程建设标准和施工图设计文件对施工质量实施监理，严厉打击监理单位未对关键部位和关键工序进行旁站或者见证过程弄虚作假，将不合格工程按照合格进行验收，签署虚假技术文件等违法违规行为。

## 第十节 加强有限空间作业安全管理

随着中国工业化和城镇化的进程，建设工程有限空间作业安全风险越加凸显，特别是水务、环保、市政、公路等工程有限空间生产安全事故频发，并因盲目施救导致事故伤亡扩大的情况严重。究其原因，有限空间作业在建设工程领域没有得到足够的重视，相关部门也未将建设施工过程中的有限空间作业作为危大工程管理。因此，加强有限空间作业安全管理，需从以下几方面入手：

一是将有限空间作业参照危大工程管理。建设工程主管部门应将有限空间作业列入危险工程管理范畴，指导督促建设施工企业深刻汲取有限空间作业事故教训，提高对有限空间作业危险性的认识，参照《工贸企业有限空间作业安全规定》（应急管理部令第 13 号）有关规定，建立并严格落实有限空间作业管理制度。

二是加强有限空间作业全过程管理。从有限空间辨识、作业审批、过程控制、应急处置等实行全过程的严格管理。必须严格实行作业审批制度，严禁擅自进入有限空间作业；必须做到“先通风、再检测、后作业”，严禁通风、检测不合格作业；必须配备个人防中毒窒息等防护装备，设置安全警示标识，严禁无防护监护措施作业；必须对作业人员进行安全培训，严禁教育培训不合格上岗作业；必须制定应急措施，现场配备应急装备，严禁盲目施救。要设置具有专业施救能力的监护人员，作业过程中监护人员必须全程在场并与作业人员保持联系。建设单位、监理单位要将有限空间作业安全作为重点监督检查对象，运用巡视、旁站等各种方式，督促严格落实有限空间作业安全措施要求，确保万无一失。

三是加强宣传教育。利用安全提示、海报、手册、警示教育片等多种形式，以企业主要负责人和作业人员为宣传教育的重点对象，督促企业开展安全培训和事故警示，切实使作业人员掌握有限空间作业安全要求，提高安全知识和自救互救能力。

## 第十一节　加强自建房领域安全管理

居民自建房主要集中在农村、城中村和城乡接合部等地区，主要满足居民自住功能，多为三层以下砖混、钢混结构房屋。由于自建房点多面广且政府部门专业监管资源短缺，长期以来自建房建设缺少有效的安全监管。随着经济社会发展，近年来自建房建筑面积增大、层数加高，且部分用于生产经营，房屋建设技术难度和安全风险增大，如放任不管极易造成群死群伤事故，必须依法依规纳入工程质量安全监管。一是拧紧安全管理责任链条。要加快制修订自建房方面的法律法规，建立健全房屋安全管理工作体系和机制，理清属地政府、房屋主管部门、其他行业管理部门、房屋所有人和使用人的安全管理职责，建立健全符合自建房实际的基本建设程序和工程建设标准。鼓励各地区加强地方立法，研究完善自建房规划建设和使用安全管理规定，拧紧自建房安全管理责任链条。二是严把源头规划建设关。要严格落实《中华人民共和国城乡规划法》和《中华人民共和国建筑法》有关规定，加强对新建、改建、扩建自建房的监管，对限额以下的自建房加强技术指导和日常巡查，对限额以上的自建房，督促自建房业主依法办理建筑工程施工许可证，严格按照国家有关法律、法规和工程建设强制性标准实施监督管理。加强对群众房屋质量安全的常态化宣传教育，提升安全意识，引导群众在新改扩建时自觉聘用有资质的设计、施工单位或人员。推进县级管理部门监管力量下沉到乡镇，及时查处各类违法违规行为。三是抓好自建房安全专项整治。对既有自建房，要严格落实《全国自建房安全专项整治工作方案》要求，依法依规彻查自建房安全隐患，特别要重点对危及公共安全的经营性自建房快查快改、立查立改，及时消除各类安全风险，坚决遏制重特大事故发生。要督促各地区采用政府购买等方式，聘请第三方专业机构或专家团队参与排查工作，强化排查整治的专业性。四是加强部门联动。各有关部门要加强沟通协作，实时共享自建房土地审批、规划许可、施工许可、产权登记、房屋安全鉴定等信息，不得为违法建筑和危险房屋中的生产经营单位办理相关证照。要加强行刑衔接，严肃查处超高超大、乱搭乱建、擅自改动主体结构等典型案例，对严重危害经营性自建房安全的，依法严肃追究有关责任人员刑事责任，强化警示震慑作用。五是构建多元化治理格局。要充分发挥居（村）委会的作用，设立房屋安全协管员或网格员，作为房屋安全监管“前哨”和“探头”，对自建房建设和使用实施日常巡查，发现问题及时报告和处理。要通过信用加分、精神激励等方式，鼓励注册结构工程师等专业技术人员积极参与房屋安全公益服务，为居（村）委会和群众免费提供技术咨询。

## 第十二节　进一步加强政府部门安全生产监管工作

从当前建设工程领域实际情况看，企业安全管理自觉性还不够强，市场不规范和施工现场管理不到位的情况将在较长时间内存在，而建设施工安全管理水平与政府监管力度成正比。只有通过严格监管，才能推动企业真正落实各项安全责任和措施。建议从以下几方面加强监管：一是健全法律法规。从国家层面看，《中华人民共和国安全生产法》已于2021年重新修订实施，但《建设工程安全生产管理条例》已施行17年，一些规定和罚则已不适应当前行业发展现状。突出表现为建设单位安全生产权责不对等、BOT、PPP等新管理模式未纳入、工贸行业建设工程安全监管职责不明确等问题。因此，要加快修订建筑安全相关法律法规，将党中央、国务院对安全生产工作的新要求、安全生产法新的规定、安全生产实践成果等写入相关条文规定，尽管明确不同行业领域、不同管理模式下各有关方面监管职责规定，提升对违法违规行为的行政处罚金额，提升建筑法规的适用性。在法制层面完善水利、环保、电力、工业、铁路等建设工程管理的安全生产规定，规范有限空间作业等事故多发易发环节的安全管理，为各专业工程的安全生产执法检查提供有力的法制依据。二是加大专业工程安全监管力度。交通、水利、铁路、民航、电力、通信等各专业工程主管部门应参照建设工程安全生产法规规章等规定，进一步强化各专业工程安全管理工作。认真总结分析本行业领域建设工程生产安全事故特点、规律，研究采取相应的安全生产监管措施，加强对口部门的工作指导，加大事故多发易发领域和环节的监管力度。综合运用督查、考核、通报、约谈、信用管理等多种手段，强化建设单位、施工单位、监理单位及各分包单位安全责任落实，夯实专业工程安全生产管理基础工作。三是加强监管队伍建设。当前，基层行业部门监管人员短缺、能力不足的矛盾越发凸显。特别是农房建设方面，按照相关规定，限额以上工程由住房城乡建设部门负责施工安全监管，限额以下由乡镇监管。随着农村经济发展，不少农房建设难度和高度达到限额以上水平，但住房城乡建设部门监管力量不足，主要集中在城区，监管仍未“下乡入村”。因此，建议各地区根据实际，在编制允许的情况下，增加建筑施工安全监管执法人员编制，或者通过政府购买服务方式，补充强化监管力量。制定完善施工安全监管执法指导手册，加强执法人员培训，规范执法程序，提高执法能力。积极争取财政支持，加强执法车辆、执法记录仪等装备配备。四是严格执法处罚。加大工程项目执法检查力度，对复杂地质条件、采用新技术新工艺新装备施工的工程项目等提高执法检查频次。严厉打击转包、违法分包、挂靠资质和无证上岗等违法行为，严厉查处存在重大事故隐患拒不整改、盲目抢工期赶进度、不按图纸和施工方案施工、偷工减料等红线问题，严厉打击围标、串标、第三方机构出具虚假报告等违法违规行为，定期公布典型执法案例。按规定将违法行为纳入建筑施工领域安全生产不良信用记录和安全生产诚信“黑名单”，实施联合惩戒。五是严肃事故查处。严格落实《生产安全事故报告和调查处理条例》的规定，按照事故等级依法组织事故调查。对没有履行安全生产职责、造成事故特别是较大及以上生产安全事故发生的参建企业和责任人员，要严格依法依规对资质和证照进行处罚，并依法实施职业禁入。积极配合司法机关依照刑法有关规定对负有重大责任、构成犯罪的企业有关人员追究刑事责任。加强对基层应急部门事故调查人员的业务培训，指导增强调查的深度和准确度，提升事故调查报告质量。针对部分地区反映涉央企的事故调查工作受干扰、压力大的问题，建议必要时由省级人民政府提级调查央企较大事故，国务院安委会办公室挂牌督办，确保事故调查客观公正。加大事故调查报告公开工作的督导检查，接受社会监督。开展事故调查评估工作，对整改措施和人员处理建议落实、事故教训吸取等进行指导、督促、检查，事故调查评估情况列入各级政府安全生产考核巡查内容，切实推动责任落实。

# 附录　典型案例事故报告

## 湖南长沙“4·29”特别重大居民自建房倒塌事故调查报告

2022年4月29日12时24分，湖南省长沙市望城区金山桥街道金坪社区盘树湾组发生一起特别重大居民自建房倒塌事故，造成54人死亡，9人受伤，直接经济损失9077.86万元。

事故发生后，党中央、国务院高度重视。习近平总书记立即作出重要指示，强调要不惜代价搜救被困人员，全力救治受伤人员，妥善做好安抚安置等善后工作；同时注意科学施救，防止发生次生灾害。要彻查事故原因，依法严肃追究责任，从严处理相关责任人，及时发布权威信息。近年来多次发生自建房倒塌事故，造成重大人员伤亡，务必引起高度重视。要对全国自建房安全开展专项整治，彻查隐患，及时解决。坚决防范各类重大事故发生，切实保障人民群众生命财产安全和社会大局稳定。受党中央、国务院委派，国务院领导同志率应急管理部、住房城乡建设部、教育部、卫生健康委等部门负责同志赶赴现场指导事故救援、伤员救治和善后处置等工作。

依据有关法律法规，经国务院批准，成立了由应急管理部牵头，住房城乡建设部、自然资源部、公安部、教育部、全国总工会和湖南省人民政府参加的国务院湖南长沙“4·29”特别重大居民自建房倒塌事故调查组（以下简称调查组）。同时成立专家组，邀请规划、设计、工程管理、法律、公共安全等方面的权威专家参与事故调查。中央纪委国家监委成立事故追责问责审查调查组，对有关地方党委政府、相关部门和公职人员涉嫌违法违纪及失职渎职问题开展调查。

在党中央坚强领导下，按照国务院决策部署，调查组本着对党和人民负责、对社会和历史负责的态度，坚持“科学严谨、依法依规、实事求是、注重实效”的原则，通过现场勘查、取样检测、荷载验算、模拟分析和调阅资料、询问谈话、座谈交流、调查取证等，查明了事故经过、发生原因、人员伤亡情况和有关单位情况，查明了有关地方党委政府、相关部门在监管方面存在的问题和相关人员的责任；同时，调查组通过明查暗访、专家座谈和调研等方式，深入解剖事故暴露的突出问题，提出主要教训和整改措施建议。

调查认定，湖南长沙“4·29”特别重大居民自建房倒塌事故是一起因房主违法违规建设、加层扩建和用于出租经营，地方党委政府及其有关部门组织开展违法建筑整治、风险隐患排查治理不认真不负责，有的甚至推卸责任、放任不管，造成重大安全隐患长期未得到整治而导致的特别重大生产安全责任事故。

## 一、事故有关情况和直接原因

### （一）事故发生经过

涉事房屋位于长沙市望城区金山桥街道金坪社区盘树湾组安置区一期，紧邻长沙医学院北门。房屋共八层（局部九层），建筑面积1401.3平方米，一层至六层用作出租经营，事发时有餐饮店、奶茶店、私人影院、旅馆等5家经营单位，七层至八层用于房主及其家人自住。房主为吴某生、吴某勇父子，分别是房屋所有权人和出租经营实际控制人。

2022年4月28日20时许，涉事房屋二层餐饮店工作人员发现东侧一混凝土柱及附近墙面瓷砖脱落、抹灰开裂、根部混凝土被压碎，钢筋暴露并弯曲；29日10时15分，二层一根支顶槽钢（2019年7月因二层混凝土柱出现裂缝，房主自购2根槽钢进行支顶加固）严重变形（附图1），与墙面间隙约50毫米（附图2）；

附图1　事发前夕二层餐馆员工拍摄的照片

11 时 50 分许，房主吴某勇外出购买建筑材料准备再次加固；12 时 19 分，一层与二层圈梁的东南角外墙面掉灰，砖头裸露并往外挤，外墙开始变形，现场邻居和村民小组长劝说房主吴某生撤人，但劝阻无效；12 时 21 分，二层餐饮店东侧墙壁发出异响，天花板及东侧外墙有物体掉落，店长随即催促店内 2 名工作人员、3 名用餐人员离开；12 时 24 分，房屋整体“下坐”式倒塌，历时 4 秒。

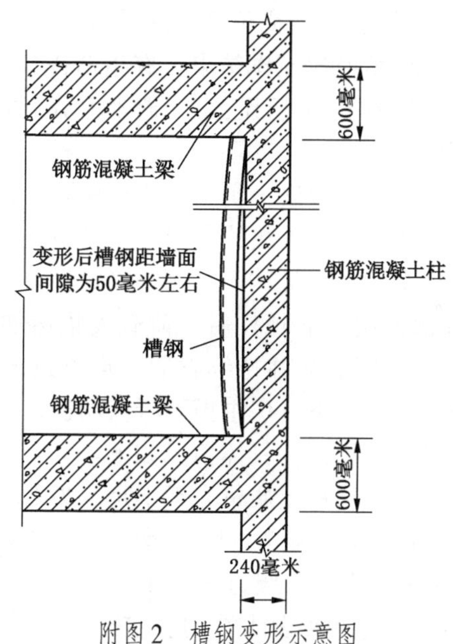


附图 2　槽钢变形示意图

事发后涉事房屋共埋压 63 人，其中在校大学生 50 人、商户员工和其他社会人员 11 人、房主及家人 2 人。事故共造成 54 人死亡，其中大学生 44 人。

**（二）抢险救援情况**

事故发生后，应急管理部、住房城乡建设部和湖南省委、省政府立即启动应急响应，迅速组织国家综合性消防救援队伍、国家安全生产专业救援队伍、中央企业和地方专业队伍、社会救援力量等开展抢险救援工作，其中湖南省消防救援总队共调派 1132 名指战员、携带各类装备设备 3300 余台（套）进行救援处置。国家卫生健康委、湖南省及时调派医护人员开展医疗救治、心理疏导等工作。教育部、公安部积极协助地方党委政府做好长沙医学院等学校师生稳定工作。湖南省、长沙市、望城区出动公安、武警、城管、民兵等力量，加强对事故现场及周边秩序维护等工作。中国救援队和湖南大学、中南大学等单位派专家现场指导救援。

这次事故救援环境错综复杂、救援难度很大。房屋倒塌后层层叠压，平衡十分脆弱，废墟上部又有重约 150 吨、整体浇筑的原六层屋顶，扰动易导致失稳伤害被困人员；倒塌房屋毗邻的东西两侧楼房受到严重破坏，随时可能向救援区域倒塌，危及被困人员和救援人员；现场仅有南侧一个作业面可开展救援，且有多人埋压，不能使用大型机械和工具。面对极其复杂危险的救援环境，现场指挥部坚持“人民至上、生命至上”，聚焦抢救生命这一核心任务，统一指挥、科学决策，运用先进生命探测设备和各类掘进支撑装备，边掘进、边加固、边搜索，争分夺秒打通救援“生命通道”，不惜代价搜救遇险人员。经过 158 小时艰苦紧张救援，至6 日 3 时 3 分，现场搜救工作结束，有生命迹象的 10 人全部获救（其中房主吴某生因重伤送医抢救 11 天后死亡），遇难人员全部找到。

### （三）事故直接原因

通过对事故现场进行勘查、取样、实测，并委托第三方权威检测机构进行检测试验、倒塌模拟计算分析，认定事故的直接原因：违法违规建设的原五层（局部六层，下同）房屋建筑质量差、结构不合理、稳定性差、承载能力低，违法违规加层扩建至八层（局部九层，下同）后，荷载大幅增加，致使二层东侧柱和墙超出极限承载力，出现受压破坏并持续发展，最终造成房屋整体倒塌。事发前，在出现明显倒塌征兆的情况下，房主拒不听从劝告，未采取紧急避险疏散措施，是导致人员伤亡多的重要原因。具体情况如下：

（1）违法违规建设的原五层房屋质量先天不足。2003 年房主在分得的安置重建地上建设了一栋三层房屋。2012 年 7 月原址拆除三层并重建五层（附图 3），属于限额以上工程①，但涉事房主在未履行任何审批手续、未取得任何许可的情况下，请建筑公司退休工人龙某恺手绘设计图，房主自行采购建筑材料，由无资质的流动施工队人员任某生组织施工。房屋部分采用自拌混凝土，砂石含泥量大、强度低，其中二层东侧 3 根柱的混凝土最低抗压强度仅为 4.3 兆帕（远低于当时国家标准②）；一层、二层墙体砌筑砂浆抗压强度仅为 0.4 兆帕（远低于当时国家标准③）；房屋采用砌体结构④，一层为实体墙，二层至五层墙体违规⑤采用空斗墙⑥，承载能力低。

---

① 《关于加强村镇建设工程质量安全管理的若干意见》（建质〔2004〕216 号）规定：限额以上工程是指居民自建两层（不含两层）以上，以及其他建设工程投资额在 30 万元以上或者建筑面积在 300 平方米以上的所有村镇建设工程。

② 《混凝土结构设计规范》（GB 50010—2010）规定，钢筋混凝土结构的混凝土强度等级不应低于 C20（强度标准值 20 MPa）。

③ 《砌体结构设计规范》（GB 50003—2011）规定，烧结普通砖采用的普通砂浆强度等级最低为 M2.5（强度标准值 2.5 MPa）。

④ 由块体和砂浆砌筑的墙，与柱一并作为建筑物主要受力构件的结构。

⑤ 《砌体结构设计规范》（GB 50003—2011）已废除空斗墙设计。

⑥ 用砖侧砌或平、侧交替砌筑成的墙体。

（2）违法违规加层扩建至八层后超出极限承载力。2018 年 7 月，房主在未履行基本建设程序的情况下，再次由龙某恺手绘设计图，自行采购建筑材料，由无资质的流动施工队人员薛某棕组织施工，加层扩建六层至八层（附图 4）。该三层采用框架结构[①]，柱、梁、板均为现浇钢筋混凝土，加上新增墙体等结构构件形成的总荷载比加层扩建前增加 46%，加剧了“头重脚轻”的状态，下部楼层柱荷载显著增大，其中二层东侧柱最大增加 71%，超出其极限承载力 18%。同时，房屋结构体系混乱，整体稳定性差，部分柱的布置上下错位，一层和二层采用单跨、大空间结构布置形式，东西横墙少；三层至八层被隔成多个小房间，东西横墙多，二层成为结构上的薄弱层，最易受破坏，抗倒塌能力弱。

（3）对重大安全隐患未有效处理。2019 年 7 月，二楼东墙混凝土柱出现网状裂缝、最长 0.6 米，房主在龙某恺的建议下，自购 2 根槽钢进行支顶加固，但并没有彻底消除安全隐患。2022 年 3 月，又相继出现支顶槽钢变形、墙面瓷砖脱落、支顶槽钢变形加剧，房主均未作处理。4 月 12 日，湖南湘大工程检测有限公司受涉事房屋内的旅馆经营者委托，未带任何检测仪器，仅拍照即完成所谓“检测”，13 日为旅馆出具了虚假的安全性鉴定报告，等级评定结论为 Bsu 级[②]、“可按现状作为旅馆用途正常使用”、“结构安全”。4 月 22 日，经营户告知房主支顶槽钢变形加重，与墙面最大间隙约 15 毫米，但仍未采取任何措施，直至事故发生。

（4）未采取紧急避险疏散措施。在事发前 2 个多小时，二层支顶槽钢弯曲变形加剧、达到 50 毫米左右，出现倒塌征兆，特别是事发前 30 多分钟龙某恺应房主要求现场查看后提出“房子危险不能住人了”，房主吴某生提出还继续加固，未组织撤离房屋内就餐、居住等人员；事发前 5 分钟，面临重大倒塌风险，有人大喊“赶快走，楼房要塌了！”但房主吴某生还说“没事”，拒不听从劝告，仍未立即通知撤离，错失了屋内人员逃生、避免重大人员伤亡的最后时机。

针对自建房内装饰装修活动和电梯安装对房屋主体结构的影响，调查查明：2012 年以来，涉事房屋内共有餐饮、零售、台球室、私人影院、家庭旅馆等 5 种经营业态，房主及 26 家租户经营使用期间，对自建房一至六层进行了多次装饰装修，主要有搭建轻质隔墙、开出餐口、窗洞改门洞、加装钢楼梯以及地板铺装、顶棚墙面粉刷、灯具电视安装等，但相关装饰装修活动未改动房屋承重结构，均对房屋倒塌无影响。2018 年 5 月，房主在紧靠东侧外墙处违法违规自行人工开凿电梯井道，8 月加层扩建基本完成后谎称供个人及家人使用，由南通九茂

① 由钢筋混凝土梁和柱以刚接或铰接相连接成承重体系的房屋建筑。

② Bsu 级，民用建筑可靠性鉴定的分级标准，指基本完好。

机电设备有限公司安装电梯，未办理电梯安装和使用登记手续，但开凿电梯井道、电梯自重及运行对房屋倒塌无影响。调查还排除了地基、人为破坏、气象、地震、燃气泄漏等导致倒塌的因素。

附图3　加层扩建前原自建房南向立面照片

附图4　加层扩建后涉事房屋东南向立面照片

## 二、地方党委政府及其有关部门存在的主要问题

这起事故是经济社会发展长期积累矛盾问题集中暴露的典型事件，相关问题在涉事房屋所在的一条街、望城区和长沙市都比较普遍，时间跨度长，涉及方面多。调查组调阅文件资料2800余份、现场查勘走访20余次、问询谈话225人次，组织规划、建设、法律等方面专家进行了研究论证，查清了湖南省、长沙市、望城区及有关方面存在的主要问题。

### （一）集中治理部署迟缓简单应付

2020年福建泉州“3·7”、山西襄汾“8·29”两起重大房屋坍塌事故后，习近平总书记都作出重要批示，要求压实安全责任，举一反三抓紧排查此类用房的安全隐患，针对发现的漏洞及时整治，从源头防范群死群伤事故的发生。2020年7月，全国部署开展为期一年的“两违清查”（违法建设和违法违规审批专项清查），湖南省9月进行了部署，长沙市到2021年1月才印发方案；2021年6月17日，湖南省因底数不清、数据报送迟缓被住房城乡建设部在视频调度会议上通报批评，6月23日，湖南省住房城乡建设厅召开紧急电视电话会议要求“6月25日报阶段性数据，7月5日报全部数据”，望城区于2021年6月25日才印发通知，此时已接近6月30日全国结束的时间，根本来不及开展排查工作；为应付上级检查，望城区6月29日先上报排查既有房屋数217栋，时隔6天把农房安全隐患排查数据81668栋，作为“两违清查”数据上报了事，数据严重失实，一个月后又改为18238栋。

### （二）日常监管相互推诿回避矛盾

一些领导干部和部门对自建房违法建设和改建问题不愿触碰、畏难躲责。有的分管领导认为自建房问题由来已久，整治是基层的事，部署后从未下去对公共安全风险大的城区自建房进行过督促检查。2019年湖南省机构改革后，省住房城乡建设厅以城乡规划管理职责移交自然资源厅为由，在未向省政府请示的情况下，不再推进违法建设专项整治行动①，造成在省级层面断档2年②；市区两级住房城乡建设和规划主管部门日常监管工作也推诿扯皮，即便在事故发生后，有的还认为责任不在自己。长沙市虽出台了关于加强农村建房管理的意见，但没有动真碰硬、认真落实。2021年6月湖南汝城“6·19”房屋坍塌事故后，望城区

① 住房城乡建设部部署的城市建成区违法建设专项治理工作五年行动（2016—2020年）和湖南省违法建设治理工作联席会议部署的县城违法建设专项治理工作三年行动（2018—2020年）。

② 经湖南省人民政府确认，机构改革后该职责仍为省住房城乡建设厅负责。

组织开展房屋安全隐患大排查大整治，区里要求各街道排查，街道又把任务派给社区，且未组织任何专业力量和业务培训，涉事房屋所在金坪社区以一天120元的价格，临时聘请一名毫无建筑专业知识的无业人员用2天时间，仅凭目测对包括涉事房屋在内的40余栋房屋进行检查，判定涉事房屋“基本安全”。在各有关方面的推诿扯皮中，违法违规自建房越建越多、越建越高。事发这条街的盘树湾安置区一期23户房屋中，有22户进行过违法违规重建或加层扩建，17户超过六层（9户六层、2户七层、6户八层），其中6户八层的自建房有5户为2018年以后重建或改建。在事故发生后仅一个月，市、区两级就分别排查出加层扩建4.4万栋和7180栋，有的甚至加建至九层、十层，里面还有服装厂等劳动密集型企业，安全风险极大。

### （三）排查整治不认真、走过场

2016年党中央、国务院就印发了《关于进一步加强城市规划建设管理工作的若干意见》，明确“用5年左右时间全面清查并处理建成区违法建设，坚决遏制新增违法建设”。2012年以来10年间，湖南省、长沙市、望城区先后组织开展了6次大的自建房集中整治，但工作不严不实。望城2011年已“县改区”，但实行“一改三不改”政策，即县改区，职能、体制、区划不改，享有县级管理权限。2016年长沙在开展城市建成区违法建设治理中，把望城视为县参照“城五区”开展；2018年在开展县城违法建设治理中，湖南按照县域行政区名单将望城视为区未将其纳入范围，长沙市虽将文件转发望城区但未督促检查，两次专项治理望城区均未制定实施方案也未认真开展，成为整治盲区。金山桥街道历次上报既有房屋问题均为“零”、“辖区无整治隐患”、涉事房屋“基本安全”，区、市、省三级无一进行认真核查把关，而事故发生后一个月金山桥街道就排查出违法违规建筑623处。金坪社区明知非法建筑、危险建筑不得作为经营场所，在未实际核查的情况下，为涉事房屋内的经营户先后违规出具14份“住改商”证明，相关部门全都放行，上下“心照不宣”共同糊弄、蒙混过关。

### （四）对违法违规行为查处不力

《湖南省建设工程质量和安全生产管理条例》（2007年10月1日颁布实施）规定，住建部门应当对私人规模建房（二层以上或面积300平方米以上，“以上”均不含本数）实施监督管理，长沙市、望城区住建部门长期以来“只管合法、不管非法”“只管报建、不管自建”，只把合法建设房屋纳入监管，对大量私人规模的违法自建房未纳入许可监管范围，对眼皮底下大量不申报、集体土地上的自建房安全风险放任不管，人为形成监管盲区。2019年3月以来，长沙市自然资源和规划局望城分局多次巡查，且2次到盘树湾安置区，均未发现涉事房屋这样显而易见的违法建设活动。望城区城管执法队伍“控违拆违”走过场，涉事房屋2018年加层扩建时，房主曾想找关系办理手续，周边已扩建户“传授经验”：“来执法时你说说好话，走之后继续干就行”。事实也的确如此，金山桥城管中队第一时间就发现违法加建，先后6次现场检查，下达责令停止施工执法文书，通知约谈，但未采取任何制止措施，也没有约谈，最终不了了之。该城管执法中队长期存在应立案不立案、应处罚不处罚问题，2018年以来违建立案查处率仅为2.3%。这样放任不管引发更多的人跟风违法，形成“破窗效应”。

**（五）房屋检测机构管理混乱**

2022年4月12日，包括涉事房屋在内的31户家庭旅馆为恢复营业[①]，以一户700元的价格（涉事房屋正常费用约为1.2万元），委托湖南湘大工程检测有限公司开展房屋安全鉴定。该公司两人到现场，一人在楼下收钱，另一人仅带相机上楼拍照，8个小时就完成31户所谓的“现场检测”，并通过复制粘贴、编造数据、冒名签字，形成“合格”报告。就是这样批发式低价揽活、赤裸裸造假的公司，一路绿灯取得合法资质。2020年8月和2021年8月，湖南省市场监管局及下属原质量评审中心在两次组织对湖南湘大工程检测有限公司资质证书评审、变更增项过程中，相关工作人员和专家收取好处，使这样一家人员虚构、资格挂证、设施不全的检测机构，获得了《检验检测机构资质认定证书》；湖南省住房城乡建设厅对湖南湘大工程检测有限公司通过中间人提交的虚假申报材料审核把关不严，违规颁发《建设工程质量检测机构资质证书》，事后也未进行过监管；长沙市、望城区住建部门未按照《长沙市房屋安全管理条例》等规定对房屋安全鉴定活动进行过监管，三级市场监管部门事中事后监管也不到位。经调查认定，湖南湘大工程检测有限公司成立以来出具的79份检测鉴定报告全部造假。

**（六）自建房规划建设源头失控**

2000年至2003年期间，原望城县黄金乡采取留地安置、自拆自建的方式，对涉事房主等23户村民进行重建安置（盘树湾一期）。2012年以后面对长沙医学院附近等人口密集、商业需求大的问题，没有及时统筹建设配套公共服务设施，靠居民自发建房来搞配套，且没有依据控制性详细规划对自建房的建筑高

---

① 根据望城区关于农村房屋安全隐患排查整治工作部署，2021年11月30日望城区公安分局治安大队下发通知，要求各派出所对辖区内旅馆进行清查核查，没有取得安全性评估或房屋安全性鉴定的家庭旅馆，责令不得从事旅馆业经营。2022年3月23日，望城公安分局黄金派出所通知没有提交鉴定报告的旅馆停业，其中包括涉事房屋内的家庭旅馆。

度、层数等进行管控，造成自建房“野蛮生长”，私搭乱建、未批先建、加层扩建等乱象丛生，这些安全状况差的自建房内大量存在餐饮、住宿、娱乐等业态复杂、人员密集的场所，严重威胁公共安全。紧邻一期的二期安置区在2009年建设时，由于街道和社区实施了统一规划，28户自建房全部为五层、无一加层，均基本符合控规要求的高度和容积率。初步排查，目前望城区仍有6.28万户、长沙市有72.21万户自建房未取得规划许可证，未经专业设计和竣工验收，建筑安全、消防安全隐患很大。

## 三、事故涉及有关方面的具体责任

### （一）涉事房主和有关企业

#### 1. 涉事房主

违反有关规定未依法履行基本建设程序，未取得建设工程规划许可证①，未经有资质的单位进行勘察设计②，未取得建筑工程施工许可证③，未办理工程质量监督手续④，组织无相应资质的个人施工，工程完成后未组织竣工验收⑤即投入使用。在违法加层扩建施工时，拒不执行城管部门责令停止施工的行政指令，拒不接受调查问询，仍违法建设并投入使用。违反规定⑥，将违法建筑出租用作餐饮、住宿等经营场所。对已发现的重大隐患，未有效处置、消除隐患。违反《中华人民共和国特种设备安全法》第三十三条⑦，未办理电梯使用登记等手续。事发前，在已经发现房屋倒塌征兆时，仍拒不听从劝告，没有通知自建房内人员

① 《中华人民共和国城乡规划法》第四十条：在城市、镇规划区内进行建筑物、构筑物、道路、管线和其他工程建设的，建设单位或者个人应当向城市、县人民政府城乡规划主管部门或者省、自治区、直辖市人民政府确定的镇人民政府申请办理建设工程规划许可证。……

② 《建设工程质量管理条例》第五条：从事建设工程活动，必须严格执行基本建设程序，坚持先勘察、后设计、再施工的原则。第十八条：从事建设工程勘察、设计的单位应当依法取得相应等级的资质证书，并在其资质等级许可的范围内承揽工程。

③ 《中华人民共和国建筑法》第七条：建筑工程开工前，建设单位应当按照国家有关规定向工程所在地县级以上人民政府建设行政主管部门申请领取施工许可证。

④ 《建设工程质量管理条例》第十三条：建设单位在开工前，应当按照国家有关规定办理工程质量监督手续，工程质量监督手续可以与施工许可证或者开工报告合并办理。

⑤ 《中华人民共和国建筑法》第六十一条：建筑工程竣工验收合格后，方可交付使用；未经验收或者验收不合格的，不得交付使用。

⑥ 《租赁房屋治安管理规定》（公安部第24号令）第五条：危险和违章建筑的房屋，不准出租。

⑦ 《中华人民共和国特种设备安全法》（自2014年1月1日起施行）第三十三条：特种设备使用单位应当在特种设备投入使用前或者投入使用后三十日内，向负责特种设备安全监督管理的部门办理使用登记，取得使用登记证书。

疏散避险。

**2. 有关企业**

1）湖南湘大工程检测有限公司

违反《检验检测机构资质认定管理办法》第九条①、《建设工程质量检测管理办法》第四条②有关规定，在仅有1名专业技术人员情况下，使用3人资格证书非法“挂证”，通过不正当手段，取得《检验检测机构资质认定证书》《建设工程质量检测机构资质证书》。对涉事房屋现场检测造假，没有按照《民用建筑可靠性鉴定标准》（GB 50292—2015）等规定开展鉴定活动，没有使用任何设备和仪器，对标准规定的房屋结构体系、地基基础、材料性能和承重结构等26个检测项目进行检测。没有进行结构安全验算，用该公司原有模板数据，编造检测结果和虚假报告；报告审核、批准等文书签字，均通过使用挂证人员电子签名形式造假。

2）南通九茂机电设备有限公司

违反有关规定③，与涉事房主共同隐瞒电梯为自建房内经营活动提供服务的事实，未书面告知特种设备安全监管部门，安装完成后也未依法申请电梯监督检验。

**（二）有关部门**

**1. 自然资源（原城乡规划）部门**

1）长沙市自然资源和规划局望城分局（2011—2014年为望城区城乡规划局、2014—2019年为长沙市城乡规划局望城区分局）

---

①《检验检测机构资质认定管理办法》（国家质量监督检验检疫总局令第163号）第九条：申请资质认定的检验检测机构应当符合以下条件：（二）具有与其从事检验检测活动相适应的检验检测技术人员和管理人员。

②《建设工程质量检测管理办法》（建设部令第141号）第四条：检测机构资质按照其承担的检测业务内容分为专项检测机构资质和见证取样检测机构资质。检测机构资质标准由附件二规定。附件二的相关规定：一、专项检测机构和见证取样检测机构应满足下列基本条件：（二）有质量检测、施工、监理或设计经历，并接受了相关检测技术培训的专业技术人员不少于10人；二、专项检测机构除应满足基本条件外，还需满足下列条件：（二）主体结构工程检测类……专业技术人员中从事结构工程检测工作3年以上并具有高级或者中级职称的不得少于4名，其中1人应当具备二级注册结构工程师资格。

③《中华人民共和国特种设备安全法》第二十三条：特种设备安装、改造、修理的施工单位应当在施工前将拟进行的特种设备安装、改造、修理情况书面告知直辖市或者设区的市级人民政府负责特种设备安全监督管理的部门。《湖南省电梯安全监督管理办法》（湖南省人民政府令第284号）第二条：本办法所指电梯是指安装在公共场所的载人（货）电梯等。第十条：电梯安装、改造、修理单位应当依法取得许可，按照安全技术规范和相关标准开展活动，履行下列义务：（二）安排专业技术人员对电梯安装、改造和重大修理活动的过程进行自行检测，经自行检测合格后向经依法核准的电梯检验检测机构申请监督检验。

未认真履行日常监督检查职责，对涉事房屋2012年未办理规划许可拆除重建和2018年未办理规划许可加层扩建的违法违规行为查处不力，对辖区内长期存在的无规划手续即新建、扩建行为疏于监管。未发挥规划引领和刚性约束作用①，未有效监督实施2016年涉事房屋所在地区控制性详细规划，对金山桥街道年度规划完成情况缺乏监督，对盘树湾安置区自建房建筑高度和层数等缺乏管控，该区域自建房大规模无序建设。违反有关规定②，以“望城区安置小区品质提升规划”作为依据，办理居民自建房确权登记，使一些违法自建房披上了合法的“外衣”。

2）长沙市自然资源和规划局（2019年前为长沙市城乡规划局）

2019年城乡规划管理职能划转后，未认真履行职责③，未有效开展规划动态监测评估，对包括涉事房屋在内的违反规划要求改扩建等问题没有组织研究并采取有效举措；对望城区年度规划完成情况缺乏有效监督，未督促望城区解决盘树湾安置区不符合控制性详细规划等问题。望城区纳入长沙市主城区后，督促指导望城区规划管理工作不力，对望城区规划实施滞后、长期以来大范围无规划许可擅自建设等问题监督检查不到位，对望城分局未按规定开展确权登记的问题失察。

3）湖南省自然资源厅

未认真履行城市规划管理职责④，未按照《中共中央　国务院关于建立国土空间规划体系并监督实施的若干意见》要求⑤，健全规划动态监测评估和实施监管机制。对长沙市城乡规划管理和实施缺乏有效指导督促，对全省普遍存在的城镇安置区自建房建设违反规划等问题，没有及时深入研究并有效处置。对不动产

① 《中共中央　国务院关于进一步加强城市规划建设管理工作的若干意见》（2016年2月6日）规定：（四）依法制定城市规划。城市规划在城市发展中起着战略引领和刚性控制的重要作用。

② 《自然资源部关于加快宅基地和集体建设用地使用权确权登记工作的通知》（自然资发〔2020〕84号）规定：对合法宅基地上房屋没有符合规划或建设相关材料的，地方已出台相关规定，按其相关规定办理。未出台相关规定，位于原城市、镇规划区内的，出具规划意见后办理登记。

③ 《中共湖南省委　湖南省人民政府印发〈关于建立全省国土空间规划体系并监督实施的意见〉的通知》（湘发〔2020〕9号）规定：上级自然资源主管部门要会同有关部门组织对下级国土空间规划中各类管控边界、约束性指标等管控要求落实情况进行监测监督。

④ 《中共湖南省委办公厅　湖南省人民政府办公厅关于印发〈湖南省自然资源厅职能配置、内设机构和人员编制规定〉的通知》（湘办〔2019〕42号）规定：第三条（六）负责建立空间规划体系并监督实施。

⑤ 《中共中央　国务院关于建立国土空间规划体系并监督实施的若干意见》规定：五、实施与监管（十四）监督规划实施“依托国土空间基础信息平台，建立健全国土空间规划动态监测评估和实施监管机制。”

确权登记工作指导不力。

**2. 城管部门**

1）望城区城市管理和综合执法局金山桥中队（原黄金中队）

未认真履行职责，未查处涉事房屋2012年无建设工程规划许可证等擅自建设的违法行为。涉事房屋2018年加层扩建施工时，现场发现违法建设，虽下达了整改指令，但未严格按照规定①启动行政执法程序坚决制止和进行拆除②，任其违法建成并投入使用。在多次违法建设专项治理中，均没有将涉事房屋纳入台账进行整治和拆除。对金山桥街道普遍存在的违法违规建设问题，执法处罚长期缺位，有法不依、执法不严。

2）望城区城市管理和综合执法局（原望城区城市管理局、望城区行政综合执法局）

作为望城区拆违控违工作领导小组办公室，在城市建成区违法建设专项治理工作五年行动、县城违法建设专项治理工作三年行动中，未按照区政府部署制定实施方案并认真组织开展，不履职、不作为；在违法建设专项治理等历次重大行动中，未全面调查摸底，对辖区违法违规建筑底数不清，对涉事房屋等大量违法建筑放任不管。明知涉事房屋是违法建筑，未按规定③抄告相关部门和单位，导致该房屋违法用于出租经营问题长期存在。监督指导金山桥中队违法建设执法工作不力，对金山桥中队未立案查处涉事房主违法建设行为、执法“宽松软”及执法程序不规范等突出问题失管失察。

3）长沙市城市管理和综合执法局

履行长沙市拆违控违领导工作小组办公室职责不认真、不负责，对望城区没

---

① 《湖南省行政程序规定》第六十四条：行政机关依职权启动程序，应当由行政执法人员填写有统一编号的程序启动审批表，报本行政机关负责人批准。情况紧急的，可以事后补报。

② 《中华人民共和国城乡规划法》第六十八条：城乡规划主管部门作出责令停止建设或者限期拆除的决定后，当事人不停止建设或者逾期不拆除的，建设工程所在地县级以上地方人民政府可以责成有关部门采取查封施工现场、强制拆除等措施。《湖南省城市综合管理条例》第四十七条第四项：城市管理部门查处下列违法行为时，可以采取以下措施：（四）对未依法取得规划许可或者未按照规划许可内容建设的建（构）筑物，以及超过规划许可期限未拆除的临时建（构）筑物，应当责令当事人停止建设，并进行公告，限期当事人自行拆除；当事人在法定期限内不申请行政复议或者行政诉讼，又拒不停止建设或者自行拆除的，在报经当地人民政府批准后可以依法采取强制拆除措施。《长沙市城市管理条例》第三十五条第一款：城市管理综合行政执法机关发现公民、法人或者其他组织有违法行为的，应当责令立即改正或者限期改正；拒不改正的，可以查封、扣押与违法行为有关的工具和其他物品直至该案件处理完毕。

③ 《湖南省城市综合管理条例》第三十一条第二款：对违法建（构）筑物，城市管理部门应当告知相关部门不得将其登记为生产经营场所；对尚未使用的，供水、供电、供气、通信等相关单位不得办理供应或者接入手续。

有制定城市建成区违法建设专项治理工作五年行动实施方案并备案[①]不闻不问，对望城区多次违法建设专项治理工作不力缺乏有效督促检查；对长沙市、望城区大量存在的违法违规自建房问题未认真研究并采取有效措施。未认真履行市局职责[②]，对望城区城市管理和综合执法局执法长期严重缺位问题失察，缺乏有效工作指导。

关于湖南省级层面城市管理和执法监督的有关问题在湖南省住房城乡建设厅中一并表述。

**3. 住房城乡建设部门**

1）望城区住房城乡建设局

未依法依规[③]对限额以上自建房工程实施有效监管，在涉事房屋 2012 年 7 月拆除重建和 2018 年 7 月加层扩建期间，未依法处理无资质设计和无施工许可施工等违法行为。在违法建设和违法违规审批专项清查、房屋安全领域专项整治三年行动、房屋安全隐患大排查大整治工作中不履职、不作为，将排查工作全部层层布置给不具备专业能力的乡镇街道、社区，对街道报送的“辖区无整治隐患”和涉事房屋“基本安全”等假情况假数据不核查、照表上报，多次错过了排查发现问题、消除隐患的时机。未履行房屋安全鉴定监管职责[④]，对涉事检测公司历次弄虚作假行为均没有发现和查处[⑤]。

2）长沙市住房城乡建设局（原长沙市住房城乡建设委员会）

对大量违法违规自建房安全风险视而不见，只管国有土地上合法建造并投入使用的房屋，不管国有土地上手续不全和涉事房屋等集体土地上的房屋，人为造成监管盲区。在开展房屋安全专项整治三年行动和房屋安全隐患大排查大整治

---

① 《长沙市城市建成区违法建设专项治理工作五年行动方案》（长拆违发〔2016〕2 号）：望城区根据该方案，结合实际制定望城区城市建成区违法建设专项治理工作五年行动具体实施方案并备案。

② 《中共中央 国务院关于深入推进城市执法体制改革改进城市管理工作的指导意见》（2015 年 12 月 24 日）：市级城市管理部门主要负责城市管理和执法工作的指导、监督、考核，以及跨区域及重大复杂违法违规案件的查处。

③ 《中华人民共和国建筑法》第七条：建筑工程开工前，建设单位应当按照国家有关规定向工程所在地县级以上人民政府建设行政主管部门申请领取施工许可证。《湖南省建设工程质量和安全生产管理条例》规定，县级以上人民政府建设行政主管部门应当对本行政区域内私人规模建房建设工程质量和安全生产实施监督管理。

④ 《望城县编委关于明确望城县建设局房屋安全管理职责的通知》（望编发〔2009〕4 号）明确：将望城县房屋产权管理局房屋安全检查、房屋安全鉴定和房屋装饰装修监督管理职能调整至望城县建设局。望城县改区后职责划转至望城区住房城乡建设局。

⑤ 《长沙市房屋安全管理条例》第三十九条：房屋安全鉴定单位出具虚假房屋安全鉴定报告的，由区县（市）房屋安全主管部门给予警告，并处三万元罚款。

中，未按要求[1]对违法建设和违法违规审批专项清查数据进行校核。对望城区住房城乡建设局限额以上自建房工程质量安全监管、房屋检测公司监管等缺乏监督指导，对其不履职不作为的问题失管失察。

3）湖南省住房城乡建设厅

对2019年以前全省规划管理和规划实施活动等工作监督指导不到位，对长沙市年度规划完成情况缺乏有效监督。未有效纠正长沙市住房城乡建设部门限额以上自建房工程质量安全监管长期缺失问题。在历次城市建成区和县城违法建设专项治理中，组织实施和推动落实不力，没有对涉事房屋等集体土地房屋安全隐患排查工作开展督导检查；机构改革后未按要求继续组织开展城市建成区违法建设专项治理五年行动和县城违法建设专项治理三年行动。颁发《建设工程质量检测机构资质证书》审核把关不严，对长沙市规划、住建、城管等部门履职不力失察。

**4. 市场监管部门**

1）金山桥市场监管所

在多次对涉事房屋内的经营主体监督检查过程中，未发现和依法查处部分经营主体无照无证经营[2]、违规安装和使用电梯等行为。

2）望城区市场监管局

对涉事房屋内多家经营主体无照无证的违规行为查处不力。对检验检测机构监管不力[3]，未发现和查处涉事检测公司出具虚假报告等问题。电梯安装和使用“只管申报的、不管不报的”，对未主动申报安装和办理使用登记的电梯失管漏管。

3）长沙市市场监管局

对望城区市场监管局日常监管执法工作中，查处市场经营主体无照无证经

---

① 《住房城乡建设部安全生产管理委员会办公室关于开展“两违”清查数据核查工作的紧急通知》（建安办函〔2021〕23号）要求：对本地区既有房屋建筑底数、存在重大安全风险和隐患的房屋建筑存量等关键数据开展有针对性地校核，全面摸清本地区房屋建筑现状。

② 长沙市望城区杨国福麻辣烫小吃店（招牌“杨国福麻辣烫”）、长沙市望城区游意餐馆（招牌“酸菜鱼遇上花雕鸡”）未变更营业执照，长沙市望城区长颈鹿放映咖啡馆（招牌“长颈鹿私人影院”）未取得电影放映许可证。

③ 《检验检测机构监督管理办法》（国家市场监督管理总局令第39号）第四条：地（市）、县级市场监督管理部门负责本行政区域内检验检测机构监督检查工作。第二十条：市场监督管理部门可以依法行使下列职权：（一）进入检验检测机构进行现场检查；（二）向检验检测机构、委托人等有关单位及人员询问、调查有关情况或者验证相关检验检测活动；（三）查阅、复制有关检验检测原始记录、报告、发票、账簿及其他相关资料；（四）法律、行政法规规定的其他职权。

营、检验检测机构弄虚作假、非法安装使用电梯等不力的问题失察。

4）湖南省市场监管局

对检验检测机构资质许可把关不严，对有关工作人员和下属单位管理不严，致使存在明显弄虚作假的涉事检测公司取得了《检验检测机构资质认定证书》并获准资质检验检测范围增项。未加强对已取得资质的检验检测机构事中事后监管。对长沙市市场监管局履职不到位问题失察。

5）原湖南省质量技术评审中心（现湖南省产商品评审中心）

受湖南省市场监管局委托两次组织评审人员到涉事检测公司现场评审，未认真履行职责①，未发现人员资格挂证、冒名顶替实操考核等问题。对评审组提交的评审报告审查把关不严，未核查出骗取资质问题，致使涉事检测公司取得了《检验检测机构资质认定证书》并获准资质检验检测范围增项。

### （三）地方党委政府

#### 1. 金山桥街道

金山桥街道对辖区内自建房普遍存在的违规建设、非法加层、私搭乱建等行为，未认真组织排查治理，放任违法违章建筑长期存在。2018 年 7 月已发现违法加层扩建行为，但没有组织查处制止、任其建成，在有关专项治理行动中也没有依法组织拆除。未按规定②认真组织开展违法建设和违法违规审批专项清查，未将涉事房屋列入清查台账进行治理。在 2020 年组织开展的“房屋安全整治三年行动”③ 中，仍将包括涉事房屋在内的辖区房屋认定为“无整治隐患”；在 2022 年组织开展的“岁末年初房屋安全专项检查”④ 中，又未将其纳入检查范围；对金坪社区在“房屋安全隐患大排查大整治”中得出“基本安全”的结论没有组织核查即上报，对金坪社区违规出具的“住改商”证明未认真审核便予以通过。

① 《湖南省质量技术监督局关于印发〈湖南省质量技术监督局行政许可受理、审查、决定“三分离”实施方案〉的通知》（湘质监发〔2018〕5 号）规定：原湖南省质量技术评审中心职责为，负责制定评审计划、组织专家实施技术审查；出具审查意见，并对审查程序和结果的真实性、合法性、公正性负责。

② 《长沙市望城区住房城乡建设局关于全面做好违法建设和违法违规审批专项清查工作的紧急通知》（2021 年 6 月印发）要求：望城区城区范围内所有的既有房屋要全面摸清房屋基本情况，包括违法建设排查情况、违法违规审批行为情况等。各街道要建立好辖区房屋清查台账，一户（单位、栋）一档。

③ 《长沙市望城区人民政府办公室关于印发〈长沙市望城区房屋安全整治三年行动实施方案〉的通知》（望政办函〔2020〕42 号）规定：对本行政区域范围内的房屋安全隐患问题表现突出的违法改扩建、违法施工、违法装修，违法使用、出租危房等问题进行摸排和处理。

④ 《长沙市望城区住房城乡建设局关于开展岁末年初房屋安全专项检查工作的通知》规定：节前各街镇要组织对辖区内房屋进行一次全面巡查检查，着重对酒店、饭店等人员聚集场所逐一重点排查，发现隐患立即处置。

金山桥街道所属金坪社区，未认真履行社区自建房日常巡查和报告职责[①]，2018年7月社区负责人已知涉事房主违法加层扩建行为，但没有制止，也没有向属地街道和相关部门报告，违反规定[②]为涉事房屋内的经营户出具14份虚假“住改商”证明。

**2. 望城区**

未认真落实属地管理责任，组织开展违法建设专项治理、控违拆违、清查治理、隐患排查等不认真不负责，对大量违反城乡规划的建设行为监督管理不力，对涉事房屋所在一条街从违法建设到加层扩建全过程失管失控。未按规定[③]组织开展城市建成区违法建设专项治理工作五年行动（2016—2020年），区政府有关负责人虽签批要制定方案，但没有具体部署和跟踪检查，实际一直没有制定方案也未开展工作。在县城违法建设专项治理工作三年行动[④]（2018—2020年）中，未对涉事房屋等违法建筑进行排查治理。在组织开展房屋安全整治三年行动（2020—2022年）中，对金山桥街道上报涉事房屋“无整治隐患”失察。福建泉州“3・7”重大坍塌事故发生后，组织开展违法建设和违法违规审批专项清查[⑤]工作中，行动迟缓、落实不力，搞形式、走过场，全国部署后时隔近一年才印发通知部署，并违规以区住房城乡建设局清查方案替代政府方案，对有关部门和金山桥街道编造上报清查数据失察；湖南汝城2021年“6・19”自建房坍塌事故发生后，虽组织了排查，但工作不深入不扎实，未排查出涉事房屋存在的重大安全隐患。对城管、规划、住建、市场等部门存在的违规行为、履职不力等问题失察。

---

① 《中共长沙市望城区委　长沙市望城区人民政府关于加强控违拆违工作的意见（试行）》（望发〔2012〕49号）工作措施第三条：对正在建设的违法建（构）筑物由……村（社区）等单位现场予以制止，并责令自行拆除或协助拆除。

② 《湖南省人民政府办公厅关于印发〈湖南省放宽市场主体住所（经营场所）登记条件的规定〉的通知》（湘政办发〔2016〕69号）第十二条：申请人不得将非法建筑、危险建筑、被征收房屋等依法不得作为住所（经营场所）的场所申请登记为住所（经营场所），并在登记时作出承诺。

③ 《长沙市拆违控违工作领导小组关于印发长沙市城市建成区违法建设专项治理工作五年行动方案的通知》（长拆违发〔2016〕2号）规定：望城区、长沙县、宁乡县要根据本通知要求，结合当地实际制定城市建成区违法建设专项治理工作五年行动具体实施方案。

④ 《湖南省违法建设治理工作联席会议办公室关于印发〈湖南省县城违法建设专项治理工作三年行动方案（2018—2020）〉的通知》（湘违建办函〔2018〕1号）要求：用3年左右时间全面清查县城建成区范围内违法建设，并按计划逐步进行处理，坚决遏制新增违法建设。

⑤ 《住房城乡建设部关于深刻汲取福建省泉州市欣佳酒店“3・7”事故教训　切实加强建筑安全生产管理工作的通知》（建办电〔2020〕30号）要求：立即开展违法建设和违法违规审批专项清查。

**3. 长沙市**

未认真贯彻落实2016年印发的《中共中央　国务院关于进一步加强城市规划建设管理工作的若干意见》，未按照“5年左右全面清查并处理城市建成区违法建设、坚决遏制新增违法建设”的要求完成治理任务，涉事房屋所在一条街的违法违规加层扩建多数在此期间形成。开展违法建设和违法违规审批专项清查工作严重滞后，湖南省2020年9月作出部署，长沙市2021年1月才作出部署，对望城区动作迟缓督促推动不力。对望城区未制定城市建成区违法建设专项治理工作五年行动实施方案并备案、未按要求[①]组织开展拆违控违工作严重失察，未监督推动望城区整改落实。望城县改区后实行“一改三不改”政策，一直未明确其过渡期，一定程度上导致望城区规划建设管理不规范，既未按城市建成区又未按县城要求深入开展违法建设专项治理，涉事房屋在多次治理中漏查漏管。对住建、城管、规划等部门存在的违规行为、履职不力等问题失察。

**4. 湖南省**

对习近平总书记关于防范化解重大风险的重要指示精神学习领会不深刻不到位，“人民至上、生命至上”理念树得不牢，对省内各市州普遍存在的自建房重大安全风险辨识不够、防范化解不够有力，履行“促一方发展、保一方平安”政治责任有差距。贯彻落实《中共中央　国务院关于进一步加强城市规划建设管理工作的若干意见》不到位，未按中央要求完成全面清查并处理建成区违法建设、坚决遏制新增违法建设的任务，未有效督促长沙市和有关部门认真开展自建房重大安全隐患和风险排查治理，对一些地方、部门和领导干部工作作风不严不实、不担当不作为、推诿扯皮等问题没有及时纠治，经过多年整治自建房安全问题仍然突出。对望城县改区后实施“一改三不改”政策十多年所带来的城市管理问题，没有督促长沙市及时解决。对长沙市和省住建、市场监管、自然资源等有关部门未认真履行职责失察。

## 四、对有关单位及责任人的处理建议

### （一）司法机关已采取强制措施的人员（14人）

吴某勇、龙某恺、任某生、薛某棕、龙某勤、李某奇、吴建某、龙某华等8人，涉嫌重大责任事故罪等，已被依法逮捕；杨某富（涉事检测公司法定代表

---

① 《中共长沙市委办公厅　长沙市人民政府办公厅关于印发〈长沙市拆违控违工作实施方案〉的通知》（长办〔2015〕7号）要求：望城区……要根据本通知要求，结合当地实际制定拆违控违工作具体实施方案，报市拆违控违工作领导小组办公室备案。

人)、谭某(涉事检测公司总经理)、龚某(涉事检测公司副总经理)、宁某(涉事检测公司技术负责人),汤某、刘某(涉事检测公司“挂证”人员),涉嫌提供虚假证明文件罪,已被依法逮捕。吴某生因在事故中重伤经抢救无效死亡,不再追究刑事责任。

### (二)有关公职人员

对于在事故调查过程中发现的地方党委政府及有关部门的公职人员履职方面的问题和涉嫌腐败等线索及相关材料,移交中央纪委国家监委湖南长沙“4·29”特别重大居民自建房倒塌事故追责问责审查调查组。对有关人员的党政纪处分和有关单位的处理意见,由中央纪委国家监委提出;涉嫌刑事犯罪人员,由纪检监察机关移交司法机关处理。

### (三)事故涉及的有关单位和其他人员

(1)湖南湘大工程检测有限公司。

①由湖南省市场监管局按照《检验检测机构资质认定管理办法》第三十二条[①]的规定,依法处罚。

②由湖南省住房城乡建设厅按照《建设工程质量检测管理办法》第二十八条[②]的规定,依法处罚。

③由望城区住房城乡建设局按照《长沙市房屋安全管理条例》第三十九条的规定[③],对公司出具虚假报告行为依法处罚。

④由湖南省人力资源和社会保障厅按照有关规定对汤某、刘某的工程师职称“挂证”行为进行处理。

⑤由湖南省住房城乡建设厅按照《勘察设计注册工程师管理规定》第二十九条[④]的规定,对汤某一的注册结构工程师“挂证”行为进行处理。

---

① 《检验检测机构资质认定管理办法》(国家质量监督检验检疫总局令第163号)第三十二条:以欺骗、贿赂等不正当手段取得资质认定的,资质认定部门应当依法撤销资质认定。被撤销资质认定的检验检测机构,三年内不得再次申请资质认定。

② 《建设工程质量检测管理办法》(建设部令第141号)第二十八条:以欺骗、贿赂等不正当手段取得资质证书的,由省、自治区、直辖市人民政府建设主管部门撤销其资质证书,3年内不得再次申请资质证书;并由县级以上地方人民政府建设主管部门处以1万元以上3万元以下的罚款;构成犯罪的,依法追究刑事责任。

③ 《长沙市房屋安全管理条例》第三十九条:房屋安全鉴定单位出具虚假房屋安全鉴定报告的,由区县(市)房屋安全主管部门给予警告,并处三万元罚款。

④ 《勘察设计注册工程师管理规定》(建设部令第137号)第二十九条:以欺骗、贿赂等不正当手段取得注册证书的,由负责审批的部门撤销其注册,3年内不得再次申请注册;并由县级以上人民政府住房城乡建设主管部门或者有关部门处以罚款,其中没有违法所得的,处以1万元以下的罚款;有违法所得的,处以违法所得3倍以下且不超过3万元的罚款;构成犯罪的,依法追究刑事责任。

（2）参加涉事检测公司资质现场评审的专家和有关单位人员，以及出借资质给谭某的有关单位的违法违规问题，由湖南省有关方面依法依规查处。

鉴于湖南省委、省政府对事故的发生负有重要领导责任，确实需要深刻反思、改进工作，同时为了推动各有关方面特别是地方各级党委政府更加深刻领会习近平总书记重要指示精神，增强忧患意识和底线思维，有力有效防范化解重大安全风险，切实把确保人民生命安全放在第一位落到实处，建议湖南省委、省政府向党中央、国务院作出深刻检查，并专题报告整改情况。

## 五、事故主要教训

### （一）学习领会习近平总书记关于防范化解重大风险的重要论述不认真不深刻，风险意识薄弱

党的十八大以来，习近平总书记高度重视防范化解重大风险，几乎逢会必讲，要求各级党委政府把自己职责范围内的风险防控好，不让小风险演化成大风险，不让局部风险演化成区域性风险或系统性风险；要求把眼睛瞪得大大的，防止各类“黑天鹅”“灰犀牛”事件发生。面对自建房安全这个城镇化过程中的突出问题，湖南省、长沙市、望城区一些领导干部对满大街的自建房违法建设、违法加层、违法经营带来的安全风险看不见、抓不住，任由风险越积越大、越积越多，最终酿成惨痛事故。剖析这一问题，根子还是出在思想认识上，一些领导干部不认真学习领会习近平总书记重要论述，没有结合实际认真研究和排查身边的风险，对风险熟视无睹、视而不见，不知敬畏、不晓利害。有的麻木侥幸、自以为是，不把别人的教训当教训，2020 年先后发生福建泉州、山西襄汾自建房倒塌重大事故，包括 2021 年 6 月 19 日湖南汝城还发生经营性自建房坍塌事故，一些领导干部仍不当回事，坐在火山口上看不到风险，错失了化解风险、避免事故发生的机会。汲取这起事故的教训，首先要从思想上自我革命，切实增强风险意识、底线思维，真正从思想上始终绷紧安全这根弦，切实把确保人民生命安全放在第一位落到实处。

### （二）落实责任不紧不实，不担当不作为

自建房违法建设涉及多个环节、多个部门单位，有一个关口把住就能够切断事故链，但在这起事故中，湖南省、长沙市、望城区有关方面层层失守、监管失控。有的搞形式、走过场，敷衍了事，导致历次整治虎头蛇尾、不了了之；有的搞“击鼓传花”，卸担子、捂盖子贻误风险处置时机。究其原因，关键在于没有压紧压实安全责任。首先是细化责任不具体，导致自建房安全监管上下左右推责，都不认为是自己的责任，就不下力气解决问题；其次是督导检查走过场，一

些领导干部习惯于开会发文要报表，不下沉一线检查抓落实，不深入实际及时发现解决问题，只重部署、不重实效；其三是考核评估不精准，对领导干部在任期内是否“新官不理旧账”，是否新增安全风险，没有建立相应的考评机制，以致一些领导干部责任没有真正上肩。防范化解安全风险是人命关天的大事，是具体的“国之大者”，容不得半点形式主义官僚主义。以这次事故为警示，就要着力解决一些领导干部在防控风险中的责任不清不实问题，从严从实落实全链条安全监管责任，促使各级领导干部以更加强烈的担当和历史主动精神履行好工作职责，切实把习近平总书记重要指示精神和党中央重大决策部署落到实处。

**（三）发展理念存在偏差，政绩观错位**

习近平总书记反复强调要完整、准确、全面贯彻新发展理念，统筹发展和安全；强调坚持人民城市为人民；城市规划、建设和管理都要把安全放在第一位，把住安全关、质量关，并把安全工作落实到城市工作和城市发展各个环节各个领域。一些领导干部对此认识不深刻，将发展和安全割裂开来，只重视经济发展的“显绩”，不重视防范化解风险的“潜绩”。望城区自2011年县改区后，10年间人口从52.8万人增长到93.5万人、GDP从327.4亿元增长到1002.8亿元，但城市管理没有跟上，放任自建房无序发展，放大公共安全风险。表面上看放任不管让老百姓得到了实惠，但最终酿成事故，老百姓不仅没有得到实惠，还让无辜群众付出生命代价，给几十户家庭造成天大的灾难，造成恶劣的社会影响。城市发展必须始终坚持安全发展、依法发展、科学发展，这些年自建房粗放发展，在全国一些城市相当普遍，已形成重大风险，反映了一些领导干部发展理念和政绩观存在偏差，没有坚持以人民为中心的发展思想，没有切实担起“促一方发展，保一方平安”的政治责任。

**（四）立法滞后执法不严，行业安全监管宽松软**

造成自建房安全风险扩大的一个重要原因是相关领域法治不彰。具体来说，既有“无法可依”的问题，1998年出台的《中华人民共和国建筑法》和1989年出台的《城市危险房屋管理规定》等法律法规，虽对个别条款进行过修订，但其中涉及房屋安全的条款不适应这些年经济社会发展，湖南省、长沙市也缺乏可操作的地方法规；也有有法不依的问题，一些涉及规划、房屋建设和使用的法规条款没有严格执行。既有执法不严的问题，对违法加层扩建多次执法均没有采取制止措施；也有违法不究的问题，放任不管引发更多的人跟风违法，形成“破窗效应”，最后法不责众，对满大街的自建房违法改扩建行为不了了之。全面依法治国是中国特色社会主义的本质要求，依法行政是政府行政活动的基本准则。长沙市自建房领域法治不彰，与依法治国的进程极不适应。解决自建房领域安全问题，要加快补上法治这块短板，坚持有法可依、有法必依、执法必严、违法必究，坚持依法行政、严格执法，为防控风险提供有力法治保障。

### （五）对基层能力建设重视不够，基层安全治理面临困境

这次事故暴露出基层安全风险防控能力薄弱的问题突出，面临权责失衡、人少事多、财力不足等多重困扰。望城区辖区内房屋数量巨大，仅自建房就超过12万栋，工作任务繁杂，但每个街道普遍只有1名“专干”负责房屋安全工作，而且这些“专干”不专，缺乏专业知识，同时身兼多职。特别是长沙市、望城区党委和政府对基层权责事项统筹不够，一些部门把本应由自身承担的事权下放给基层，望城区所辖街道承担了164项各部门下放的行政事项，这种“甩包袱”式放权，演变成了实际的“推责”，让基层力不从心、苦不堪言。基层是国家治理的基石，是服务群众的最前沿，“基层安则天下安”。从这起事故中汲取教训，就要更加重视基层治理能力建设，完善基层治理机制，夯实基层安全基础。有关部门要担当履责，不能以“放权赋能”为名把责任层层推卸给不具备专业能力的乡镇街道和社区；有关地方要统一组织对下放基层的事项进行评估，基层无力承担的，该收回的收回。领导干部要主动深入基层及时发现问题、帮助解决问题，推动基层治理实现良性循环。

## 六、改进措施建议

### （一）切实增强各级领导干部风险意识和安全发展能力

地方各级党委和政府及其有关部门组织专题学习《习近平关于防范风险挑战、应对突发事件论述摘编》《总体国家安全观学习纲要》，认真学习习近平总书记关于安全生产、城市安全发展等重要论述，促进党员、干部胸怀“两个大局”、牢记“国之大者”，坚决捍卫“两个确立”、做到“两个维护”，切实增强忧患意识，坚持底线思维、极限思维，提高统筹发展和安全的意识和能力。开展统筹发展和安全专题干部轮训，统一设计培训内容，加强案例教学，促进各级党政领导干部更好掌握新时代安全发展的方法和本领。进一步加强对新发展理念的研究宣传，教育引导广大党员、干部特别是领导干部牢固树立正确政绩观，真正把安全发展理念贯穿到经济社会发展各领域和全过程。

### （二）突出防控经营性自建房安全风险

深刻汲取近年来城乡经营性自建房倒塌、火灾等事故教训，按照国务院部署的全国自建房安全专项整治工作要求，把城乡接合部、城中村、安置区和学校、医院、景区、工业园区周边等涉及公共安全的经营性自建房纳入监管重点，根据风险程度分类施治，对存在严重安全隐患、不具备经营和使用条件的，立即采取

停止使用等管控措施，坚决防止重特大事故发生。对违法改建、加层扩建等造成重大隐患拒不改正的，加强行刑衔接，依法严加治理，决不能任其野蛮生长、养痈遗患。严格自建房用于经营的审批监管，住建部门加强对房屋安全鉴定机构的监督检查，市场监管、教育、卫生健康、文化体育、公安、消防、税务等部门和单位要严格按规定办理相关审批手续，不得放任不管。建立经营性自建房信息公示制度，房屋产权人或使用人主动公示房屋安全鉴定情况和隐患动态排查整治等情况，接受社会监督。要集中力量扎实开展自建房安全专项整治工作，事后要逐一检查效果，对工作不落实、执行效果不好的重新补课，务求取得实实在在的成效。

**（三）标本兼治加强城乡自建房安全管理**

有关部门和地方要立足从根本上消除事故隐患、从根本上解决问题，综合施策解决长期以来自建房安全管理失序失控问题。补齐制度短板，建立健全相关法律法规，及时制修订建筑法以及村庄和集镇规划建设管理、城市危险房屋管理、房屋安全鉴定、建设工程质量检测管理等法律法规，抓紧解决法律缺失问题；建立自建房规划建设管理、设计施工服务、用作经营场所管理等制度办法，进一步细化明确房屋日常检查维护、定期鉴定、“住改商”、维修加固等有关要求；制定自建房重大安全隐患判定标准、技术指南等，解决既有自建房标准缺乏的突出问题；各地区要根据本地区实际，加强地方立法，研究完善自建房规划建设和使用安全管理规定，堵住制度漏洞。完善日常监管，建立自建房土地审批、规划许可、施工许可、竣工验收、产权登记、房屋安全鉴定、违建执法等信息联网平台，加强信息共享，实现房屋安全闭环管理；住建部门牵头负责城乡自建房行业和质量安全监管，建立健全多部门协调联动和全周期监管机制，推动房屋安全隐患常态化排查化解，严格落实定期安全检查责任，保障自建房质量安全。强化源头治理，进一步完善城市控制性详细规划，强化刚性约束和引领，防止自建房无序发展，严控增量风险；对三层及以上城乡新建自建房，依法依规实行专业设计和专业施工，严格执行房屋质量安全强制性标准。

**（四）压紧压实各级领导干部防范化解重大风险责任**

严格落实地方党委和政府属地责任，细化落实各级党政主要负责人、分管负责人和有关领导的自建房安全管理职责，拧紧自建房安全管理责任链条，坚决杜绝一放了之和只审批不监管、只管合法的不管非法的、只管目录内的不管目录外的，以及只备案不检查等怠政行为。建立城市规划和建设安全责任终身追究制，防止在工作中不负责任地制造风险。研究建立与防范化解重大风险要求相适应的工作机制和考评体系，对中央明确的目标任务实行量化考核，将考评结果作为党政领导班子和领导干部综合考核评价的重要内容，推动各级党委政府坚决担起防范化解重大风险的政治责任。把防范化解重大风险不担当不作为，纳入作风整治重点内容，加强履职情况监督，及时纠正把防风险责任推给上面、卸给下面、留给后面的做法，对不认真不负责的，依规依纪依法严肃追责问责。

### （五）大力提高基层安全治理能力

把基层安全治理作为加强基层治理体系和治理能力现代化建设的重要内容，从加强党的领导、建强组织体系、明确权责清单、优化人力资源配置、加强财力保障等方面全面提升基层安全治理能力。加强基层履职的专业指导，组织专家服务团开展实地帮扶，逐城逐街逐户全面排查自建房安全风险。创新基层人事激励机制，鼓励干部下沉，让更多优秀人才留在基层。健全安全风险管理员制度和网格化动态管理制度，推动将专职网格员纳入社区工作者管理并加强培训。针对乡村建设工匠需求量大、专业性较强的特点，完善培训考核体系，加强工匠队伍建设，探索劳务派遣等形式，加强规范管理。有针对性地加强面向基层的安全宣传教育，提高基层群众风险辨识和应急避险能力，引导群众自觉依法依规建房、装修和出租经营。建立群众举报奖励机制，发动群众举报违法违规建设和扩建行为。

# 福建省泉州市欣佳酒店“3·7”坍塌事故调查报告

2020年3月7日19时14分，位于福建省泉州市鲤城区的欣佳酒店所在建筑物发生坍塌事故，造成29人死亡、42人受伤，直接经济损失5794万元。事发时，该酒店为泉州市鲤城区新冠疫情防控外来人员集中隔离健康观察点。

事故发生后，党中央、国务院高度重视。习近平总书记第一时间作出重要指示，要求全力抢救失联者，积极救治伤员；强调当前全国正在复工复产，务必确保安全生产，确保不发生次生灾害。李克强总理立即作出重要批示，要求全力搜救被困人员，及时救治伤员，并做好救援人员自身防护，尽快查明事故原因并依法问责。丁薛祥、孙春兰、刘鹤、王勇、赵克志等领导同志也作出批示，提出明确要求。应急管理部、住房和城乡建设部等有关部门及时派出工作组连夜赶赴现场，指导抢险救援、事故调查和善后处置等工作。国家卫生健康委调派医疗卫生应急专家组，支援当地开展伤员救治等卫生应急处置工作。

这起事故死亡人数虽然不够特别重大事故等级，但性质严重、影响恶劣，依据有关法律法规，经国务院批准，成立了由应急管理部牵头，公安部、自然资源部、住房和城乡建设部、国家卫生健康委、全国总工会和福建省人民政府有关负责同志参加的国务院福建省泉州市欣佳酒店“3·7”坍塌事故调查组（简称事故调查组），并分设技术组、管理组、综合组。同时，设立专家组，聘请工程勘察设计、工程建设管理、建设工程质量安全管理、公共安全等方面的专家参与事故调查工作。按照中央纪委国家监委的要求，福建省纪委监委成立责任追究审查调查组，对有关地方党委政府、相关部门和公职人员涉嫌违法违纪及失职渎职问题开展审查调查。

事故调查组认真贯彻落实中央领导同志重要指示批示精神，坚持“科学严谨、依法依规、实事求是、注重实效”的原则，通过现场勘查、取样检测、调查取证、调阅资料、人员问询、专家论证等，查明了事故经过、发生原因、人员伤亡情况和直接经济损失，认定了事故性质以及事故企业、中介机构和相关人员的责任，查明了有关地方党委政府和相关部门在监管方面存在的问题，总结分析了事故主要教训，提出了防范整改的措施建议。

事故调查组认定，福建省泉州市欣佳酒店“3·7”坍塌事故是一起主要因违法违规建设、改建和加固施工导致建筑物坍塌的重大生产安全责任事故。

## 一、事故有关情况

### （一）事故发生和救援情况

事故调查组查明，2020 年 3 月 7 日 17 时 40 分许，欣佳酒店一层大堂门口靠近餐饮店一侧顶部一块玻璃发生炸裂。18 时 40 分许，酒店一层大堂靠近餐饮店一侧的隔墙墙面扣板出现 2～3 毫米宽的裂缝。19 时 6 分许，酒店大堂与餐饮店之间钢柱外包木板发生开裂。19 时 9 分许，隔墙鼓起 5 毫米；2～3 分钟后，餐饮店传出爆裂声响。19 时 11 分许，建筑物一层东侧车行展厅隔墙发出声响，墙板和吊顶开裂，玻璃脱胶。19 时 14 分许，目击者听到幕墙玻璃爆裂巨响。19 时 14 分 17 秒，欣佳酒店建筑物瞬间坍塌，历时 3 秒（附图 5）。事发时楼内共有 71 人被困，其中外来集中隔离人员 58 人、工作人员 3 人（1 人为鲤城区干部、2 人为医务人员）、其他入住人员 10 人（2 人为欣佳酒店服务员、5 人为散客、3 人为欣佳酒店员工朋友）。

附图 5　建筑物坍塌后现场航拍照片（从北往南拍摄）

事故发生后，应急管理部和福建省立即启动应急响应。应急管理部、住房和城乡建设部负责同志率领工作组连夜赶赴现场指导救援，福建省和泉州市、鲤城区党委政府主要负责同志及时赶赴现场，应急管理部主要负责同志与现场全程连线，各级政府以及公安、住建等有关部门和单位积极参与，迅速组织综合性消防救援队伍、国家安全生产专业救援队伍、地方专业队伍、社会救援力量、志愿者等共计 118 支队伍、5176 人开展抢险救援。3 月 7 日 19 时 35 分，泉州市消防救援支队所属力量首先赶到事故现场，立即开展前期搜救。随后，福建省消防救援总队从福州、厦门、漳州等 9 个城市及训练战勤保障等 10 个支队调集重轻型救援队、通信和战勤保障力量共1086名指战员，携带生命探测仪器、搜救犬，以及特种救援装备，进行救援处置。国家卫生健康委、福建省卫生健康委调派56名专家赶赴泉州支援伤员救治，并在事故现场设立医疗救治点，调配125名医务人员、20部救护车驻守现场，及时开展现场医疗处置、救治和疫情防控工作。

经过112小时全力救援，至3月12日11时4分，人员搜救工作结束，搜救出71名被困人员，其中42人生还，29人遇难。整个救援过程行动迅速、指挥有力、科学专业，效果明显。救援人员、医务人员无一人伤亡，未发生疫情感染，未发生次生事故。

**（二）欣佳酒店建筑物基本情况**

欣佳酒店建筑物位于泉州市鲤城区常泰街道上村社区南环路1688号，建筑面积约6693平方米，实际所有权归泉州市新星机电工贸有限公司，未取得不动产权证书。建筑物东西方向长48.4米，南北宽21.4米，高22米，北侧通过连廊与二层停车楼相连（附图6、附图7）。该建筑物所在地土地所有权于2003年由集体所有转为国有；2007年4月，原泉州市国土资源局与泉州鲤城新星加油站①签订土地出让合同后，于2008年2月颁给其土地使用权证②；2014年12月，土地使用权人变更为泉州市新星机电工贸有限公司③。该公司在未依法履行任何审批程序的情况下，于2012年7月，在涉事地块新建一座四层钢结构建筑物（一层局部有夹层，实际为五层）；于2016年5月，在欣佳酒店建筑物内部增加夹层，由四层（局部五层）改建为七层；于2017年7月，对第四、五、六层的酒店客房等进行了装修。事发前建筑物各层具体功能布局为：建筑物一层自西向东依次为酒店大堂、正在装修改造的餐饮店（原为沈增华便利店）、华宝汽车展厅和好车汇汽车门店；二层（原北侧夹层部分）为华宝汽车销售公司办公室；三层西侧为小灰餐饮店（欣佳酒店餐厅），东侧为琴悦足浴中心；四层、五层、六层为欣佳酒店客房，每层22间，共66间；七层为欣佳酒店和华胜车行员工宿舍；建筑物屋顶上另建有约40平方米的业主自用办公室、电梯井房、4个塑料水箱、1个不锈钢消防水箱。

---

① 泉州鲤城新星加油站原为集体所有制企业，2001年杨某泽（杨某锵之弟）出资50万元获得全部股权，企业性质变更为个人独资企业。

② 《国有土地使用证》（泉国用〔2008〕第100002号）：土地使用权人为泉州鲤城新星加油站，地块位于鲤城区江南街道上村社区，地类（用途）为商业，使用权面积为3363.3平方米，终止日期为2047年4月12日。

③ 《国有土地使用证》（泉国用〔2014〕第100093号）：土地使用权人为泉州市新星机电工贸有限公司，地号为10/99/31571，地类（用途）为商业（加油站），终止日期为2047年4月12日。

附图6　建筑物卫星定位图

附图7　事故发生时建筑物及周边环境情况还原图

2019 年 9 月，欣佳酒店建筑物一层原来用于超市经营的两间门店停业，准备装修改做餐饮经营。2020 年 1 月 10 日上午，装修工人在对 1 根钢柱实施板材粘贴作业时，发现钢柱翼缘①和腹板②发生严重变形（附图 8），随即将情况报告给杨某锵。杨某锵检查发现另外 2 根钢柱也发生变形，要求工人不要声张，并决定停止装修，对钢柱进行加固，因受春节假期和疫情影响，未实施加固施工。3 月 1 日，杨某锵组织工人进场进行加固施工时，又发现 3 根钢柱变形。3 月 5 日上午，开始焊接作业。3 月 7 日 17 时 30 分许，工人下班离场。至此，焊接作业的 6 根钢柱中，5 根焊接基本完成，但未与柱顶楼板顶紧，尚未发挥支撑及加固作用，另 1 根钢柱尚未开始焊接，直至事故发生。

---

① 型钢外围的钢零件，也称翼板，H 型钢翼板为两个互相平行钢板。

② 型钢内部的钢零件，H 型腹板为两翼板之间的钢板。

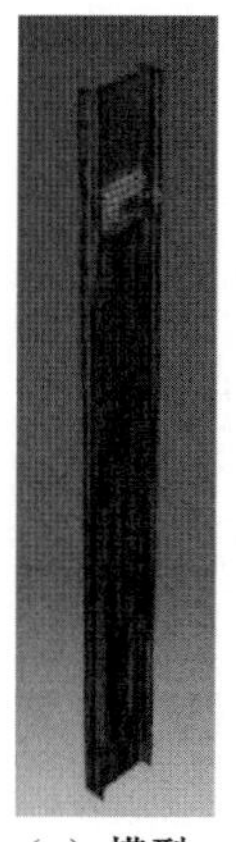
(a) 模型

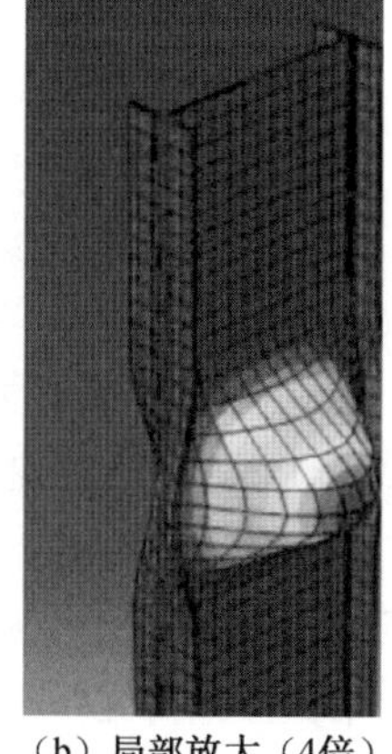
(b) 局部放大 (4倍)

(c) 现场照片①

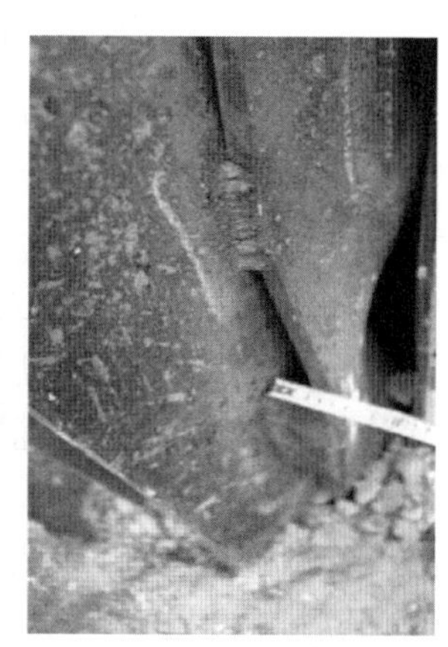
(d) 现场照片②

附图8　钢柱板件局部鼓曲缺陷

## (三) 事故单位基本情况

泉州市新星机电工贸有限公司成立于2006年2月，法定代表人、执行董事兼总经理杨某锵，公司类型为有限责任公司，统一社会信用代码为913505027845208042，注册资本330万元，注册地址为泉州市鲤城区江南街道上村社区，经营范围包括销售机电设备（不含特种设备）、电子产品、建筑材料（不含危险化学品）、五金、百货，生产、加工机械配件。事发前，公司股东出资情况为杨某锵占60%，杨某芬、杨某瑜、杨某红（三人均系杨某锵女儿）共占40%。

欣佳酒店工商登记名称为鲤城区欣佳旅馆（以下仍称欣佳酒店），成立于2018年3月，类型为个体工商户，统一社会信用代码为92350502MA31KDE31Y，登记的经营者为杨某锵，经营形式为个人经营，经营范围为住宿服务；经营场所原为泉州市鲤城区常泰街道上村社区南环路1688号6楼，2019年8月19日变更为泉州市鲤城区常泰街道上村社区南环路1688号地上一层大厅、四至六层。自2018年6月起，杨某锵将欣佳酒店承包给林某金、林某珍经营。

## (四) 欣佳酒店被确定为集中隔离观察点有关情况

为解决湖北籍来泉旅客住宿问题，2020年1月28日，泉州市政府维稳组与欣佳酒店签订协议，1月30日经泉州市疫情防控指挥部确定，租用欣佳酒店第六层为临时住宿场所。同日，常泰街道办事处将其确定为该街道的集中隔离健康观察点。随着疫情防控要求提高，鲤城区疫情防控指挥部要求，自2月18日起由湖北、浙江温州等地来鲤人员，一律由所属街道安排在集中隔离健康观察点观察14天；2月24日，鲤城区决定将欣佳酒店作为区级集中隔离健康观察点，并安排区直机关干部担任“点长”，安排民警和医务人员进驻，实行封闭管理。截至事故发生前，欣佳酒店累计接收集中隔离观察人员 91 人，累计解除观察 33 人，事发时尚有集中隔离观察人员 58 人[①]。

## 二、事故直接原因

事故调查组通过深入调查和综合分析，认定事故的直接原因是：事故单位将欣佳酒店建筑物由原四层违法增加夹层改建成七层，达到极限承载能力并处于坍塌临界状态，加之事发前对底层支承钢柱违规加固焊接作业引发钢柱失稳破坏，导致建筑物整体坍塌。

事故调查组通过对事故现场进行勘查、取样、实测，并委托国家建筑工程质量监督检验中心、国家钢结构质量监督检验中心、清华大学等单位进行了检测试验、结构计算分析和破坏形态模拟，逐一排除了人为破坏、地震、气象、地基沉降、火灾等可能导致坍塌的因素，查明了事故发生的直接原因。

### （一）增加夹层导致建筑物荷载超限

该建筑物原四层钢结构的竖向极限承载力是 52000 千牛[②]，实际竖向荷载 31100 千牛，达到结构极限承载能力的 60%，正常使用情况下不会发生坍塌。增加夹层改建为七层后，建筑物结构的实际竖向荷载增加到 52100 千牛，已超过其 52000 千牛的极限承载能力，结构中部分关键柱出现了局部屈曲[③]和屈服损伤[④]（附图 9），虽然通过结构自身的内力重分布仍维持平衡状态，但已经达到坍塌临界状态，对结构和构件的扰动都有可能导致结构坍塌。因此，建筑物增加夹层，竖向荷载超限，是导致坍塌的根本原因。

### （二）焊接加固作业扰动引发坍塌

在焊接加固作业过程中，因为没有移走钢柱槽内的原有排水管，造成贴焊的位置不对称、不统一，焊缝长度和焊接量大，且未采取卸载等保护措施，热胀冷缩等因素造成高应力状态钢柱内力[⑤]变化扰动，导致屈曲损伤扩大，钢柱加大弯曲、水平变形增大，荷载重分布引起钢柱失稳破坏[⑥]，最终打破建筑结构处于临

---

① 事故中死亡的 29 名人员中，有 21 名为集中隔离健康观察人员、3 人为区属工作人员、2 人为酒店服务员、3 人为酒店员工朋友。

② 千牛是力的单位，1 吨的物体所受到的重力为 9.8 千牛。

③ 局部屈曲指结构、构件或板件达到受力临界状态时在其刚度较弱方向产生的一种较大变形。

④ 屈服损伤指钢材屈服后的塑性变形、硬化等损伤，此变形在卸下荷载作用后不会恢复。

⑤ 钢柱轴向压力、弯矩、剪力等，统称内力。

⑥ 受力结构或构件丧失保持稳定平衡而发生的破坏，如轴向受压的细长直杆当压力过大时，可能会突然变弯，失去原来直线形式的平衡状态，而丧失继续承载的能力。

（a）正面

（b）背面

附图9　C6钢柱屈曲变形与加固焊接情况

界的平衡态，引发连续坍塌。

通过技术分析及对焊缝冷却时间验证，焊缝冷却至事故发生时温度（20.1℃）约需2小时，此时钢柱水平变形达到最大，与事故当天17时10分许工人停止焊接施工至19时14分建筑物坍塌的间隔时间基本吻合。

## 三、事故发生单位及有关企业主要问题

泉州市新星机电工贸有限公司、欣佳酒店及其实际控制人杨某锵无视国家有关城乡规划、建设、安全生产以及行政许可法律法规，违法违规建设施工，弄虚作假骗取行政许可，安全责任长期不落实，是事故发生的主要原因。

### （一）泉州市新星机电工贸有限公司

#### 1. 违法违规建设、改建

违反《中华人民共和国城乡规划法》第四十条①、《建设工程质量管理条例》第五条、第十一条、第十三条②、《中华人民共和国建筑法》第七条③、《房屋建

---

① 《中华人民共和国城乡规划法》第四十条：在城市、镇规划区内进行建筑物、构筑物、道路、管线和其他工程建设的，建设单位或者个人应当向城市、县政府城乡规划主管部门或者省、自治区、直辖市政府确定的镇政府申请办理建设工程规划许可证……。

② 《建设工程质量管理条例》第五条：从事建设工程活动，必须严格执行基本建设程序，坚持先勘察、后设计、再施工的原则。县级以上政府及其有关部门不得超越权限审批建设项目或者擅自简化基本建设程序。第十一条：施工图设计文件未经审查批准的，不得使用。第十三条：建设单位在开工前，应当按照国家有关规定办理工程质量监督手续，工程质量监督手续可以与施工许可证或者开工报告合并办理。

③ 《中华人民共和国建筑法》第七条：建筑工程开工前，建设单位应当按照国家有关规定向工程所在地县级以上政府建设行政主管部门申请领取施工许可证……。

筑和市政基础设施工程竣工验收备案管理办法》第四条[①]规定，在未取得建设用地规划许可证和建设工程规划许可证，未组织勘察、设计，未将施工图设计文件报送施工图审查机构审查，未办理工程质量监督和安全监督手续，未取得建筑工程施工许可证等情况下，将工程发包给无资质施工人员，开工建设四层（局部五层）钢结构建筑物。为使该违法建设“符合政策”，申报鲤城区特殊情况建房并获批同意，该违法建筑未经竣工验收备案即投入使用。在未依法履行基本建设程序、未依法取得相关许可的情况下，又擅自加盖夹层，组织无资质的施工人员，将原为四层（局部五层）的建筑物改扩建为七层，未经竣工验收及备案投入使用。

**2. 伪造材料骗取相关审批和备案**

违反《中华人民共和国行政许可法》第三十一条[②]规定，伪造施工单位资质证书、公章、法定代表人身份证以及签名等资料，假冒施工单位，使用私刻的资质章、出图章，假冒设计单位，制作《不动产权证书》《建筑工程施工许可证》《建设工程竣工验收报告》等虚假资料，用于向原泉州市公安消防支队申办欣佳酒店建筑物（原四层建筑）消防设计备案[③]、消防竣工验收备案[④]等手续。

**3. 违法违规装修施工和焊接加固作业**

违反《中华人民共和国建筑法》第四十九条[⑤]、《建设工程质量管理条例》第七条[⑥]规定，在未依法履行基本建设程序，未组织施工设计，未办理工程质量监督和安全监督手续，未取得建筑工程施工许可证等情况下，组织无资质的施工人员，对欣佳酒店建筑物第四至六层实施装修，完工后未经竣工验收和备案就作为酒店客房投入使用。在发现建筑物钢柱严重变形后，未依法办理加固工程质量监督手续，违法组织无资质的施工人员对钢柱进行焊接加固作业，违规冒险蛮干，直接导致建筑物坍塌。

① 《房屋建筑和市政基础设施工程竣工验收备案管理办法》（原建设部令第78号，住房城乡建设部令第2号修改）第四条：建设单位应当自工程竣工验收合格之日起15日内，依照本办法规定，向工程所在地的县级以上地方政府建设主管部门备案。

② 《中华人民共和国行政许可法》第三十一条：申请人申请行政许可，应当如实向行政机关提交有关材料和反映真实情况，并对其申请材料实质内容的真实性负责……。

③ 泉州市公安消防支队消防设计备案档案（备案号：350000WSJ130009884）。

④ 泉州市公安消防支队消防竣工验收备案档案（备案号：350000WYS140002711）。

⑤ 《中华人民共和国建筑法》第四十九条：涉及建筑主体和承重结构变动的装修工程，建设单位应当在施工前委托原设计单位或者具有相应资质条件的设计单位提出设计方案；没有设计方案的，不得施工。

⑥ 《建设工程质量管理条例》第七条：建设单位应当将工程发包给具有相应资质等级的单位。建设单位不得将建设工程肢解发包。

**4. 未依法及时消除事故隐患**

违反《中华人民共和国安全生产法》第三十八条①、第四十三条②规定，在发现欣佳酒店建筑物钢柱严重变形、存在重大安全隐患情况下，隐瞒情况，未采取人员撤离、停止经营等应急处置措施，未及时向有关部门报告。

**（二）欣佳酒店**

**1. 伪造材料骗取消防审批**

违反《建筑工程消防监督管理规定》第八条③、《中华人民共和国行政许可法》第三十一条④规定，在未依法申请消防设计审核和消防验收情况下，擅自开展酒店经营。伪造《不动产权证书》（复印件）⑤、广东弘业建筑设计有限公司公章、资质章、出图章和签名，制作《鲤城区欣佳酒店设计说明书》《消防设计文件》《建设工程竣工验收报告》等相关虚假材料，用于申办欣佳酒店消防设计备案⑥、竣工验收备案⑦和《公众聚集场所投入使用、营业前消防安全检查合格证》。

**2. 串通内部人员骗取特种行业许可**

违反《中华人民共和国行政许可法》第三十一条⑧和公安机关行政许可办理有关规定，串通原泉州市洛江区公安消防大队大队长刘某礼并从其手中取得空白《公

---

① 《中华人民共和国安全生产法》第三十八条：生产经营单位应当建立健全生产安全事故隐患排查治理制度，采取技术、管理措施，及时发现并消除事故隐患……。

② 《中华人民共和国安全生产法》第四十三条：生产经营单位的安全生产管理人员应当根据本单位的生产经营特点，对安全生产状况进行经常性检查；对检查中发现的安全问题，应当立即处理；不能处理的，应当及时报告本单位有关负责人，有关负责人应当及时处理。检查及处理情况应当如实记录在案。生产经营单位的安全生产管理人员在检查中发现重大事故隐患，依照前款规定向本单位有关负责人报告，有关负责人不及时处理的，安全生产管理人员可以向主管的负有安全生产监督管理职责的部门报告，接到报告的部门应当依法及时处理。

③ 《建筑工程消防监督管理规定》第八条：（一）依法申请建设工程消防设计审核、消防验收，依法办理消防设计和竣工验收消防备案手续并接受抽查；建设工程内设置的公众聚集场所未经消防安全检查或者经检查不符合消防安全要求的，不得投入使用、营业……。

④ 《中华人民共和国行政许可法》第三十一条：申请人申请行政许可，应当如实向行政机关提交有关材料和反映真实情况，并对其申请材料实质内容的真实性负责……。

⑤ 泉州市鲤城区公安消防大队鲤城区欣佳旅馆消防设计备案档案中的《不动产权证书》（闽〔2008〕泉州市不动产第00017128号），经泉州市不动产登记中心查询，该证件系伪造。

⑥ 2018年7月6日，泉州市鲤城区公安消防大队《建设工程消防设计备案审查凭证》（泉鲤公消设备字〔2018〕第00034号）。2018年7月11日，泉州市鲤城区公安消防大队备案号：35004201NSJ180034。

⑦ 2019年1月22日，泉州市鲤城区公安消防大队《建设工程竣工验收备案合格通知书》（泉鲤公消竣查字〔2019〕第0003号）。

⑧ 同④。

众聚集场所投入使用、营业前消防安全检查合格证》并伪造证件信息、编号①，串通泉州市公安局鲤城分局治安大队一中队指导员吴某晓，在没有房屋产权证的情况下，用常泰街道办事处出具的房屋产权证明办理特种行业许可证，由福建省建筑工程质量检测中心有限公司违规出具《结构正常使用性鉴定检验报告》② 作为房屋安全证明文件，用上述虚假或替代材料向鲤城公安分局治安大队申请办理特种行业许可证。经吴某晓等人现场检查验收，取得特种行业许可证③。酒店经营场所由六楼变更为地上一层和四至六层后，吴某晓在没有受理材料、没有现场检查验收、没有审批的情况下，为欣佳酒店办理了特种行业许可证变更手续④。

**3. 未依法采取应急处置措施**

违反《福建省安全生产条例》规定，在事故发生前发现墙面凸起、玻璃幕墙破碎等重大安全隐患后，未及时通知和引导人员疏散，未采取有效应急处置措施，错失了人员疏散逃生时机。

**（三）技术服务机构**

**1. 福建省建筑工程质量检测中心有限公司**

违反《福建省建设工程质量管理条例》第五十三条⑤规定，在已发现欣佳酒店建筑物钢柱、钢梁构件表面无防火涂层等⑥情况下，在杨某锵要求下，违反技术标准，作出“该楼上部承重结构所检项目的正常使用性基本符合鉴定标准要求”的结论，违规出具鉴定结果是“鲤城区欣佳旅馆作为旅馆使用功能的结构正常使用性基本满足鉴定标准要求，后续使用年限为 20 年”的检验报告，且检验报告中引为鉴定依据的两部标准均已废止⑦。对公司有关工作人员管理不严，该公司人员林某宏、郑某洪在明知欣佳酒店建筑物未经专业设计、私自增加夹层改建、房屋承载力不足、存在安全隐患，明知申办旅馆业特种行业许可证需要结

---

① 杨某锵随意将证件编号定为“泉鲤公消安检字〔2018〕第 0035 号”。经调查，泉鲤公消安检字〔2018〕第 0035 号真实场所为：鲤城区味之蜀餐饮店，消防安全责任人郑某怀。

② 欣佳旅馆《结构正常使用性鉴定检验报告》（报告编号：BG02FEKJ800312）。

③ 《特种行业许可证》（泉鲤公特 L 字第 18003 号），日期：2018 年 5 月 22 日。

④ 《特种行业许可证》（泉鲤公特旅字第 18003 号），日期：2019 年 8 月 23 日。

⑤ 《福建省建设工程质量管理条例》第五十三条：（一）建设工程质量检测单位出具错误的检测结论的，责令改正，并可处一万元以上五万元以下的罚款；情节严重的，责令停业整顿、撤销部分检测业务或者降低资质等级。（二）建设工程质量检测单位出具虚假的检测结论的，处以五万元以上十万元以下的罚款，吊销资质证书；对具有执业资格的直接责任人员，吊销其资格证书。

⑥ 检验鉴定结论第 8 条：现场检查表明该楼钢柱、钢梁构件表面有采取涂漆措施但无防火涂层，钢构件防火涂层项目的正常使用性不符合鉴定标准要求……。

⑦ 《民用建筑可靠性鉴定标准》（GB 50292—1999）已于 2015 年 12 月 3 日废止，《钢结构设计规范》（GB 50017—2003）已于 2017 年 12 月 12 日废止。

构安全性鉴定的情况下，依据杨某锵提供的施工白图开展鉴定，用结构正常使用性鉴定代替结构安全性鉴定，以满足杨某锵办理特种行业许可证的需要。

**2. 福建超平建筑设计有限公司**

违反《建筑业企业资质管理规定》《房屋建筑和市政基础设施工程施工图设计文件审查管理办法》《福建省房屋建筑和市政基础设施工程施工图设计文件审查管理实施细则》① 有关规定，在未取得欣佳酒店提供的政府有关部门关于该酒店装修工程的批准文件、全套施工图等资料情况下，违规承接欣佳酒店装修工程施工图、消防设计图纸审核业务，并出具《施工图设计文件审查报告》，报告中法定代表人、技术负责人等5人签字均由晋江市分公司负责人林某清冒签。

**3. 福建省泰达消防检测有限公司**

违反《社会消防技术服务管理规定》第二十七条、第三十四条②规定，在欣佳酒店未提供消防施工单位竣工图、设计图纸等资料情况下，组织消防设施检测，出具建筑消防设施检测报告。

**4. 福建省亚厦装饰设计有限公司**

违反《建设工程勘察设计管理条例》第八条③规定，在无相关资质情况下，承接欣佳酒店施工图、消防工程设计等图纸修改业务，组织人员绘制相关图纸，并将图框中的设计单位由湖南大学设计研究院修改为广东弘业建筑设计有限公司。

---

① 《房屋建筑和市政基础设施工程施工图设计文件审查管理办法》（住房城乡建设部令第13号，第24号、46号修改）第十三条：审查机构对施工图进行审查后，应当根据下列情况分别作出处理：（一）审查合格的，审查机构应当向建设单位出具审查合格书，并在全套施工图上加盖审查专用章。审查合格书应当有各专业的审查人员签字，经法定代表人签发，并加盖审查机构公章。审查机构应当在出具审查合格书后5个工作日内，将审查情况报工程所在地县级以上地方政府住房城乡建设主管部门备案……；《福建省房屋建筑和市政基础设施工程施工图设计文件审查管理实施细则》（闽建〔2013〕4号）第十二条：存在以下情形之一的，审查机构应不予受理：（一）建设单位提供虚假资料或未按规定提供资料的……。

② 《社会消防技术服务管理规定》（公安部令第129号，第136号令修订）第二十七条：消防设施维护保养检测机构应当按照国家标准、行业标准规定的工艺、流程开展检测、维修、保养，保证经维修、保养的建筑消防设施、灭火器的质量符合国家标准、行业标准。第三十四条：消防技术服务机构应当对服务情况作出客观、真实、完整记录，按消防技术服务项目建立消防技术服务档案……。

③ 《建设工程勘察设计管理条例》第八条：建设工程勘察、设计单位应当在其资质等级许可的范围内承揽建设工程勘察、设计业务。禁止建设工程勘察、设计单位超越其资质等级许可的范围或者以其他建设工程勘察、设计单位的名义承揽建设工程勘察、设计业务。禁止建设工程勘察、设计单位允许其他单位或者个人以本单位的名义承揽建设工程勘察、设计业务。

**5. 湖南大学设计研究院有限公司**

违反《建设工程质量管理条例》第十八条[①]规定，对其福建分公司疏于管理，明知福建分公司私刻公章并以该院名义从事相关经营活动，未及时制止；明知福建分公司工商营业执照被吊销，但未督促负责人及时注销，未出具解除与福建分公司及其负责人陈某关系的法律文件。

## 四、有关部门主要问题

### （一）国土规划部门

**1. 原泉州市国土资源局**

在查处涉事地块被泉州鲤城新星加油站违法占用并作出行政处罚决定[②]后，就其未执行“退还非法占用土地”行为，未依规[③]申请人民法院强制执行。违规为超过历史遗留问题清理期限[④]的建设项目办理供地手续[⑤]，未依法依规[⑥]采用招标、拍卖、挂牌方式出让商业性质的国有经营性用地，而是将该宗土地按核减后

---

① 《建设工程质量管理条例》（国务院令第279号，第687、714号修订）第十八条：从事建设工程勘察、设计的单位应当依法取得相应等级的资质证书，并在其资质等级许可的范围内承揽工程。禁止勘察、设计单位超越其资质等级许可的范围或者以其他勘察、设计单位的名义承揽工程。禁止勘察、设计单位允许其他单位或者个人以本单位的名义承揽工程。勘察、设计单位不得转包或者违法分包所承揽的工程。

② 《土地违法案件行政处罚决定书》（泉国土资监罚字〔2004〕91号）：责令退还非法占用的土地6442.4平方米，限于城市建设需要前无偿无条件自行拆除在非法占用土地上的建筑物，恢复土地原状，并处罚款人民币101136元。

③ 《福建省土地监察条例》第二十五条：当事人自接到行政处罚（理）决定后，在法定期限内既不履行，又不申请行政复议，也不提起行政诉讼的，作出处罚（理）决定的土地管理部门，应当依法申请人民法院强制执行。

④ 《关于继续开展经营性土地使用权招标拍卖挂牌出让情况监察工作的通知》（国土资发〔2004〕71号）规定：在2004年8月31日前将历史遗留问题界定并处理完毕。

⑤ 《关于办理鲤城新星加油站建设项目用地手续的审理意见》以及《关于泉州鲤城新星加油站用地情况的核查报告》确定以有偿出让方式提供给泉州鲤城新星加油站作为成品油零售经营用地。

⑥ 《城市房地产管理法》（1994年版）第十二条：土地使用权出让，可以采取拍卖、招标或者双方协议的方式。商业、旅游、娱乐和豪华住宅用地，有条件的，必须采取拍卖、招标方式；没有条件，不能采取拍卖、招标方式的，可以采取双方协议的方式。采取双方协议方式出让土地使用权的出让金不得低于按国家规定所确定的最低价。《福建省实施〈土地管理法〉办法》第三十七条第二款：除经济适用住房用地以外的经营性房地产项目用地，必须采取拍卖、招标方式出让国有土地使用权。采取拍卖、招标方式出让国有土地使用权的，依照省政府的规定办理。《招标拍卖挂牌出让国有土地使用权规定》（国土资源部令第39号）第四条：商业、旅游、娱乐和商品住宅等各类经营性用地，必须以招标、拍卖、挂牌方式出让。《关于继续开展经营性土地使用权招标拍卖挂牌出让情况监察工作的通知》（国土资发〔2004〕71号）规定：商业、旅游、娱乐和商品住宅等经营性用地供应必须严格按规定采用招标拍卖挂牌方式出让。

面积为5696.6平方米和协议方式有偿出让给泉州鲤城新星加油站，作为成品油零售经营用地。

**2. 原泉州市城乡规划局**

未依法依规[①]将跨越包括涉事地块和新星加油站所在地块上空的江南变220千伏高压线走廊纳入城乡规划，导致电力专项规划与泉州市控制性详细规划脱节。

**3. 原福建省国土资源厅**

对原泉州市国土资源局未采用招标、拍卖、挂牌方式，违规出让土地使用权问题失察；对原泉州市国土资源局作出违法占用土地行政处罚决定后跟踪落实不到位问题失察。

**（二）城市管理部门**

**1. 鲤城区城管局常泰执法中队**

未严格依照城乡规划有关法律法规[②]，以及泉州市有关文件[③]规定，坚决制止和严肃查处欣佳酒店建筑物在新建、增加夹层改建阶段多次违法建设行为；执行鲤城区特殊情况建房领导小组明显违法的决定；日常巡查工作中未发现欣佳酒店建筑物擅自增加夹层改建违法行为；在"两违"综合治理和房屋安全隐患排查整治专项行动，以及城市建成区违法建设专项治理工作五年行动等重大专项行动工作中，明知该建筑为违法建筑，但未按专项行动要求和违法建设认定标准进

① 《中华人民共和国城乡规划法》（2008年版）第十七条第二项：规划区范围、规划区内建设用地规模、基础设施和公共服务设施用地、水源地和水系、基本农田和绿化用地、环境保护、自然与历史文化遗产保护以及防灾减灾等内容，应当作为城市总体规划、镇总体规划的强制性内容。《电力设施保护条例》（1998年版）第二十三条：城乡建设规划主管部门应将电力设施的新建、改建或扩建的规划和计划纳入城乡建设规划。《城市规划编制办法》（建设部令第146号）第三十九条：分区规划应当包括下列内容：（二）确定绿地系统、河湖水面、供电高压线走廊、对外交通设施用地界线和风景名胜区、文物古迹、历史文化街区的保护范围，提出空间形态的保护要求。

② 《中华人民共和国城乡规划法》第六十四条：未取得建设工程规划许可证或者未按照建设工程规划许可证的规定进行建设的，由县级以上地方政府城乡规划主管部门责令停止建设。第六十八条：城乡规划主管部门作出责令停止建设或者限期拆除的决定后，当事人不停止建设或者逾期不拆除的，建设工程所在地县级以上地方政府可以责成有关部门采取查封施工现场、强制拆除等措施。《福建省实施〈城乡规划法〉办法》第六十七条：未取得建设工程规划许可证进行建设或者未按照建设工程规划许可证的规定进行建设的，由城市、县政府城乡规划主管部门责令停止建设……。

③ 《泉州市政府关于禁止非法占地、违法建设的实施意见》（泉政〔2010〕5号）规定，凡有以下行为之一的，即认定为违法建设，应予坚决制止并严肃查处：（二）未取得建设工程规划许可证进行建设的；（三）未按照建设工程规划许可证的规定进行建设的……本实施意见施行之日起，非法占地、违法建设一经发现，各有关职能部门必须从重、从严处理。

行整治和拆除[①]。

**2. 鲤城区城管局**

未严格依照城乡规划有关法律法规，以及泉州市有关禁止违法建设的文件规定，坚决制止和严肃查处欣佳酒店建筑物在新建、增加夹层改建阶段多次违法建设行为；参与鲤城区特殊情况建房政策制定、申报材料审核等工作，执行鲤城区特殊情况建房领导小组明显违法的决定；对常泰执法中队日常巡查工作不力的问题失管失察；在“两违”综合治理和房屋安全隐患排查整治专项行动，以及城市建成区违法建设专项治理工作五年行动等重大专项行动工作中，明知该建筑为违法建筑，但未按专项行动要求和违法建设认定标准进行整治和拆除[②]；未按要求在本系统内部署房屋安全隐患排查整治工作[③]，对常泰街道房屋安全隐患排查结论失实、流于形式等问题失管失察；未认真落实泉州市城管局转办群众来访举报欣佳酒店违建问题有关要求，也未反馈案件最终办理情况。

**3. 泉州市城管局**

履行城市规划管理以及综合指导、监督协调职责不到位，未有效指导督促县（市、区）城管部门严格查处违法建设行为，未督促鲤城区城管局及时改正违法建设处置工作中不依法行政行为。对鲤城区城管局参与鲤城区特殊情况建房相关工作、执行鲤城区特殊情况建房领导小组明显违法决定行为失管失察；对鲤城区

---

① 《泉州市政府关于禁止非法占地、违法建设的实施意见》（泉政〔2015〕5 号）规定，凡有下列行为之一的，即认定为违法建设，应予坚决制止并严肃查处：（二）未取得建设工程规划许可证进行建设的；（三）未按照建设工程规划许可证的规定进行建设的……；《中共泉州市委办公室　泉州市政府办公室关于印发〈泉州市违法占地、违法建设认定及分类处置的指导意见〉等文件的通知》（泉委办发〔2014〕16 号）规定：在城市、镇规划范围内具有下列情形之一，认定为严重影响规划实施的违法建设，应当予以拆除：（五）违反城市规划强制性内容规定的……（七）建成后经有关部门确认存在安全隐患的（如因加层、改扩建造成楼房结构、承载不符合安全要求；用于生产存在易燃易爆物品或者“三合一”厂房）……；《福建省违法建设处置若干规定》明确：城镇违法建筑有下列情形之一，应当认定为无法采取改正措施消除对规划实施影响的，由违法建设处置部门责令限期拆除：（一）未依法取得建设工程规划许可，且不符合城镇控制性详细规划的强制性内容或者超过规划条件……（四）存在建筑安全隐患、影响相邻建筑安全……。

② 《福建省违法建设处置若干规定》第六条：省政府城乡规划主管部门负责指导、监督全省违法建设处置工作。市、县政府城乡规划主管部门、城市管理综合行政执法部门负责城镇违法建设处置工作。乡（镇）政府负责本行政区域内乡村违法建设处置工作。

③ 《泉州市鲤城区政府办公室关于印发鲤城区房屋安全隐患排查整治专项行动实施方案的通知》（泉鲤政办〔2019〕31 号）明确：特别是位于城乡结合部、城中村、各类开发区（工业园区）及周边等重点区域，未经审批、未经专业设计施工、用于经营的自建房，要作为本次排查整治的重中之重。……区城管局要对近三年来违建住宅、厂房进行全面跟踪、排查，确保拆除工作落到实处。……区城管局负责牵头，应急局、农水局、公安分局配合抽查鲤中、开元、金龙和常泰街道。

城管局在城市建成区违法建设专项治理工作五年行动、“两违”综合治理、房屋安全隐患排查整治专项行动等重大专项行动工作中不认真、不扎实，甚至搞形式、走过场的问题失管失察；将群众来访举报件批转鲤城区城管局办理后，未切实跟踪督办到位。

### （三）住房和城乡建设部门

#### 1. 鲤城区住房城乡建设局

未认真履行建筑市场、建筑活动和工程质量五方责任主体的监管职责①，对既有建筑改扩建、装饰装修和工程加固的监管存有漏洞②。参与鲤城区特殊情况建房政策相关文件制定③，对超越权限审批建设项目没有提出反对意见；执行鲤城区特殊情况建房领导小组明显违法的决定；对欣佳酒店建筑物在新建、增加夹层改建、装修和加固作业中，长期存在的违法违规行为④从未查处，对建设单位未履行基本建设程序、未办理质量安全监督、未申请办理施工许可证、未申请办理施工图设计审查备案、未委托有相应资质单位进行勘察设计、违法发包给个人组织施工，以及未组织竣工验收擅自投入使用的违法违规行为，均没有制止和查

① 《泉州市鲤城区住房城乡建设局主要职责内设机构和人员编制规定》：（七）承担监督管理全区建筑市场、规范市场各方主体行为的责任。指导和管理全区建筑活动，指导和监督建筑工程发包方、承包方和中介组织的有关行为。（八）承担全区建筑工程和市政公用设施建设质量、安全监管职责。监督建筑工程质量、建设监理，建筑安全生产和竣工验收备案等有关政策规定的执行。

② 《中共中央　国务院关于进一步加强城市规划建设管理工作的若干意见》：（九）落实工程质量责任。……落实建设单位、勘察单位、设计单位、施工单位和工程监理单位等五方主体质量安全责任。（十）加强建筑安全监管。加强对既有建筑改扩建、装饰装修和工程加固的质量安全监管。《中共福建省委　福建省政府关于进一步加强城市规划建设管理工作的实施意见》：（十）健全工程质量管理体系。落实建设、勘察、设计、施工和工程监理单位等五方主体及项目负责人质量安全责任……（十一）完善建筑安全监管制度。全面排查城市老旧建筑安全隐患，建立健全老旧建筑安全排查鉴定与危房治理机制，明确业主、属地政府、相关部门各自职责，落实主体责任，按主体责任确定资金投入方案。

③ 《建设工程质量管理条例》第五条：从事建设工程活动，必须严格执行基本建设程序，坚持先勘察、后设计、再施工的原则。县级以上政府及其有关部门不得超越权限审批建设项目或者擅自简化基本建设程序。

④ 《建设工程质量管理条例》第五十六条：违反本条例规定，建设单位有下列行为之一的，责令改正，处20万元以上50万元以下的罚款：……施工图设计文件未经审查或者审查不合格，擅自施工的；（六）未按照国家规定办理工程质量监督手续的。第五十七条：违反本条例规定，建设单位未取得施工许可证或者开工报告未经批准，擅自施工的，责令停止施工，限期改正，处工程合同价款1%以上2%以下的罚款。第五十八条：违反本条例规定，建设单位有下列行为之一的，责令改正，处工程合同价款百分之二以上百分之四以下的罚款；造成损失的，依法承担赔偿责任；（一）未组织竣工验收，擅自交付使用的……；《福建省建筑市场管理条例》第四十三条第二款：违反本条例规定，有下列行为之一的，由县级以上建设行政主管部门责令其改正……（二）将工程发包给无资质或不具有相应资质等级的单位承包的……。

处；对未办理质量安全监督手续的工程项目没有组织开展巡查，未严格按照要求[①]组织开展全区建筑施工领域“打非治违”工作；牵头组织[②]全区房屋安全隐患排查整治专项工作不实、不细，未发现常泰街道、上村社区房屋安全隐患排查结论严重失实等问题。

**2. 泉州市住房城乡建设局**

未认真履行全市建筑市场、建筑活动和工程质量五方责任主体的监管职责，对既有建筑改扩建、装饰装修和工程加固的监管不到位[③]。指导、管理、监督全市住房和城乡建设行政执法工作不力，对鲤城区住房城乡建设局参与特殊情况建房政策制定相关工作、执行特殊情况建房领导小组明显违法决定的行为失管失察；对丰泽区存在类似特殊情况建房失管失察；2012 年以来，对未办理质量安全监督手续的工程项目没有组织开展巡查，未严格按照要求[④]组织开展全市建筑施工领域“打非治违”工作；对鲤城区住房城乡建设局在欣佳酒店建筑物多次建设施工活动中，长期存在的失查、失处问题监督指导缺失；在对鲤城区房屋安

---

① 《国务院办公厅关于集中开展安全生产领域“打非治违”专项行动的通知》（国办发明电〔2012〕10 号）；《关于印发住房和城乡建设部“打非治违”专项行动工作方案的通知》（建安办函〔2012〕10 号）；《福建省住房和城乡建设厅关于印发集中开展建筑施工安全生产“打非治违”专项行动实施方案的通知》（闽建〔2012〕14 号）第二条：（二）建设工程项目不办理施工许可或开工报告、质量安全监督等法定建设手续，擅自开工的行为。（三）施工、设计、监理单位无相关资质或超越资质范围承揽工程，转包、违法分包和挂靠施工的；施工企业无安全生产许可证，擅自进行施工活动的行为。

② 《泉州市鲤城区政府办公室关于印发鲤城区房屋安全隐患排查整治专项行动实施方案的通知》（泉鲤政办〔2019〕31 号）第四条：区住建局要牵头组织做好房屋安全隐患的排查整治工作，加强房屋安全管理和房屋租赁管理。

③ 《中共中央　国务院关于进一步加强城市规划建设管理工作的若干意见》：（九）落实工程质量责任。完善工程质量安全管理制度，落实建设单位、勘察单位、设计单位、施工单位和工程监理单位等五方主体质量安全责任。（十）加强建筑安全监管。加强对既有建筑改扩建、装饰装修和工程加固的质量安全监管。全面排查城市老旧建筑安全隐患，采取有力措施限期整改，严防发生坍塌等重大事故，保障人民群众生命财产安全。《中共福建省委　福建省政府关于进一步加强城市规划建设管理工作的实施意见》：（十）健全工程质量管理体系。落实建设、勘察、设计、施工和工程监理单位等五方主体及项目负责人质量安全责任，推进建筑施工质量安全标准化。加大建筑市场监管力度，严肃查处转包违法分包等行为。（十一）完善建筑安全监管制度。全面排查城市老旧建筑安全隐患，建立健全老旧建筑安全排查鉴定与危房治理机制，明确业主、属地政府、相关部门各自职责，落实主体责任，按主体责任确定资金投入方案。加强对既有建筑改扩建、装饰装修和工程加固的质量安全监管。

④ 《国务院办公厅关于集中开展安全生产领域“打非治违”专项行动的通知》（国办发明电〔2012〕10 号）；《关于印发住房和城乡建设部“打非治违”专项行动工作方案的通知》（建安办函〔2012〕10 号）；《福建省住房和城乡建设厅关于印发集中开展建筑施工安全生产“打非治违”专项行动实施方案的通知》（闽建〔2012〕14 号）第二条：（二）建设工程项目不办理施工许可或开工报告、质量安全监督等法定建设手续，擅自开工的行为。（三）施工、设计、监理单位无相关资质或超越资质范围承揽工程，转包、违法分包和挂靠施工的；施工企业无安全生产许可证，擅自进行施工活动的行为。

全隐患排查整治专项行动包片督查[1]中，未按要求[2]抽查房屋隐患排查进度滞后的常泰街道。

**3. 福建省住房城乡建设厅**

组织开展违法建设整治工作不力，对泉州市住建、城管等部门在“两违”综合治理专项行动、城市建成区违法建设专项治理工作五年行动等工作中不落实上级文件要求问题失察，指导城乡规划执法工作不到位，在2019年全省房屋安全隐患排查整治专项行动中，未按要求[3]将全省整治落实情况呈报福建省委、省政府，未对问题突出的重点区域和进展缓慢的市、县（区）进行挂牌督办；对泉州市部分地区房屋安全隐患排查整治工作存在严重形式主义问题失察。组织开展住房和城乡建设领域“打非治违”工作不力，对建筑市场违法发包、无资质或超越资质承揽工程等违法违规行为监管不严；未指导督促泉州市住房城乡建设局加强对未办理质量安全监督手续的工程项目巡查和查处；对工程检测机构出具虚假报告等违法违规行为失管失察。

**（四）消防机构**

**1. 原鲤城区公安消防大队**

履行消防监督管理和建设工程消防设计审查等工作职责不力。对欣佳酒店装修工程消防设计备案申报材料的审查把关不严，审查工作存在漏洞。在对欣佳酒店装修工程消防设计备案工作中，未发现申报资料中缺少建筑工程施工许可证和有效的建设工程规划许可证明文件；未发现欣佳酒店楼层原平面图上没有加盖规划审批章或城建档案馆原件证明章[4]；在没有见到不动产权证原件的情况下，采信了欣佳酒店提交的所在建筑不动产权证复印件，并以此代替建设工程规划许可文件。

---

① 泉州市政府办公室转发市住建局等七部门《关于全市房屋安全隐患排查整治专项行动实施方案的通知》（泉政办〔2019〕18号）第四条第六项：开展督促检查。专项行动实行包片负责督促制，其中市住建局负责鲤城区、丰泽区、洛江区、台商投资区。

② 《泉州市房屋安全隐患排查专项行动领导小组关于开展全市房屋安全隐患排查整治督促指导的通知》（泉政办〔2019〕91号）重点了解排查进度滞后乡镇（街道）。

③ 《福建省政府办公厅转发省住建厅等六部门关于全省房屋安全隐患排查整治专项行动方案的通知》（闽政办〔2019〕11号）：（二）强化督促检查。对问题突出的重点区域和进展缓慢的市、县（区）由省、市专项行动领导小组进行挂牌督办，对重点隐患实行清单式管理，限期整改，逐一销号清零。各设区市政府、平潭综合实验区管委会每季度第一个月10日前将本地区上季度整治落实情况报送省专项行动领导小组办公室，由省专项行动领导小组办公室汇总后呈报省委和省政府。

④ 《关于明确建设工程消防设计行政审批有关事项的通知》（闽公消〔2018〕30号）附件中的《建设工程消防设计审查申报材料详细说明》规定，4. 建设工程规划许可证明文件：装修工程需提供所在主体建筑楼层原平面图（加盖规划审批章或城建档案馆原件证明章），以及所在主体建筑消防验收（备案）法律文书……。

**2. 原泉州市公安消防支队**

未切实履行对全市消防工作的监督指导职责。在欣佳酒店建筑物新建阶段消防设计备案中，未发现建设工程规划许可证缺失、建筑工程施工许可证过期失效、备案申报表没有按规定[①]填写等问题；在欣佳酒店建筑物新建阶段竣工验收消防备案中，没有发现建设工程消防验收申报表和消防产品质量合格证明文件缺失、竣工验收报告未经勘察和设计单位盖章、建设工程竣工验收消防备案表不符合法律文书[②]要求等问题；消防受理窗口未按规定[③]由具备岗位资格的人员审查消防备案申请材料，未按规定[④]出具备案凭证，受理工作不规范；对欣佳酒店建筑物新建阶段消防设计备案、竣工验收消防备案申请材料审查把关不严；未发现欣佳酒店建筑物增加夹层改建后未进行消防验收、擅自投入使用的问题；对原洛江区公安消防大队《公众聚集场所投入使用、营业前消防安全检查合格证》等空白证件的管理混乱失管失察。

**（五）公安部门**

**1. 泉州市公安局鲤城分局常泰派出所**

对辖区特种行业管理不严不实，2018 年 6 月至 2019 年 7 月，在检查发现欣佳酒店第四、五层未取得特种行业许可证对外营业的情况后，没有依法查处。

**2. 泉州市公安局鲤城分局**

审批旅馆业特种行业许可证工作失职。2018 年 5 月，相关审批人员授意用常泰街道办事处出具的房屋产权证明作为房屋权属证明文件[⑤]，同意用福建省建筑工程质量检测中心出具的欣佳酒店检验报告（检验内容：结构正常使用性鉴定）

---

① 《关于新版公安消防行政法律文书应用工作的通知》（泉公消〔2012〕256 号）：三、防火处、各大队办事窗口人员在受理建设工程项目时，对文书设定栏目（如申报表等）应逐项填写完整、准确，不留空白。

② 《关于印发公安消防行政法律文书（式样）的通知》（公通字〔2012〕47 号）明确，《建设工程消防设计备案申报表》《建设工程竣工验收消防备案申报表》是建设单位申报消防设计备案、竣工验收消防备案时所使用的文书。

③ 《关于印发〈福建省建设工程消防监督管理实施细则〉的通知》（闽公消〔2013〕29 号）第四十二条：从事建设工程消防监督管理的公安机关消防机构工作人员应当取得消防岗位资格。

④ 《关于印发公安消防行政法律文书（式样）的通知》（公通字〔2012〕47 号）明确，《建设工程消防设计备案凭证》、《建设工程竣工验收消防备案凭证》是公安机关消防机构收到建设单位消防设计、竣工验收消防备案申报后，对备案材料齐全的出具凭证时所使用的文书。

⑤ 《福建省公安厅关于修订印发〈福建省公安机关办理特种行业和娱乐服务场所审批备案工作规范〉的通知》（闽公综〔2017〕第 303 号）第十二条：申请开设旅馆，应当提交下列材料……（四）营业场所产权证明及复印件，租赁经营的还应提供租赁协议书；（五）房屋建筑质量、消防安全检查合格证明文件及复印件……。

作为房屋建筑质量合格证明文件[1]，明知没有房产证却签署“有营业执照、消防安全合格证及房产证等”的现场检查验收意见[2]，违规[3]审批欣佳酒店特种行业许可证。2019 年 8 月，在没有受理材料、没有现场检查验收、没有审批的情况下，违规[4]为欣佳酒店变更特种行业许可证；事故发生后，主要经办人串通相关审批人员补写 2019 年 8 月欣佳酒店变更特种行业许可档案，旅馆业特种行业许可证颁发管理混乱。对治安大队管理混乱失察。

**3. 泉州市公安局**

对鲤城分局旅馆业特种行业许可证颁发管理工作监督指导不力[5]，未发现并纠正鲤城分局违规审批欣佳酒店特种行业许可证问题。

## 五、地方党委政府主要问题

### （一）泉州市鲤城区常泰街道

鲤城区常泰街道党工委、办事处对欣佳酒店建筑物违法建设、违规改建等违法违规行为，未按规定履行“违法占地、违法建设”巡查报告职责[6]，未按职责和要求进行查处，属地管理责任严重缺失；多次违规干预常泰中队正常执法；明知违规却同意上报特殊情况建房申请，助长违法建设行为；对欣佳酒店建筑物新建、增加夹层改建、装修和加固作业中长期存在的违法行为失管失察；违规出具虚假的房屋产权证明材料，被用于办理欣佳酒店特种行业许可；2014 年以来未严格落实上级有关文件要求，在城市规划建设管理、城市建成区违法建设专项治

---

① 福建省公安厅《关于受理住宿旅馆设立申请时查验房屋建筑质量合格证明材料有关事项的批复》（闽公内传发〔2009〕第 2525 号）规定：“房屋建筑质量合格证明”是指“建设工程质量检测机构出具的房屋质量安全的检测报告”。

② 《公共场所、特种行业、治安安全条件现场检查、验收意见表》（鲤公治验旅馆字第 18003 号）。

③ 《福建省公安厅关于修订印发〈福建省公安机关办理特种行业和娱乐服务场所审批备案工作规范〉的通知》（闽公综〔2017〕第 303 号）第十二条：申请开设旅馆，应当提交下列材料：……（四）营业场所产权证明及复印件，租赁经营的还应提供租赁协议书；（五）房屋建筑质量、消防安全检查合格证明文件及复印件……。

④ 《福建省特种行业和公共场所治安管理办法》第十六条：领取许可证的特种行业、公共场所停业或者变更名称、法定代表人、经营范围、经营地点的，经营单位或者个人应当在十五日内，向原发证的公安机关办理许可证注销或者变更手续。

⑤ 《福建省公安厅关于修订印发〈福建省公安机关办理特种行业和娱乐服务场所审批备案工作规范〉的通知》（闽公综〔2017〕第 303 号）第十条：上级公安机关要加强对下级公安机关的监督指导，严禁变相审批，发现其审批备案工作中出现违法违纪行为，应当及时责令纠正。

⑥ 《泉州市政府办公室关于印发泉州市深入开展违法建房专项整治工作方案的通知》（泉政办明传〔2012〕96 号），《泉州市鲤城区政府办公室关于印发鲤城区深入开展违法建房专项整治工作实施方案的通知》（泉鲤政办明传〔2012〕80 号）：整治范围为全市规划建设用地范围内的违法占地和违法建房。

理工作五年行动、“两违”综合治理等历次重大专项行动工作中，明知欣佳酒店建筑物为违法建筑，但均未按专项行动要求将欣佳酒店建筑物作为违法建筑列入整治和拆除范围，放任该违法建筑物长期存在；在2019年福建省房屋安全隐患排查整治专项行动中，没有制定具体实施方案，对上村社区弄虚作假、在福建省房屋安全信息管理系统中填报欣佳酒店建筑物“建成后未经改造”“暂无安全隐患，不属于重大安全隐患或一般安全隐患情形”等严重失实的房屋安全隐患排查信息，不认真核实就予以审核通过，工作不认真不负责，存在明显漏洞和严重的形式主义。常泰街道疫情防控指挥部没有专题研究集中隔离健康观察点设置问题，仓促将欣佳酒店上报作为街道的集中隔离健康观察点。

### （二）泉州市鲤城区

鲤城区委、区政府未能正确处理安全和发展的关系，违反有关法律法规规定，研究出台并实施特殊情况建房政策，成立“区特殊情况建房领导小组”，以特殊情况建房领导小组会议意见代替行政许可，违规越权审批建设项目[①]，违法违规审批同意建设欣佳酒店建筑物等大量违法建设项目。对住建、城管、公安等部门和常泰街道存在的违规行为、履职不力等问题失管失察；未严格履行属地管理责任，组织开展城市建成区违法建设专项治理工作五年行动、“两违”综合治理等历次重大专项行动工作不实不细、不负责任，放任欣佳酒店建筑物等大量违法建筑长期存在；落实地方党政领导干部安全生产责任制规定不到位，在2019年房屋安全隐患排查整治专项行动中，对工作滞后、弄虚作假的常泰街道指导督促不力、失管失察；对住建、城管等部门及其内设机构职责边界不清问题失管失察。鲤城区疫情防控指挥部在设置集中隔离健康观察点时忽视房屋建筑质量安全，草率决策，安排大量人员入住欣佳酒店。

### （三）泉州市

落实党中央、国务院关于安全生产工作和打击违法建设决策部署不扎实，落实地方党政领导干部安全生产责任制规定不到位；对2007年至2012年鲤城区委、区政府以“特殊情况建房领导小组”长期违法违规审批行为失管失察，对丰泽区存在类似特殊建房情况失管失察；分管负责人对辖区违规审批大量违法建设项目不了解，工作不深入、不扎实；对住建、城管等有关部门“打非治违”等工作督促指导不力；未严格落实住房和城乡建设部和福建省委、省政府有关要

---

① 《建设工程质量管理条例》第五条：从事建设工程活动，必须严格执行基本建设程序，坚持先勘察、后设计、再施工的原则。县级以上政府及其有关部门不得超越权限审批建设项目或者擅自简化基本建设程序。

求，组织开展城市建成区违法建设专项治理工作五年行动、“两违”综合治理专项行动等历次重大专项行动工作不实不细，放任辖区大量违法建筑长期存在；在2019年房屋安全隐患排查整治专项行动中，对市住建局包片督查鲤城区工作不力失管失察，对部分地区排查治理工作流于形式不了解、不纠正，对住建、城管等部门及其内设机构职责边界不清问题失管失察，存在严重的形式主义、官僚主义问题。

## 六、对事故有关单位及责任人的处理建议

### （一）公安机关已采取强制措施人员（共23人）

（1）逮捕12人。其中：泉州市新星机电工贸公司、欣佳酒店实际控制人杨某锵以涉嫌重大责任事故罪、伪造国家机关证件罪于4月9日被逮捕；晋江市美禾家居公司驾驶员黄某图以涉嫌伪造国家机关证件罪、提供虚假证明文件罪于4月9日被逮捕；违法建筑施工组织者蔡某辉、欣佳酒店承包经营人林某珍以涉嫌重大事故责任罪于4月9日被逮捕；福建省建筑工程质量检测中心有限公司林某宏、郑某洪、江某镨、陈某以涉嫌提供虚假证明文件罪于4月9日被逮捕；田某炳以涉嫌提供虚假证明文件罪于4月14日被逮捕；原泉州市住宅建筑设计院工作人员庄某严、李某生以涉嫌重大事故责任罪于4月21日被逮捕；西北综合勘察设计研究院工作人员陈某以涉嫌伪造公司印章罪于4月21日被逮捕。

（2）取保候审11人。欣佳酒店承包经营人林某金以及其他人员共11人以涉嫌重大责任事故罪被取保候审。

鉴于事故单位及其相关人员涉嫌严重刑事犯罪，造成的损失重大、后果严重、社会影响恶劣，建议由司法机关依据《中华人民共和国刑法》等有关法律法规对相关人员提起诉讼，依法严肃处理。

### （二）有关公职人员

对于在事故调查过程中发现的地方党委政府及有关部门的公职人员履职方面的问题和涉嫌腐败等线索及相关材料，已移交福建省纪委监委泉州“3·7”坍塌事故责任追究审查调查组。对有关人员的党政纪处分和有关单位的处理意见，由福建省纪委监委提出；涉嫌刑事犯罪人员，由福建省纪委监委移交司法机关处理。

### （三）事故单位和技术服务机构

#### 1. 泉州市新星机电工贸有限公司

（1）依照《中华人民共和国安全生产法》第一百零九条、《生产安全事故报告和调查处理条例》（国务院令第493号）第三十八条、《生产安全事故罚款处

罚规定（试行）》（国家安全监管总局令第13号，第42号令、第77号令修订）第十六条、第十八条规定，对泉州市新星机电工贸有限公司予以罚款。

（2）依照《中华人民共和国行政许可法》第六十九条、《建设工程消防监督管理规定》（公安部令第106号，第119号令修订）第三十六条规定，依法吊销泉州市新星机电工贸公司的工商营业执照，撤销消防设计备案、消防竣工验收备案。

**2. 欣佳酒店**

依照《中华人民共和国行政许可法》第六十九条、《建设工程消防监督管理规定》（公安部令第106号，第119号令修订）第三十六条规定，吊销欣佳酒店的工商营业执照、《特种行业许可证》《公众聚集场所投入使用、营业前消防安全检查合格证》《卫生许可证》等证照，撤销消防设计备案、消防竣工验收备案。

**3. 福建省建筑工程质量检测中心有限公司**

（1）依照《福建省建设工程质量管理条例》第五十三条规定，对福建省建筑工程质量检测中心有限公司予以罚款，吊销该公司建设工程质量检测机构综合类资质证书。吊销郑某洪的福建建设工程检测试验人员岗位证书；吊销林某宏的二级建造师资格证书和福建建设工程检测试验人员岗位证书；吊销江某镨的二级建造师资格证书和福建建设工程检测试验人员岗位证书；吊销陈某一的二级建造师资格证书和混凝土结构、砌体结构、钢结构、工程振动检测的审批上岗证。

（2）依照《住房城乡建设部关于印发建筑市场信用管理暂行办法的通知》（建市〔2017〕241号）第十四条规定，将该公司列入建筑市场主体“黑名单”。

**4. 福建超平建筑设计有限公司**

（1）依照《房屋建筑和市政基础设施工程施工图设计文件审查管理办法》（住房和城乡建设部令第13号，第24号令、第46号令修订）第二十四条规定，予以罚款，并记入信用档案。

（2）依照《住房城乡建设部关于印发建筑市场信用管理暂行办法的通知》（建市〔2017〕241号）第十四条规定，列入建筑市场主体“黑名单”。

**5. 福建省泰达消防检测有限公司**

依照《社会消防技术服务管理规定》（公安部令第129号，第136号令修订）第四十八条规定，予以罚款。

**6. 福建省亚厦装饰设计有限公司**

依照《建设工程勘察设计管理条例》（国务院令第293号，第687号令修订）第三十五条规定，予以罚款。

**7. 湖南大学设计研究院有限公司**

依照《建设工程质量管理条例》（国务院令第279号，第687号令、第714号令修订）第六十一条规定，建议对该公司及其分公司予以责令停业整顿并降低其工程设计建筑行业（建筑工程）甲级资质等级。

建议对泉州市新星机电工贸有限公司、欣佳酒店和福建省有关技术服务机构的处理由福建省政府负责落实，对湖南大学设计研究院有限公司的处理由住房和城乡建设部负责落实，并将落实情况向国务院安委会办公室报告。

## 七、事故主要教训

### （一）“生命至上、安全第一”的理念没有牢固树立

福建省有关部门和泉州市对违法建筑长期大量存在的重大安全风险认识不足，没有树牢底线思维和红线意识，安全隐患排查治理流于形式。鲤城区片面追求经济发展，通过“特殊情况建房”政策为违法建设开了绿灯后，实际执行过程中背离了“解决辖区内部分群众住房困难”的初衷，口子越开越大，将大量没有审批手续、未经安全审查的建筑由非法转为合法，5年违规批准9批208宗，虽要求加强后续监管，但实际上不管不问，放任违法建设、违规改造等行为长期存在，埋下重大安全隐患。鲤城区、常泰街道在新冠肺炎疫情防控中风险意识严重不足，在未进行任何安全隐患排查的情况下，仓促将欣佳酒店确定为外来人员集中隔离观察点安排大量人员入住，导致事故伤亡扩大。一些地区特别是基层党委政府只顾发展不顾安全、只顾防疫不顾安全的问题仍然突出，没有把“生命至上、安全第一”理念真正落实到行动上，没有守住安全底线，最终酿成惨烈事故。

### （二）依法行政意识淡薄

鲤城区在明知违反国家建设和土地有关法律法规规定的情况下，以不印发文件、不公开发布的形式，违规出台并实施“特殊情况建房”政策，以特殊情况建房领导小组会议意见代替行政审批，越权批准欣佳酒店建筑物等违法建设项目，致使大量未经安全审查、不符合安全条件的建筑披上了“符合政策”的外衣并长期存在。常泰街道明知欣佳酒店建筑物违规，却同意上报为“特殊情况建房”。泉州市对鲤城区存在的“特殊情况建房”问题失察，类似情况在该市的丰泽区、晋江市也同样存在。全面依法治国是治国理政的基本方略，“法无授权不可为”是政府行政的基本准则，任何人、办任何事都不能超越法律权限，但仍有一些地区党委政府依法办事、依法行政意识不强，违规设置、违规行使超越法律的权限，这本身就是违法行为，也必须承担法律责任。

### （三）监管执法严重不负责任

欣佳酒店建筑物在没有取得建设用地规划许可、建设工程规划许可，没有履行基本建设程序的情况下，却“平地起高楼”，泉州市、鲤城区的规划、住建、城管、公安等部门对此长期视而不见，在国家和省市组织开展的多次违法建设专项整治行动、“两违”（违法用地、违法建设）综合治理中，明知该建筑为违法建筑，却未按专项行动要求和违法建设认定标准进行整治和拆除；对欣佳酒店开展日常检查数十次，发现第四、五层未取得特种行业许可证对外营业，但未依法处理。常泰街道明知欣佳酒店新建、改建、装修、加固长期存在违法行为，未采取任何制止和纠正措施。欣佳酒店建筑物在长达8年的时间里，新建、改建、加固一路都是严重违法违规行为，有关部门多次现场查处，但未一盯到底、执行到位，失之于宽、失之于软，实际上纵容了企业的违法行为。

### （四）安全隐患排查治理形式主义问题突出

党中央、国务院多次部署防范化解重大安全风险，国家有关部门和福建省开展过多次房屋安全隐患排查整治专项行动，泉州市、鲤城区、常泰街道虽层层部署，但安全风险隐患排查不认真、不扎实，甚至走形式、走过场，使欣佳酒店建筑物这种存在严重安全隐患的建筑均能顺利过关。2019年2月至3月的房屋安全隐患专项排查中，常泰街道基层检查人员对欣佳酒店建筑物仅抄写门牌号、层数，以及在报表中填写“建成后未改造”“暂无风险”等就完成了现场排查，最终在《福建省房屋安全信息管理系统》中录入“暂无安全隐患，不属于重大安全隐患或一般安全隐患情形”的不实结论并层层上报，存在严重的形式主义问题。

### （五）相关部门审批把关层层失守

行政审批是确保企业合法合规的重要程序，但有关部门材料形式审查辨不出真假、现场审查发现不了问题，甚至与不法业主沆瀣一气，使不符合要求的项目蒙混过关、长期存在。泉州市、鲤城区消防机构未发现欣佳酒店申报材料中相关证件伪造、缺失、失效等问题，消防设计备案、竣工验收消防备案把关不严。鲤城区公安部门有关审批人员与欣佳酒店不法业主内外勾结，授意用房屋产权证明代替产权证，在明知没有房产证的情况下出具虚假现场检查验收意见，在没有受理材料、没有现场检查验收、没有任何审批的情况下，违规为欣佳酒店变更特种行业许可证，事故发生后又补写相关档案。常泰街道违规为欣佳酒店出具虚假的房屋产权证明材料，为其办理旅馆特种行业许可开了“绿灯”。

### （六）企业违法违规肆意妄为

欣佳酒店的不法业主在未取得建设用地规划许可、建设工程规划许可、未履行基本建设程序、未办理施工许可和加固工程质量监督手续，且未组织勘察、设计的情况下，多次违法将工程发包给无资质施工人员，自2012年以来多次通过刻假章、办假证、提交假材料等方式申办行政许可，新建、改建、装修、加固和获取资质等各个环节“步步违法”，在明知楼上有大量人员住宿的情况下违规冒险蛮干，最终导致建筑物坍塌，对法律毫无敬畏之心。一些建筑设计、装修设计、工程质量检测、消防检测等中介服务机构，为了自身利益甘当不法企业的“帮凶”，违规承接业务甚至出具虚假报告。能否保证安全生产，企业最直接最关键，必须综合运用各种手段、采取有力有效措施，倒逼企业切实承担起安全生产主体责任，才能掌握安全生产工作的主动权。

## 八、事故防范和整改措施建议

### （一）切实担负起防范化解安全风险的重大责任

各地党委政府和有关部门特别是福建省、泉州市、鲤城区要深刻吸取事故惨痛教训，牢固树立安全发展理念，在统筹经济社会发展、城乡建设中自觉把人民生命安全和身体健康放在第一位，把防范化解安全风险摆在重要位置，强化底线思维、红线意识，大力推进安全发展、高质量发展。要完善和落实“党政同责、一岗双责、齐抓共管、失职追责”的安全生产责任体系，层层压紧压实党政领导责任、部门监管责任和企业主体责任，及时分析研判安全风险，紧盯薄弱环节采取有力有效防控措施，及时发现问题、解决问题，牢牢守住安全底线。要坚决反对形式主义、官僚主义，依法严厉打击违法违规行为，重大风险隐患一抓到底、彻底解决，严防漏管失控引发事故。

### （二）强化法治思维坚持依法行政

各地党委政府和有关部门特别是福建省、泉州市、鲤城区要加强各级领导干部法治教育培训，牢记“法无授权不可为、法定职责必须为”，想问题、作决策、办事情必须严格遵守法律法规，切实提高法治素养和法治能力。认真贯彻落实党中央、国务院关于依法行政的部署要求，制定各级政府和有关部门权力清单并向社会公布，规范依法决策和行政审批工作流程，加强合法性审查，依法保障公众的知情权、参与权、表达权，杜绝以会议纪要或会议讨论等形式代替审批程序，杜绝领导干部违规插手干预规划许可、土地出让、工程建设等行政审批事项。全面分类整治违规审批的9批208宗非法建筑，并严格实施重大行政决策责任终身追究制度及责任倒查机制，及时通报曝光典型案例，对不作为、乱作为导致严重后果的依法依纪严肃处理。

### （三）全面提高涉疫场所和各类集中安置场所安全保障水平

有关地区要对辖区所有定点医院、隔离观察场所以及各类灾害事故集中安置场所加强日常安全检查，严格落实建筑安全和消防安全责任制，及时消除安全风险隐患，对建筑质量差、主体结构损坏、失修失养严重、超负荷使用、位于地质灾害易发地等存在安全风险的，立即停止使用，组织人员撤离。住建部门要按照“三个必须”“一岗双责”的规定要求和“谁管主管谁负责”的原则，严格落实建筑主管部门安全监管责任；会同应急管理、公安、卫健等有关部门，推动相关法律法规修订，明确公共卫生事件集中隔离场所、灾害事故集中安置场所、应急避险场所等房屋、临时建筑、活动板房等安全标准，达不到安全条件的，坚决不允许作为集中安置和应急避险场所使用。地方各级政府要在本地区突发事件应急预案中，进一步明确各类集中安置场所的安全检查机制，对各类安置场所的建设经营合法合规性和房屋质量安全进行核查，确保各类安置场所建筑安全、消防安全。

### （四）深化建设施工领域“打非治违”和安全隐患排查治理

各地区特别是福建省、泉州市要认真贯彻落实《中共中央　国务院关于进一步加强城市规划建设管理工作的若干意见》精神，扎实推进城市建成区违法建设专项治理工作五年行动，突出问题导向，深入开展非法占地、违法建设和老旧危房、农村自建房、“住改商”建筑等排查整治行动，对“两违”行为实行“零容忍”，坚决遏制增量，有序化解存量，彻底清除安全隐患。要加强对既有建筑改扩建、装饰装修、工程加固的质量安全监管，对未履行基本建设程序、施工单位超越资质等级范围或者以其他施工单位名义承揽工程、不按设计施工方案组织施工、出具检测鉴定虚假报告等违法行为予以坚决打击，并将违规信息记入信用档案，纳入联合惩戒管理。要深化“两违”源头治理，全面排查城市老旧建筑安全隐患，压实建设方、产权人、使用人安全主体责任，强化部门执法衔接，严防类似垮塌事故发生。

### （五）健全部门间信息共享和协同配合工作机制

针对事故暴露出的不法人员使用虚假材料层层通过审批的问题，地方各级政府要进一步加强部门间信息共享和沟通，建立政府审批监管数据共享机制，用好国家企业信用信息公示系统部门协同监管平台，实现部门审批和监管数据自动采集核对、流转交换，堵塞审批材料弄虚作假的漏洞。自然资源、城管、住建部门要及时将发放建设工程规划许可信息、违法建设处置决定及其执行情况抄告市场监管、公安、消防、卫健等部门和单位，有关部门和单位不得为违法建筑办理相关证照，提供水、电、气、热。自然资源、住建、公安等有关部门要大力打击涉嫌办理不动产登记、建设工程规划许可、工程单位资质证书、建设工程施工许可等假证照的违法行为。要扎实推进“放管服”审批制度改革，对涉及公共安全的审批事项、审批环节、申报材料进行取消、下放或者优化时，做好部门相互衔接，层级上下衔接，审批事项和环节前后衔接，严防出现监管盲区。

**（六）扎实开展安全生产专项整治三年行动**

扎实开展城市建设安全专项整治，将城市安全韧性作为城市体检评估的重要内容，将城市安全发展落实到城市规划建设管理的各个方面和各个环节，根据城市建设安全出现的新情况，明确建筑物所有权人、参建各方的主体责任以及相关部门的监管责任，强化起重机械、高支模、深基坑、城市轨道交通工程安全专项治理，开展城市地下基础设施信息及监测预警管理平台建设，全面提升城市建设本质安全水平，推动城市安全和可持续发展。同时，举一反三，认真组织开展学习宣传贯彻习近平总书记关于安全生产重要论述、落实企业安全生产主体责任专题和危险化学品、煤矿、非煤矿山、消防、道路运输、交通运输、工业园区等功能区、危险废物等其他行业专项整治，完善和落实“从根本上消除事故隐患”的责任链条、制度成果、管理办法、重点工程和工作机制，扎实推进安全生产治理体系和治理能力现代化，全力维护好人民群众生命财产安全。

附件：1. 事故现场抢险救援情况

2. 欣佳酒店建筑物有关情况

3. 泉州市鲤城区特殊情况建房情况

## 附件1　事故现场抢险救援情况

2020年3月7日19时14分，福建省泉州市鲤城区南环路欣佳酒店发生楼体坍塌，造成71人受困。接报后，泉州市消防救援支队立即调派全市26个消防救援站力量奔赴现场救援。福建省消防救援总队一次性、成建制、模块化增调全省其他9个消防救援支队的2支重型救援队、7支轻型救援队，以及总队训练与战勤保障支队、应急通信和车辆勤务大队，携带生命探测仪器、搜救犬和破拆、顶撑、起重、洗消等各类型特种救援装备2600余件（套）机动驰援，总计集结1086名指战员投入救援。应急管理部党委书记黄明等部领导通过视频全程指导指挥救援处置工作，并派消防救援局负责同志赶赴现场指挥。在福建省、市、区各级党委政府和有关部门单位的共同努力下，参战消防救援队伍经过112小时全力救援，搜救出全部被困人员，其中42人生还。全体参战指战员无一人伤亡、无一人感染。整个现场救援过程共分四个阶段：

第一阶段。浅（表）层埋压人员救助。7日19时35分，泉州市鲤城区江南消防救援站3车19人到达后，立即通过绳索、梯子施救建筑北侧表层被困者。泉州市消防救援支队先后调派67部消防车、402名指战员陆续投入战斗，按照“由表及里、先易后难”的顺序，先期划分为东、西、南、北四个作业面，组织安全观察、搜寻定位和破拆救援各4个组，采取“表层侦察、洞隙搜索、静默敲击、回声定位、浅易破拆、急速救助”等战术措施，分片区展开立体搜救。截至22时12分，第一阶段共救出浅（表）层被困人员23人。

第二阶段。中（浅）层埋压人员救援。7日22时12分，总队增援力量到场后，将现场划分为“核心作业、器材装备、作战指挥、备勤待命、车辆停靠、人装洗消”等功能区域。快速搭建灾害现场指挥部。根据第二阶段搜救难度增大的实际，前沿指挥部把人员比对定位作为核心要点贯穿始终，立即组织分析研判被困者可能位置，第一时间绘制现场平面图、作战力量部署图、埋压人员预判分布图，并推送至各支队指挥员手机终端，比对“三张图”，通过“以房找人、以人找人、以物找人”等方法，逐步缩小范围，确定重点区域。

前沿指挥部将核心作业区调整为6个作业面，挂图作战，组织各搜救分队采取“大洞套小洞层层破拆、多点位打开观察窗口、蛇眼生命探测仪确定位置”的方式，加快搜救速度。为解决部分支队专业技术骨干不足、破拆救援进展不快等问题，前沿指挥部抽调经验丰富的战训干部、高级消防员组成专家团，往返各个作业区指导作业，重点对结构复杂、破拆难度大的作业点进行“专家团会诊”。其间，现场指挥部经综合研判后，决定由住建、电力等部门协助调集位移监测、工程机械、凿岩机等装备及操作人员陆续到位配合行动，加快破拆进度。截至8日19时14分“24小时白金救援时间”，第二阶段共救出被困人员26名，18人生还。

第三阶段。深层埋压人员抢救。前沿指挥部结合救援进展情况和倒塌建筑安全状况，综合研判后认为：若继续单纯采用人工破拆搜救方式过于耗时费力，被困人员的生还机会将更为渺茫。现场指挥部调派3台配有抓斗、剪切头的特种钩机等装备入场协同作业，慎始处理“人员抢救与疫情防控，动用大型工程机械与不造成被困人员二次伤害，尽快剥离转移构件与尽可能不发生结构性变化”的关系，全程实施精确破拆。在利用吊车、钢索吊装稳固梁柱的前提下，采取“搜救犬和生命探测仪交叉搜寻定位、工程机械逐层剥离表层构件”的战术措施，精心操作、稳扎稳打，发现生命迹象后运用“上下结合、两侧并进”的掘进方法，综合使用“凿岩机破拆、气垫顶撑、液压剪扩”等方式破拆厚重构件，采取“无齿锯及氧炔焰枪切割、破拆锤凿击、撬棍扩张”等手段移除轻薄构件，开辟救生通道。

9日7时40分，前沿指挥部将现场重新划分为东、中、西3个作业区、6个作业点，每个作业区由2~3个支队“结对”救援，重型队班组与轻型队班组相互搭配，轮流执行重型构件破拆和救援通道清理任务，工程机械通过“破拆抓取表层构件，提拉转移作业区外，渣土车跟进转运”的方式协同作业，累计打通20余处救援观察窗口，并分别在事发后的52小时、69小时先后成功救出3名幸存者。截至10日19时14分“72小时黄金救援时间”，共救出13名被困人员，其中3人生还。

第四阶段。最后被困人员搜救。在利用生命探测仪、搜救犬等反复查找未发现生命迹象的情况下，在核查比对被困人员位置基础上，采取工程机械“1机4人”模式（1名工程机械操作手配1名随车指挥员和2名地面安全员）破拆剥离，配合人工搜救，又陆续发现8名被困遇难者。12日11时4分，救出最后1名被困遇难者，现场救援行动结束。整个救援行动共救出44名生还者，其中2人在医院不治身亡。

## 附件2　欣佳酒店建筑物有关情况

### 一、欣佳酒店建筑物用地审批情况

涉事地块位于泉州市鲤城区常泰街道上村社区南环路1688号，面积3363.3平方米，原为上村村集体所有。1984年，杨某锵承包涉事地块在内的土地用于果树种植，承包期20年。1994年左右，杨某泽（杨某锵弟弟）成立泉州鲤城新星加油站，并占用约6500平方米土地（含涉事地块）建设加油站及相关配套设施。2003年，上村改社区居委会，涉事地块的土地所有权由集体转为国有。

2003年7月8日，泉州市开展建设用地历史遗留问题清理，泉州鲤城新星加油站以此为由逐级上报违法占地自查申报材料；12月22日，原泉州市城乡规划局同意办理用地红线图。2005年4月15日，泉州鲤城新星加油站向泉州市政府申请办理用地审批手续。

经原泉州市国土资源局上报，2006年7月15日，泉州市政府向泉州鲤城新星加油站下达成品油零售经营用地的批复，确定出让面积和出让方式（未采用招标拍卖挂牌方式）。2007年4月13日，泉州市地价委员会召开会议确定涉事地块出让价格，原泉州市国土资源局与泉州鲤城新星加油站签订国有土地使用权出让合同，出让宗地面积5696.6平方米，合同项下出让宗地的用途为商业（加油站），出让价格5041491元，土地使用权出让年限40年。

2007年12月24日，泉州鲤城新星加油站以高压输电线跨越为由向原泉州市国土资源局申请将土地分割为两块，面积总和不变。2008年1月31日，原泉州市国土资源局批准土地分割申请。

2008年2月5日，原泉州市国土资源局向泉州鲤城新星加油站核发两本土地使用权证书，其中涉事地块的使用权面积为3363.3平方米，涉事地块的实际控制人为杨某锵。

2011年3月3日，原泉州市城乡规划局向泉州鲤城新星加油站下达用地规划设计条件，明确用地规模、用地性质、规划经济技术指标等。2014年12月16日，涉事地块使用权人变更为泉州市新星机电工贸有限公司（法定代表人：杨某锵），原泉州市国土资源局换发土地使用权证书。

## 二、欣佳酒店办理有关行政许可情况

### （一）办理消防审批情况

2018年4月，杨某锵伙同黄某图串通原泉州市洛江区公安消防大队大队长刘某礼非法取得一张空白的《公众聚集场所投入使用、营业前消防安全检查合格证》，到复印店将欣佳酒店相关信息打印到空白的合格证上，伪造为"泉鲤公消安检字〔2018〕第0035号"，在使用该伪造证件到公安机关办理了欣佳酒店特种行业许可证后，被杨某锵自行销毁。

2018年6月，杨某锵伙同黄某图等人，伪造《不动产权证书》复印件和广东弘业建筑设计有限公司公章、资质章、出图章、签名，假冒该公司为欣佳酒店装修工程设计单位、施工单位，分别委托福建省亚厦装饰设计有限公司法定代表人龚某真、福建超平建筑设计有限公司和福建省泰达消防检测有限公司进行装修施工设计图纸修改、图纸审查和消防设施检测，制作鲤城区欣佳酒店设计说明书、消防设计文件、建设工程竣工验收报告等虚假材料，用于向原鲤城区公安消防大队申办消防设计备案、竣工验收消防备案和《公众聚集场所投入使用、营业前消防安全检查合格证》。

2018年7月6日，欣佳酒店向原鲤城区公安消防大队申报装修工程消防设计备案，消防设计范围为欣佳酒店一层大厅和第四、五、六层。7月11日，原鲤城区公安消防大队认定装修工程消防设计备案资料合格，予以备案。

2018年12月17日，欣佳酒店向鲤城区消防大队申报装修工程竣工验收消防备案。鲤城区行政服务中心消防窗口认为申报材料齐备，当场受理，泉州市消防服务大厅备案系统抽中该项目，按规定鲤城区消防大队需现场核查验收。12月21日，鲤城区消防大队现场核查发现欣佳酒店自动消防设施未按要求提供消防设施检测报告，验收结果不合格。现场核查还发现欣佳酒店未通过营业前消防安全检查，擅自营业，依法责令停产停业，并处罚款3.4716万元。2019年1月18日，杨某锵缴清罚款。2019年1月3日、1月17日，经鲤城区消防大队两次现场复查后，装修工程竣工验收合格。

2019年1月23日，欣佳酒店申报投入使用、营业前消防安全检查，鲤城区消防大队现场检查结果符合要求，1月24日核发了欣佳酒店营业前消防安全检查合格证。

**（二）办理特种行业许可证情况**

2018年3月，受杨某锵委托，黄某图到泉州市公安局鲤城分局治安大队一中队指导员吴某晓办公室，咨询没有产权证如何办理特种行业许可证，吴某晓告知可以由常泰街道办事处出具房屋产权证明。4月10日，上村社区居委会出具房屋产权证明。次日，常泰街道办事处在证明上加盖公章。

2018年4月，杨某锵委托福建省建筑工程质量检测中心有限公司鉴定欣佳酒店的房屋建筑质量。鉴定报告初稿出来后，黄某图找到吴某晓征求其意见，吴某晓表示只要有房屋可以使用的鉴定结论就可以，并建议鉴定结论的后续使用年限改长一点，黄某图遂建议杨某锵将鉴定报告中的房屋使用年限改成和土地证一致的年限，即20年。经吴某晓确认可以作为申办特种行业许可证的材料后，5月8日，福建省建筑工程质量检测中心有限公司出具了欣佳酒店检验报告（检验内容：结构正常使用性鉴定）。

2018年5月18日，黄某图带着伪造的营业前消防安全检查合格证、常泰街道办事处出具的产权证明及欣佳酒店检验报告（检验内容：结构正常使用性鉴定）等材料到鲤城公安分局治安大队申请办理特种行业许可证。当天，吴某晓等人到现场检查验收，出具了《公共场所、特种行业治安安全条件现场检查、验收意见表》，签署“有营业执照、消防安全合格证及房产证等”“经现场验收，欣佳酒店基本符合治安安全条件；符合开办旅馆的现场条件，同意报上级领导审批”的意见。5月22日，经鲤城公安分局治安大队副大队长王某彬审核同意、鲤城公安分局副局长张某辉审批同意，向欣佳酒店颁发特种行业许可证，经营地址为泉州市鲤城区南环路1688号6楼。

2019年8月，吴某晓等人检查发现欣佳酒店第四、五层也在营业，与特种行业许可证营业范围不一致，即暂扣特种行业许可证。之后，杨某锵变更了欣佳酒店的工商营业执照，经营场所由六层变更为地上一层和四至六层。2019年8月23日，在黄某图陪同下，杨某红到鲤城公安分局申请变更特种行业许可。经电话请示张某辉同意后，吴某晓在没有受理材料、没有现场检查验收、没有审批的情况下，要求鲤城公安分局治安大队一中队工作人员打证。杨某红当日就拿到了变更后的特种行业许可证，经营地址为泉州市鲤城区南环路1688号。事故发生后，吴某晓串通张某辉、王某彬等人补签欣佳酒店特种行业许可《变更申请》《受理通知书》《收件清单》《送达回执》《福建省特种行业许可证变更申请登记表》以及《特种行业许可证》存根。

## 附件3 泉州市鲤城区特殊情况建房情况

### 一、特殊情况建房的两个阶段

第一阶段（2007年11月—2011年10月）。2007年11月19日，为解决辖区内部分群众住房困难、社区经济载体建设以及企业改扩建厂房等问题，鲤城区委第32次常委会会议研究出台《鲤城区特殊情况建房处理意见》（暂行），并成立领导小组，办公地点设在区城市管理局执法大队。领导小组于2009年3月制定了《关于江南新区企业在合法用地范围内改（新）建厂房及配套设施处理意见》，2009年7月制定了《特殊建房监管要求（内部掌握）》。第一阶段鲤城区特殊情况建房领导小组共审批特殊情况建房四个批次。

第二阶段（2011年10月—2012年12月）。2011年10月，鲤城区委第10次常委会会议研究出台修订后的《鲤城区特殊情况建房处理意见》，继续实施特殊情况建房政策，并调整了领导小组成员。

2012年11月，鲤城区委、区政府配套制定了《鲤城区“美丽社区”建设特殊情况建房处理意见》，特殊情况建房领导小组成员再次调整。第二阶段鲤城区特殊情况建房领导小组共审批特殊情况建房五个批次。

上述有关特殊建房的文件均未正式印发。

自2008年1月29日研究第一批特殊情况建房，至2012年12月20日研究最后一批特殊情况建房，两个阶段共审批办理九批235宗特殊情况建房，批准了208宗，其中，个人建房154宗，社区建房31宗，企业建房23宗。在23宗企业建房中第二阶段占18宗。

### 二、特殊情况建房政策的主要内容

（1）特殊情况：一是有些老旧小区个人私房在拆迁前需要加固、改装等；一些私房因人口增多需要扩建，加层扩容等；一些历史遗留疑难问题等，如华侨遗产捐赠、孤寡老人、病残、特困人群建房等。二是有些社区公益建房，如活动站、养老院等建设。三是一些企业因拆迁置换，按产业政策符合发展方向的新、改、扩建设项目，搞活地方经济的项目需要支持的等等。

上述建设项目均存在一些问题，无法正常履行相关法律程序，依法不具有继续建设的条件、不允许建设和使用。

（2）特殊政策：建设主体按《特殊情况建房管理办法》的程序层层申请，

汇总上报特殊情况建房领导小组后，在集体研究、实地勘察的基础上，在设定一些技术指标和管理要求的前提下，批准可以先建设，后补办手续。

按照《特殊情况建房管理办法》要求，鲤城区特殊建房政策适用于辖区内江南、浮桥、金龙、常泰四个街道。申请对象主要为个人建房、社区公益事业和经济载体建设，以及企业在自有用地红线范围内扩建厂房及配套设施三类。

经查，实际上有些项目在获得批准时，就已经违规建成或者正在建设中。如欣佳酒店建筑物，2012 年 12 月 4 日特殊建房领导小组开会研究时，该建筑物已经基本完工，领导小组及有关部门主要负责人赴现场实地勘察，发现涉事地块已建成 4 层钢结构房屋，没有提出异议，仍然批准同意。

# 日照莒县山东彼那尼荣安水泥有限公司“9·25”脚手架坍塌较大事故调查报告

2022年9月25日4时25分许，日照市莒县山东彼那尼荣安水泥有限公司预热器分解炉改造施工过程中发生脚手架坍塌事故，造成5人死亡、2人受伤，直接经济损失845.8万元。

事故发生后，省委、省政府高度重视，时任省委书记李干杰同志三次作出重要批示，要求迅即全力展开救援，深入做好事故调查，依规依纪依法严肃追责问责，深刻汲取教训，举一反三，严防再次出事。周乃翔省长批示要求做好事故救援、疫情防控、事故调查等工作。范波副省长带领省有关部门第一时间赶到现场，指导应急救援处置等工作。日照市委市政府主要领导立即赶到事故现场，成立现场救援指挥部，调动各方力量，积极有序展开救援工作。

依据《中华人民共和国安全生产法》、《生产安全事故报告和调查处理条例》(国务院令第493号）和《山东省安全生产条例》《山东省生产安全事故报告和调查处理办法》等法律法规规章规定，以及全国、全省安全生产会议精神和应急部领导同志批示要求，国务院安委会对该起事故挂牌督办，省政府成立事故调查组，对事故提级调查。事故调查组由省应急厅牵头，省公安厅、省总工会、省住房城乡建设厅、省工业和信息化厅、省生态环境厅和日照市政府以及江苏省方面派员组成，同时邀请省纪委监委、省检察院派员参与事故调查工作。邀请建筑施工、水泥建材、结构设计等领域国内专家组成专家组，参加事故调查工作。

事故调查组按照“科学严谨、依法依规、实事求是、注重实效”原则和“四不放过”要求，经过现场勘查、查阅资料、调查询问、检测鉴定、建模分析、综合研判，查明了事故发生经过、原因、人员伤亡和直接经济损失情况，认定了事故性质和责任，提出了对有关责任单位、责任人员的处理建议和事故防范整改措施。省纪委监委提出了追责问责意见。

## 一、事故相关单位基本情况

### (一) 山东彼那尼荣安水泥有限公司（简称彼那尼公司)

事故项目建设单位。成立时间：2003年5月13日；企业类型：有限责任公司（自然人投资或控股的法人独资）；法定代表人：王某涛；注册地址：莒县东莞镇付家庄村；经营范围：混凝土外加剂（不含危险化学品）、通用硅酸盐水泥、水泥制品、水泥熟料生产销售、水泥用石灰岩开采等。

**（二）江苏恒耐炉料集团有限公司（简称恒耐公司）**

事故项目施工单位。成立时间：1993 年 3 月 15 日；企业类型：有限责任公司；法定代表人、总经理：韩某伟；注册地址：江苏省常州市武进区横山桥镇省庄村；经营范围：耐火浇注料及制品制造、工业炉窑的安装维修、防腐工程保温工程施工、炉窑附件制品销售等。持有江苏省住房城乡建设厅颁发的《建筑业企业资质证书》，有效期至 2022 年 12 月 31 日；持有江苏省住房城乡建设厅颁发的《安全生产许可证》，有效期至 2023 年 7 月 3 日。恒耐公司在彼那尼公司设置项目部，项目经理某雨。

**（三）山东卓昶节能科技有限公司（简称卓昶公司）**

彼那尼公司节能减排降耗改造工程总承包单位和事故项目分解炉新增炉体制作安装单位。成立时间：2005 年 1 月 24 日；企业类型：有限责任公司（自然人投资或控股的法人独资）；法定代表人：朱某；注册地址：泰安市泰山区徐家楼街道办事处宅子村东段；经营范围：节能环保设备、机械设备及配件研发、制造、销售、维修；电气设备、管道和设备安装；节能工程、环保工程施工等。持有泰安市住房城乡建设局颁发的《建筑业企业资质证书》，有效期至 2024 年 7 月 8 日；持有山东省住房城乡建设厅颁发的《安全生产许可证》，有效期至 2023 年 5 月 28 日。

## 二、工程项目实施情况

**（一）项目发包情况**

2022 年 5 月 22 日，彼那尼公司与卓昶公司签订《2 号水泥熟料生产线节能减排降耗改造工程总承包合同》《2 号水泥熟料生产线节能减排降耗改造工程总承包技术协议》，将 2 号水泥熟料生产线节能减排降耗改造工程交由卓昶公司实施。具体改造内容包括：增加入窑物料加热脱硝、提产、节煤装置和预热器系统改造。预热器系统改造包括分解炉扩容改造、预热器降阻改造、旋风筒扩径提高分离下利率降阻改造、锁风阀等技改内容。根据合同约定，预热器耐火材料和锚固件由彼那尼公司提供并负责砌筑施工。

2022 年 7 月 24 日，彼那尼公司通过招投标方式与恒耐公司签订《预热器改造耐火材料及施工项目总承包合同》，将预热器系统改造工程项目发包给恒耐公司，其中包括预热器所有耐火材料的供货与施工。

### （二）项目报备情况

2022 年 8 月 15 日，彼那尼公司向日照市生态环境局莒县分局提交了《彼那尼公司 4000 吨/天新型干法水泥熟料生产线超低排放改造项目》环境影响登记表备案手续。8 月 24 日，向莒县行政审批局提交了《关于彼那尼公司 4000 吨/天新型干法水泥熟料生产线超低排放改造项目技术改造备案的申请书》；8 月 26 日，经莒县行政审批局审查同意后，为该项目办理了项目备案手续，并将备案情况推送给莒县工业和信息化局。

### （三）项目施工情况

预热器由旋风筒和分解炉组成，预热器分解炉改造主要包括拆除分解炉上鹅颈管及弯头，在原分解炉顶部向上延伸，增加 31 米高的新炉体，上部做平顶，侧方开口连接原有的鹅颈管；新炉体内部炉壁镶贴耐火材料。2022 年 6 月 1 日，卓昶公司施工人员入场加工制作新增炉体，为防止分解炉筒体在制作和吊装时变形，筒体内安装了“米”字形临时加劲肋，7 月 18 日完成。7 月 24 日对旧鹅颈管弯头拆除，8 月 15 日开始吊装新增炉体，9 月 12 日完成新增炉体吊装和外部炉体焊接。分解炉新增部分，炉体内侧沿竖向每 2.25 米设一圈托砖板，托砖板宽 210 毫米。9 月 21—22 日，卓昶公司安排人员对“米”字形临时加劲肋进行了割除。

## 三、事故发生经过

2022 年 9 月 14 日，恒耐公司项目部经理谷某安排张某兴、张某勇、李某伟、张某等 4 人搭设分解炉内脚手架，9 月 21 日搭设完成。张某兴主要负责脚手架搭设，其他 3 人配合。脚手架采用落地式满堂脚手架，底部从分解炉约 23.5 米标高处开始搭设，搭设至约 88 米标高处，总高度 64.5 米。其中，23.5 ~ 61 米部分为在原有炉内搭设，61 ~ 88 米部分为在新增炉体内搭设。原有炉体内脚手架搭设方式为，10 根立杆放置在分解炉下锥体斜面和底面上；4 根水平杆呈“井”字形分布，端部放置在锥体斜面上，两个方向又分别放置了 3 根水平杆，共 10 根水平杆，水平杆的交叉处采用直角扣件连接形成网格结构（附图 10），作为底层水平支撑平面。底层支撑面以上，向上每 1.7 米按照底层支撑面的搭设方式，采用 4 根水平杆呈“井”字分布，端部顶靠在炉壁上，与其他 6 根水平杆形成网格结构。立杆采用直角扣件固定在水平杆上接长（附图 11）。新增炉体内脚手架搭设方式为，用 4 根 6 米水平杆呈“井”字形分布，端部搁置在托砖板上作为支撑，每层托砖板处均按此设置，两个方向再各布置 3 根水平杆，交叉处采用直角扣件连接形成网格结构并形成施工作业面。每个托砖板平面向上 1.7 米由 10 根水平杆形成施工作业面。

9 月 24 日 19 时，分解炉耐火材料施工夜班人员 38 人进场（夜班工作时间为

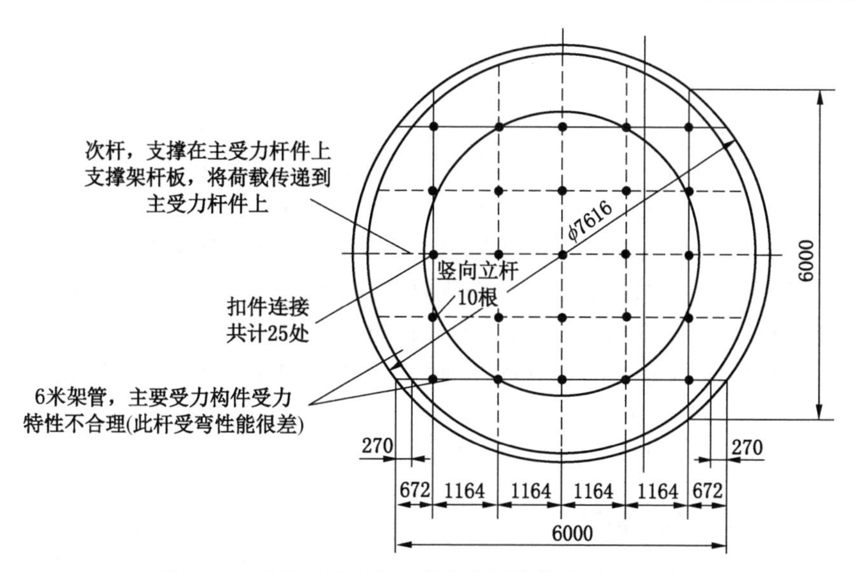


附图10　新增炉体内托砖板处脚手架搭设平面示意图

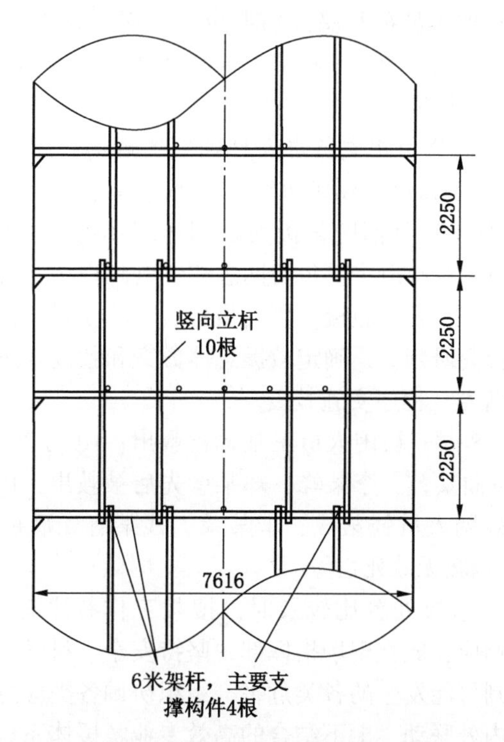


附图11　新增炉体内脚手架搭设立面示意图

19时至次日7时），分别在4个作业面工作，C2作业面13人，其中炉内作业人员12人；C3作业面11人，其中炉内作业人员7人；锥体作业面7人；烟室作业面7人。25日4时许，上料卷扬机发生故障，导致C2作业面因缺少B型耐火砖而无法继续镶贴。4时15分许，C2作业面人员发现脚手架西北侧有轻微倾斜；4时20分许，C2作业面在将一箱A型砖（264块）运至炉内后，炉内9名人员陆续离开镶贴工位到炉外平台休息。4时23分许，C3作业面发现脚手架架管松动，呼叫炉外人员找工具维修；4时25分许，C3作业面人员听到脚手架两声异响后，脚手架随即发生坍塌（事发前炉内各作业面人员分布如附图12所示）。C2作业面尚未来得及离开炉内的王某林等3人和C3作业面炉内作业人员李某峰等7人随着脚手架坍塌坠落；其中，3人在工友帮助下脱困，7人被困。事故最终造成王某林、李某峰、李某荣、钱某有、钱某成5人死亡，郑某彦、曲某鑫2人受伤。

## 四、事故应急处置情况

事故发生后，现场人员立即开始施救。9月25日4时28分现场施工人员张某强电话报告项目部管理人员孙某民；4时29分，孙某民电话报告项目经理谷某，谷某立即赶赴现场并通知架子工携带工具赶赴现场救援。4时47分、49分，谷某分别拨打120和119报警。

4时50分许，彼那尼公司相关负责人赶到事故现场组织开展救援，并向东莞镇政府报告事故情况，随后东莞镇政府、莒县应急局、日照市应急局逐级上报了事故情况。5时16分，莒县消防救援大队到达现场展开救援。接到报告后，东莞镇、莒县和日照市党委政府主要负责同志相继赶到现场，成立应急救援现场指挥部，下设8个工作组，开展救援。接到报告后，范波副省长第一时间带领工作组赶到现场，召开会商研判会，确定救援总体方案和救援方法，按照“由表及里、先易后难、层层剥离”程序实施救援。

经全力科学施救，8时，被困人员王某林被救出；10时30分、10时51分、11时18分，被困人员曲某鑫、李某峰、郑某彦先后被救出；12时24分、14时10分、15时50分，被困人员钱某成、李某荣、钱某有先后被救出。经送医抢救，2人生还，5人经抢救无效死亡。

经综合评估认为，事故处置比较及时，搜救工作有序有效。事故发生后，省、市、县三级迅速响应，成立现场指挥部，坚持安全、科学、精准、高效的救援原则，全面分析研判可能发生的各类危害，组织协调各类应急救援力量，做好应急处置工作，形成内外联动、上下结合的高效专业救援体系。但也暴露出了事故信息报送不规范、事故单位应急预案管理不到位等问题。

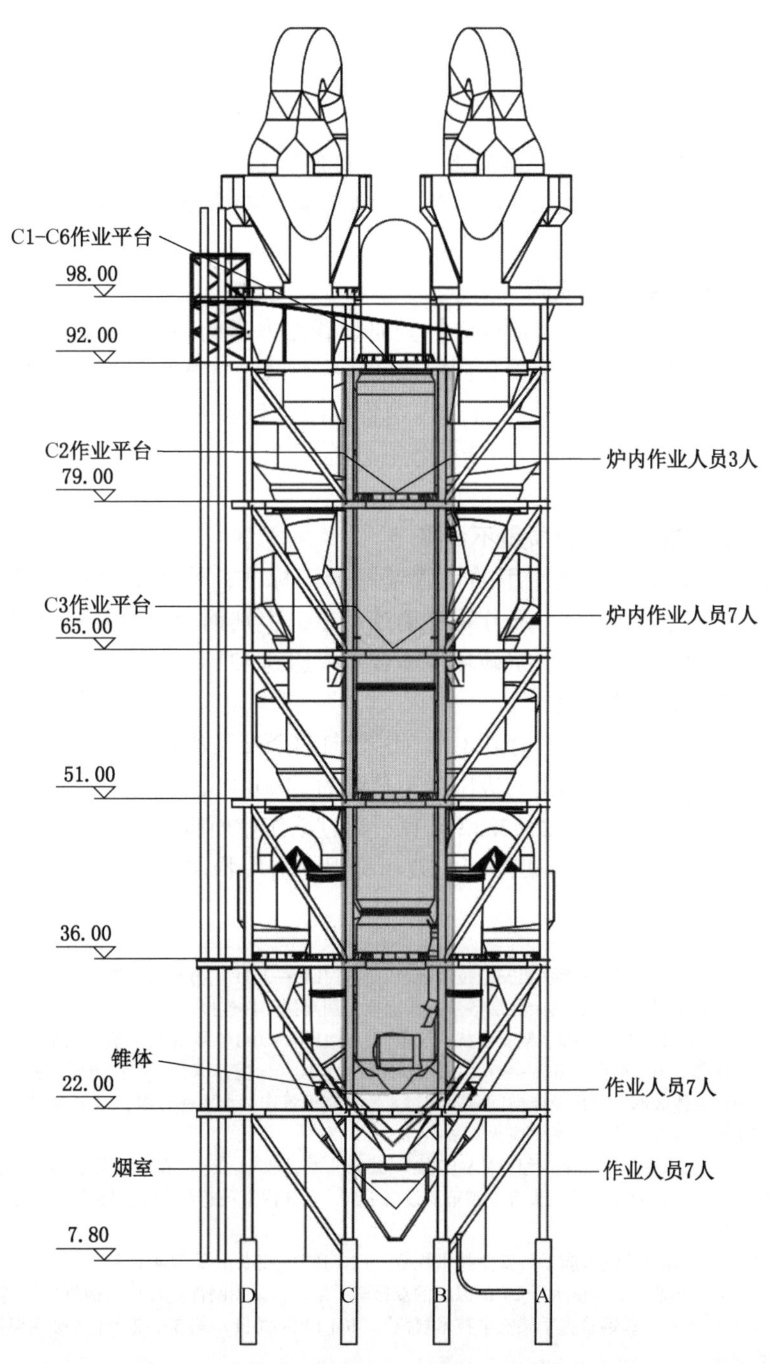


附图 12　事发前分解炉内各作业面人员分布示意图

## 五、事故发生原因和事故性质

### （一）直接原因

经综合分析研判，认定事故发生的直接原因是，脚手架搭设存在结构性缺陷，钢管、扣件质量不达标，施工荷载过大，致使架体超过极限承载力，失稳整体坍塌。

**1. 架体存在结构性缺陷**

未采用对接扣件接长，造成立杆竖向承载能力降低①；新增炉体部分脚手架支撑体系不合理，水平杆承受立杆传递的竖向荷载；立杆数量不足，部分立杆间距过大，部分立杆轴向应力严重超过钢管标准设计值；未设置竖向及水平剪刀撑，导致架体整体刚度不足②；未设置有效连墙件，导致架体与炉体结构未形成有效连接③④。

**2. 钢管、扣件等材料质量不合格**

经检测，脚手架搭设使用的钢管壁厚低于标准，外径不合格率达到33%，壁厚不合格率达到75%⑤。部分钢管锈蚀严重，个别钢管上存在打孔现象⑥。扣件安装破坏、抗滑移性能、抗破坏性不合格率达到42%。

**3. 架体施工荷载过大**

炉体内的脚手架上同时存在C2、C3竖向两个交叉作业面。经模拟计算，C2作业面炉内脚手架所能承受的极限施工荷载为1100千克。事故发生前C2作业面炉内脚手架实际荷载达到2242.72千克，超过该作业面脚手架所能承受极限荷载1倍，导致C2作业面炉内架体首先破坏坍塌，坍塌物层层叠加，对下层架体冲

---

① 《建筑施工扣件式钢管脚手架安全技术规范》（JG J130—2011）第6.3.5条："单排、双排与满堂脚手架立杆接长除顶层顶步外，其余各层各步接头必须采用对接扣件连接。"

② 《建筑施工扣件式钢管脚手架安全技术规范》（JG J130—2011）第6.8.4条："满堂脚手架应在架体外侧四周及内部，纵、横向每6 m～8 m，由底到顶设置连续竖向剪刀撑，……；当架体搭设高度在8 m及以上时，应在架体底部、顶部及竖向间隔不超过8 m分别设置连续水平剪刀撑，水平剪刀撑宜在竖向剪刀撑斜杆相交平面设置，剪刀撑宽度应为6 m～8 m"。

③ 《新型干法水泥生产安全规程》（AQ 7014—2018）第8.4.11条："在选取脚手架架管、架板卡扣时，首先检查架子材料的安全性，按有关规范搭设脚手架，在筒内直径超6 m时，接管子要用转卡3～4个搭接接牢，筒外再用横管卡死"。

④ 《建筑施工扣件式钢管脚手架安全技术规范》（JG J130—2011）第6.4.6条："连墙件必须采用可承受拉力和压力的构造。对高度大于24 m以上的双排脚手架，应采用刚性连墙件与构筑物连接"。

⑤ 《建筑施工扣件式钢管脚手架安全技术规范》（JGJ 130—2011）第3.1.2条："脚手架钢管宜采用$\phi$48.3×3.6钢管"。

⑥ 《建筑施工扣件式钢管脚手架安全技术规范》（JG J130—2011）第9.0.4条："钢管上严禁打孔"。

击力层层加强，致使架体整体坍塌。

**（二）间接原因**

（1）恒耐公司未依法落实施工单位安全生产主体责任。

①项目组织管理混乱。违规承揽施工工程，投标时使用其子公司的建筑业企业资质证书承揽工程项目，中标后以母公司名义与彼那尼公司签订施工总承包合同。未有效履行项目安全管理职责，投标文件中配备的项目部管理人员未实际到岗；施工合同签订后授权委托的项目部经理谷某未取得相应执业资格，项目部缺少具备相应资格的安全管理、工程技术等人员①；未按规定对所承担的建设项目进行定期和专项安全检查②。

②违规组织施工作业。未编制附具安全验算结果的《脚手架专项施工方案》；脚手架搭设后未经施工单位验收，也未安排专职安全生产管理人员现场监督即投入使用③；安排的相关作业人员未取得特种作业操作资格证书上岗作业④；未按规定编制专项施工方案并经技术负责人审批，未根据工程的特点组织制定安全施工措施⑤，作业前未按规定对有关安全施工的技术要求向施工作业人员作出

---

① 《建筑施工企业安全生产管理机构设置及专职安全生产管理人员配备办法》（建质〔2008〕91 号）第九条：建筑施工企业应当实行建设工程项目专职安全生产管理人员委派制度。建设工程项目的专职安全生产管理人员应当定期将项目安全生产管理情况报告企业安全生产管理机构。

② 《建设工程安全生产管理条例》（国务院令第 393 号）第二十一条：施工单位主要负责人依法对本单位的安全生产工作全面负责。施工单位应当建立健全安全生产责任制度和安全生产教育培训制度，制定安全生产规章制度和操作规程，保证本单位安全生产条件所需资金的投入，对所承担的建设工程进行定期和专项安全检查，并做好安全检查记录。

③ 《建设工程安全生产管理条例》（国务院令第 393 号）第二十六条：施工单位应当在施工组织设计中编制安全技术措施和施工现场临时用电方案，对下列达到一定规模的危险性较大的分部分项工程编制专项施工方案，并附具安全验算结果，经施工单位技术负责人、总监理工程师签字后实施，由专职安全生产管理人员进行现场监督：（五）《建设工程安全生产管理条例》脚手架工程；对前款所列工程中涉及深基坑、地下暗挖工程、高大模板工程的专项施工方案，施工单位还应当组织专家进行论证、审查。本条第一款规定的达到一定规模的危险性较大工程的标准，由国务院建设行政主管部门会同国务院其他有关部门制定。

④ 《建设工程安全生产管理条例》（国务院令第 393 号）第二十五条：垂直运输机械作业人员、安装拆卸工、爆破作业人员、起重信号工、登高架设作业人员等特种作业人员，必须按照国家有关规定经过专门的安全作业培训，并取得特种作业操作资格证书后，方可上岗作业。

⑤ 《建设工程安全生产管理条例》第二十一条：施工单位主要负责人依法对本单位的安全生产工作全面负责。施工单位应当建立健全安全生产责任制度和安全生产教育培训制度，制定安全生产规章制度和操作规程，保证本单位安全生产条件所需资金的投入，对所承担的建设工程进行定期和专项安全检查，并做好安全检查记录。施工单位的项目负责人应当由取得相应执业资格的人员担任，对建设工程项目的安全施工负责，落实安全生产责任制度、安全生产规章制度和操作规程，确保安全生产费用的有效使用，并根据工程的特点组织制定安全施工措施，消除安全事故隐患，及时、如实报告生产安全事故。

详细说明[①]，冒险组织作业。

③施工现场安全管理缺失。施工项目部负责人未落实安全生产责任制度、安全生产规章制度和操作规程[②]，作业人员进入新的岗位或者新的施工现场前，未有效组织安全生产教育和培训[③]；未按照规定开展施工现场生产安全事故隐患排查，并及时发现和消除事故隐患。

④安全管理体系有缺失。制定的安全管理制度和操作规程不健全、不完善。未认真落实全员安全生产责任制，未制定工程部门安全生产管理职责。设置的安全领导小组、安全生产管理机构及人员未按照该公司制度规定履行施工项目安全管理职责，仅承担公司耐火材料生产的安全管理职责。

（2）彼那尼公司未依法落实建设单位安全生产主体责任。

①项目发包管理混乱。资质审核把关不严，对投标文件中配备的项目部管理人员均未实际到岗的情况失察失管，未认真审查施工单位现场项目部人员配备及进场施工作业人员相应从业资格等情况；既未委托工程监理单位对项目实施监理，也未认真对项目安全技术措施和脚手架专项施工方案审核把关[④]；未及时发现并纠正脚手架搭设工程未经验收就投入使用的问题。

②违规办理项目备案手续。项目未批先建，在未按规定履行项目备案手续的前提下，擅自开工建设[⑤]。项目建设内容超出备案事项，对预热器分解炉进行扩

---

① 《建设工程安全生产管理条例》第二十七条：建设工程施工前，施工单位负责项目管理的技术人员应当对有关安全施工的技术要求向施工作业班组、作业人员作出详细说明，并由双方签字确认。

② 《建设工程安全生产管理条例》第二十一条：施工单位主要负责人依法对本单位的安全生产工作全面负责。施工单位应当建立健全安全生产责任制度和安全生产教育培训制度，制定安全生产规章制度和操作规程，保证本单位安全生产条件所需资金的投入，对所承担的建设工程进行定期和专项安全检查，并做好安全检查记录施工单位的项目负责人应当由取得相应执业资格的人员担任，对建设工程项目的安全施工负责，落实安全生产责任制度、安全生产规章制度和操作规程，确保安全生产费用的有效使用，并根据工程的特点组织制定安全施工措施，消除安全事故隐患，及时、如实报告生产安全事故。

③ 《建设工程安全生产管理条例》（国务院令第 393 号）第三十七条：作业人员进入新的岗位或者新的施工现场前，应当接受安全生产教育培训。未经教育培训或者教育培训考核不合格的人员，不得上岗作业。

④ 《建设工程安全生产管理条例》（国务院令第 393 号）第十四条：工程监理单位应当审查施工组织设计中的安全技术措施或者专项施工方案是否符合工程建设强制性标准。

⑤ 《山东省企业投资项目核准和备案办法》（省政府令第 326 号）第十八条：实行备案管理的企业投资项目，企业应当在开工建设前通过在线审批监管平台将下列信息告知备案机关：（一）企业基本情况；（二）项目名称、建设地点、建设规模、建设内容；（三）项目总投资额；（四）项目符合产业政策的声明。备案机关收到前款规定的全部信息即为备案；企业告知信息不齐全的，备案机关应当及时指导补正。企业需要备案证明的，可以通过在线审批监管平台自行打印或者要求备案机关出具。

容改造后，未按照企业投资项目核准备案的有关规定[①②]，将项目较大变更信息及时告知有关备案机关；对预热器分解炉扩容事项，未按照建设项目环境影响登记表备案的有关规定[③]，如实告知有关备案机关。

③统一协调管理缺失。未认真履行对施工单位安全生产统一协调管理的工作职责[④]，对发包项目组织开展事故隐患排查治理不深入、不细致[⑤]，未按约定对进场施工作业人员进行安全教育培训，未督促施工单位依法落实对施工作业人员的安全管理责任。未采取有效措施加强承包单位和外来施工队伍危险作业现场安全管理。落实安全总监职责、危险作业报告、安全生产有奖举报等制度流于形式。

（3）东莞镇党委、政府。疏于对属地工业企业建设项目安全管理，对辖区内生产经营单位安全生产状况监督检查不到位，协助莒县有关部门依法履行安全生产监督管理职责不力，对属地企业落实危险作业报告、安全生产有奖举报等“八抓 20 条”创新措施督促推动不力。

（4）莒县工业和信息化局。彼那尼公司项目实际建设情况未进行现场核查，未发现项目建设内容超出备案事项；履行水泥行业安全生产主管部门管理职责不力，未有效指导督促水泥行业加强安全管理，对彼那尼公司履行安全生产主体责任督促不到位，未牵头对水泥等重点行业定期调度、检查；对推动企业落实安全

---

① 《企业投资项目核准和备案管理条例》（国务院令第 673 号）第十四条：已备案项目信息发生较大变更的，企业应当及时告知备案机关。第十九条：实行备案管理的项目，企业未依照本条例规定将项目信息或者已备案项目的信息变更情况告知备案机关，或者向备案机关提供虚假信息的，由备案机关责令限期改正；逾期不改正的，处 2 万元以上 5 万元以下的罚款。

② 《山东省企业投资项目核准和备案办法》（省政府令第 326 号）第二十条：已备案的项目有下列情形之一的，企业应当通过在线审批监管平台及时告知备案机关，并修改相关信息：（一）建设地点、项目法人发生变更的；（二）投资规模、建设规模、建设内容发生较大变化的；（三）企业放弃项目建设的。

③ 《建设项目环境影响登记表备案管理办法》（环保部令第 41 号）第十九条：违反本办法规定，建设单位违反承诺，在填报建设项目环境影响登记表时弄虚作假，致使备案内容失实的，由县级环境保护主管部门将该建设单位违反承诺情况记入其环境信用记录，向社会公布。

④ 《中华人民共和国安全生产法》第四十九条：生产经营单位不得将生产经营项目、场所、设备发包或者出租给不具备安全生产条件或者相应资质的单位或者个人。生产经营项目、场所发包或者出租给其他单位的，生产经营单位应当与承包单位、承租单位签订专门的安全生产管理协议，或者在承包合同、租赁合同中约定各自的安全生产管理职责；生产经营单位对承包单位、承租单位的安全生产工作统一协调、管理，定期进行安全检查，发现安全问题的，应当及时督促整改。

⑤ 《安全生产事故隐患排查治理暂行规定》（国家安全监管总局令第 16 号）第十二条：生产经营单位将生产经营项目、场所、设备发包、出租的，应当与承包、承租单位签订安全生产管理协议，并在协议中明确各方对事故隐患排查、治理和防控的管理职责。生产经营单位对承包、承租单位的事故隐患排查治理负有统一协调和监督管理的职责。

生产“八抓20条”创新措施不深不实，只是浮在面上，督促指导不力。

（5）莒县应急管理局。履行水泥行业安全生产直接监管责任不力，现场检查不深入、不细致，到彼那尼公司多次开展的现场检查，只对企业停产和检维修情况进行检查，未及时发现外包施工中存在的问题，对外包作业人员培训不到位，对企业落实晨会制度、危险作业报告制度、有奖举报制度等安全生产“八抓20条”创新措施的监管流于形式、督促推动不力。

（6）日照市生态环境局莒县分局。未认真落实水泥行业超低排放改造项目监督管理职责；未认真落实环保项目备案后开工建设情况监督检查职责，在彼那尼公司完成《建设项目环境影响登记表》备案后，未对该建设项目进行监督检查，未依法加强该建设项目的事中事后监管。

（7）莒县党委、政府。未认真督促莒县相关部门依法履行水泥行业安全生产监督管理相关职责，未认真督促东莞镇党委、政府依法履行安全生产监督检查职责，未有效督促有关部门核查项目实施情况并跟进监督管理，对有关部门和企业落实安全生产“八抓20条”创新措施督促推动不力。

**（三）事故性质**

经调查认定，日照莒县彼那尼公司“9·25”脚手架坍塌事故是一起较大生产安全责任事故。

## 六、对有关责任人员和责任单位的处理建议

**（一）已采取强制措施人员（7人）**

（1）谷某，恒耐公司项目部经理。在施工作业中违反有关安全管理规定，对事故发生负有责任。因涉嫌重大责任事故罪，2022年10月1日被莒县公安局刑事拘留，10月15日被莒县检察院批准逮捕。建议依法追究刑事责任。

（2）孙某民，恒耐公司项目部管理人员。在施工作业中违反有关安全管理规定，对事故发生负有责任。因涉嫌重大责任事故罪，2022年10月1日被莒县公安局刑事拘留，10月15日被莒县检察院批准逮捕。建议依法追究刑事责任。

（3）孟某海，恒耐公司项目部管理人员。在施工作业中违反有关安全管理规定，对事故发生负有责任。因涉嫌重大责任事故罪，2022年10月1日被莒县公安局刑事拘留，10月15日被莒县检察院批准逮捕。建议依法追究刑事责任。

（4）张某兴，恒耐公司项目部架子工。在施工作业中违反有关安全管理规定，对事故发生负有责任。因涉嫌重大责任事故罪，2022年10月1日被莒县公安局刑事拘留，10月15日变更强制措施为取保候审。建议依法追究刑事责任。

（5）于某东，彼那尼公司副总经理（2022年9月21日兼任生产管理部经

理）。在施工作业中违反有关安全管理规定，对事故发生负有责任。因涉嫌重大责任事故罪，2022 年 10 月 3 日被莒县公安局刑事拘留，10 月 15 日变更强制措施为取保候审。建议依法追究刑事责任。

（6）万某财，彼那尼公司生产管理部工艺专工（2022 年 9 月 21 日前任生产技术部经理）。在施工作业中违反有关安全管理规定，对事故发生负有责任。因涉嫌重大责任事故罪，2022 年 10 月 3 日被莒县公安局刑事拘留，10 月 5 日变更强制措施为取保候审。建议依法追究刑事责任。

（7）段某元，彼那尼公司安全环保部经理（2022 年 9 月 21 日任安全总监）。在施工作业中违反有关安全管理规定，对事故发生负有责任。因涉嫌重大责任事故罪，2022 年 10 月 3 日被莒县公安局刑事拘留，10 月 15 日变更强制措施为取保候审。建议依法追究刑事责任。

上述人员是中共党员的，建议相关纪检监察机关加强与司法机关沟通协调，在具备作出党纪处分条件后，及时作出相应处理。

**（二）建议给予党纪政务处分和组织处理人员（15 人）**

（1）杨某峰，中共党员，东莞镇应急中心主任。未认真履行对彼那尼公司安全检查工作职责，协助莒县有关部门依法履行水泥行业安全生产监督管理职责不力。对事故发生负有直接监管责任，建议给予党内严重警告、政务降级处分。

（2）宋某星，东莞镇党委委员、副镇长，分管应急管理和工业信息化工作。未认真履行对彼那尼公司安全检查工作职责，协助莒县有关部门依法履行行业安全生产监督管理职责不力。对事故发生负有主要领导责任，建议给予党内严重警告处分，免去副镇长职务。

（3）刘某，中共党员，东莞镇副镇长，分管生态环境工作。疏于对彼那尼公司超低排放改造项目备案后开工建设情况监管，对彼那尼公司项目监督检查不力。对事故发生负有主要领导责任，建议给予党内警告处分。

（4）邵某华，东莞镇党委副书记、镇长。未认真落实地方党政领导干部安全生产责任制，未认真履行对辖区内生产经营单位安全生产状况监督检查职责，协助莒县有关部门依法履行水泥行业安全生产监督管理职责不力。对彼那尼公司改造项目安全生产工作疏于管理。对事故发生负有重要领导责任。10 月 1 日，莒县县委同意其引咎辞去东莞镇党委副书记、镇长职务，建议给予党内警告处分。

（5）荆某胜，东莞镇党委书记。未认真落实党政领导干部安全生产责任制，未认真履行对辖区内生产经营单位安全生产状况监督检查职责，协助莒县有关部门依法履行水泥行业安全生产监督管理职责不力。对彼那尼公司改造项目安全生产工作管理不到位。对事故发生负有重要领导责任。10 月 1 日，莒县县委同意其引咎辞去东莞镇党委书记职务，建议给予党内警告处分。

（6）陈某彩，中共党员，莒县工业和信息化局技改科科长。未对彼那尼公司项目建设情况进行现场核查，未发现项目建设内容超出备案事项，履行企业投资项目事中事后监管职责不到位。对事故发生负有直接监管责任，建议给予党内严重警告、政务降级处分。

（7）朱某峰，莒县工业和信息化局党组成员、副局长，分管安全生产工作。疏于管理，未有效指导督促行业加强安全管理。对事故发生负有主要领导责任，建议给予党内严重警告处分，免去副局长职务。

（8）李某辉，莒县工业和信息化局党组书记、局长。未认真贯彻落实国家法律法规政策，未有效指导督促行业加强安全管理，对重点行业企业监管失察。对事故发生负有重要领导责任。10 月 1 日，莒县县委同意其引咎辞去莒县工业和信息化局党组书记、局长职务，建议给予党内警告处分。

（9）耿某明，莒县应急管理局党委委员、副局长、基础科科长，分管工贸行业安全生产监管工作。未按规定督促指导安全生产工作，致使现场检查不深入、不细致，对彼那尼外包施工中存在的问题监管失察。对事故发生负有主要领导责任，建议给予党内严重警告处分，免去副局长职务。

（10）刘某元，莒县应急管理局党委书记、局长提名人选。疏于管理，未按规定督促指导安全生产工作，对彼那尼外包施工中存在的问题监管失察。对事故发生负有重要领导责任。10 月1 日，莒县县委同意其引咎辞去莒县应急管理局党委书记职务，不再提名为莒县应急管理局局长人选，建议给予党内警告处分。

（11）孟某晓，日照市生态环境局莒县分局大气科科长。未认真落实水泥行业超低排放改造项目监督管理职责，对彼那尼公司建设项目现场监督检查不力，事中事后监管不到位。对事故发生负有直接监管责任，建议给予政务记大过处分。

（12）翟某京，日照市生态环境局莒县分局党组副书记，分管大气污染防治工作。对彼那尼公司超低排放改造项目备案后开工建设情况监管督促不力，对未依法加强对彼那尼公司超低排放改造项目监管失察。对事故发生负有主要领导责任，建议给予党内警告处分。

（13）崔某吉，日照市生态环境局莒县分局党组书记、局长。未认真贯彻落实国家法律法规政策，疏于管理，对未依法加强对彼那尼公司超低排放改造项目监管失察。对事故发生负有重要领导责任，建议给予政务警告处分。

（14）尹某华，莒县政府党组成员、副县长，分管工业和信息化工作。未认真履行地方党政领导干部安全生产责任制，对莒县工业和信息化局未认真履行水泥行业安全生产主管职责问题失察。对事故发生负有重要领导责任，建议给予政务警告处分。

（15）王某强，莒县县委常委、副县长，分管应急管理工作。未认真履行地方党政领导干部安全生产责任制，对莒县应急管理局未认真履行水泥企业安全生产监督管理和检查职责的问题失察。对事故发生负有重要领导责任，建议对其诫勉谈话。

**（三）行政处罚建议**

（1）恒耐公司。建议按照《中华人民共和国安全生产法》第一百一十四条第二项的规定，由日照市应急管理局对其处 149 万元罚款。

（2）彼那尼公司。建议按照《中华人民共和国安全生产法》第一百一十四条第二项的规定，由日照市应急管理局对其处 149 万元罚款。

（3）韩某伟，中共党员，恒耐公司法定代表人、总经理。未认真履行主要负责人安全生产管理职责，对事故发生负有重要领导责任。建议按照《中华人民共和国安全生产法》第九十五条第二项的规定，由日照市应急管理局对其处 2021 年年收入 60% 的罚款。

（4）王某涛，中共党员，彼那尼公司法定代表人。未认真履行彼那尼公司主要负责人安全生产管理职责，对事故发生负有重要领导责任。建议按照《中华人民共和国安全生产法》第九十五条第二项的规定，由日照市应急管理局对其处 2021 年年收入 60% 的罚款。

（5）李某，中共党员，彼那尼公司总经理（2022 年 9 月 13 日因工作失职，被母公司停职反省 1 个月）。在担任总经理期间，未认真履行彼那尼公司主要负责人安全生产管理职责，对事故发生负有重要领导责任。建议依法给予撤职处理；按照《中华人民共和国安全生产法》第九十五条第二项的规定，由日照市应急管理局对其处 2021 年年收入 60% 的罚款。

（6）刘某，恒耐公司项目部管理人员。施工沟通协调不力，违反安全管理规定组织作业。建议按照《山东省安全生产条例》第七十六条第二款的规定，由日照市应急管理局对其处 5 万元罚款。

（7）王某胜，彼那尼公司生产管理部副经理（2022 年 9 月 21 日前任熟料车间主任）。对施工单位脚手架搭设未经验收就投入使用的问题失察失管。建议按照《山东省安全生产条例》第七十六条第二款的规定，由日照市应急管理局对其处 5 万元罚款。

### （四）其他问责建议

责成莒县县委、县政府向日照市委、市政府作出深刻书面检查。上述情况同时抄报省纪委监委、省政府安委会办公室。

## 七、事故防范和整改措施

### （一）强力推动“八抓20条”创新措施落地见效

各级各有关部门和企业要始终坚持把“八抓20条”创新措施作为做好安全生产工作的总抓手、总方法，坚持问题导向，切实找准推动落实工作中存在问题短板和症结根源，创新思路方法，拓宽解决问题实践路径，持续细化深化措施，提高针对性和可操作性。要强化宣传教育，推动制度要求入脑入心。要压紧压实责任，把任务分解到项目、落实到岗位、量化到个人，切实打通制度落实的“最后一公里”。

### （二）切实加强企业外包作业安全管理

要督促企业严格履行建设单位安全生产主体责任，全面加强外包作业安全管理，对本单位以外包、外委或外协方式从事的所有生产和设施设备安装、运行、维修等项目作业活动，都要严格落实项目监理或检查员制度，全过程统一协调、管理和安全检查，发现问题隐患及时督促整改。严禁将外包工程发包给不具备安全生产条件或者资质的单位、个人施工作业。各有关部门要加强对发包单位和承包单位的监督检查，重点检查施工许可证报建情况、安全管理协议签订情况、安全生产责任落实情况、危险作业审批情况、作业交底情况、现场监护情况等，对应招标未招标、虚假招标、围标串标以及肢解发包、转包、违法分包、挂靠承包、出借资质、无资质或违规超资质承揽业务，建设单位未依法办理施工许可、质量安全报监以及违规压缩工期、不合理降低造价等违法违规行为，要一律依法顶格处罚，并限期整改到位。

### （三）严格执行企业危险作业报告和审批制度

企业要严格执行《山东省企业危险作业报告管理办法》，健全本单位危险作业管理制度，全面精准管控重大风险。要严格执行危险作业审批制度，在实施危险作业前，对危险作业种类、作业环境等因素进行综合研判，制定具体作业方案和针对性应急措施，办理危险作业审批手续，向作业人员进行安全技术交底，做好作业现场应急准备工作。实施危险作业时，要全面开展安全风险辨识，指定专人对作业活动进行统一指挥，指定安全生产管理人员对作业方案、作业票证等进行现场查验，确认作业人员上岗资格、身体状况等符合要求，全过程现场管理，确保作业安全。各有关部门要督促企业严格执行危险作业报告和审批制度，严禁企业应付了事走过场，未经报告和审批的一律不得进行危险作业。

### （四）迅即开展水泥等工业企业施工项目安全排查整治

各级各有关部门要按照“谁审批、谁负责”“谁的项目、谁负责”“谁施工、谁负责”的要求，立即对水泥等各类工业企业新建、改建、扩建建设项目进行全面排查，摸清底数、建立台账，彻查彻改各类安全隐患。要重点排查审批手续是否合规，项目实施是否符合产业政策，施工队伍是否具有资质，现场施工管理是否制定方案、落实安全防范措施，现场是否有人监护，安全防护设备是否按照要求配备，特别要加强技改项目、环保项目、检维修项目、建筑施工项目的精准排查，发现问题要立即督促整改，不符合产业政策、不能保证安全的，要立即停止施工。要严把项目审批安全关，不得未批先建或“边审批、边设计、边施工”，不得以集中审批为名降低安全门槛。对达不到安全标准要求的，坚决不能上马和开工，已经运行的要坚决整改。要深入排查企业检维修作业、煤粉制备作业、吊装作业、氨水房作业等重点环节存在隐患，坚决杜绝水泥企业再发事故。

### （五）举一反三加强各类建设施工项目安全监管

各级各有关部门要举一反三，按照职责分工切实加强对各类房屋和市政、公路、铁路、民航、水利、电力、人防等建设工程项目安全监管，紧盯脚手架、深基坑、高支模、起重机械等危大工程，从严从细开展风险隐患排查整治，对每一个项目、每一台机械、每一个重大危险源都要检查到位。加强脚手架用材质量管理，严禁租赁、使用不合格的脚手架钢管、扣件等产品。要严格执行危大工程安全管理规定，不折不扣落实专项方案编制、审查、论证、交底、验收和监测管理。要严厉整治私招滥雇、无证上岗，班前交底不落实、教育培训走过场，违规作业、野蛮施工和有章不循、弄虚作假等违法违规行为。要全面强化人防、物防、技防、智防措施，坚决做到不培训不上岗、无方案不作业、无防护不进场和实时监测预警，坚决防范群死群伤事故发生。

### （六）严格落实安全生产监管执法检查

各有关部门要认真履行“三管三必须”规定，切实加强对企业安全监管执法检查，突出对企业晨会制度、危险作业报告制度、有奖举报制度等“八抓20条”创新措施的落实情况和新建、改建、扩建项目事中事后监督检查等，要深入企业生产作业一线和施工现场，聚焦检维修作业、动火作业、有限空间内部施工作业、高处作业等事故易发环节和风险高、不放心的重点企业，提高执法检查精准性，特别是要把企业危险作业作为执法检查的重点，确保查细、查深、查透，严防走形式、走过场。要强化严惩重罚，对发现的违法违规行为，要坚决立案查处，依规依纪依法严肃追究相关责任者的责任。

# 衡水市翡翠华庭“4·25”施工升降机轿厢坠落重大事故调查报告

2019年4月25日7时20分左右，河北衡水市翡翠华庭项目1号楼建筑工地，发生一起施工升降机轿厢（吊笼）坠落的重大事故，造成11人死亡、2人受伤，直接经济损失约1800万元。

事故发生后，中共中央政治局委员、副总理刘鹤，国务委员王勇分别作出重要批示，要求全力做好伤员救治和善后处理等工作，尽快查明事故原因，严肃处理问责，排除安全隐患，坚决防止类似事故再次发生。河北省委、省政府领导高度重视，省委书记王东峰批示，要全力救治受伤人员，查明事故原因，依法依规妥善处理善后。省长许勤批示，要求全力抢救被困人员，全力救治受伤人员，扎实做好家属安抚、事故调查等工作，并举一反三，迅速在全省部署开展建筑工地安全大检查，坚决避免类似事故再次发生。省委副书记赵一德、常务副省长袁桐利、宣传部部长焦彦龙，副省长张古江、徐建培、刘凯、夏延军等省领导也相继作出批示，提出工作要求。副省长张古江带领省应急管理厅、省住建厅、省公安厅、省卫健委和省市场监管局等部门负责同志迅速赶赴现场，到医院探望受伤人员，连夜召开事故处置调度会，传达国家和省领导批示精神，全面部署伤员救治、善后处置、事故调查、专项整治等工作。应急管理部和住建部分别派出工作组赶赴现场，督促指导应急处置和事故调查工作。

依据《中华人民共和国安全生产法》、《生产安全事故报告和调查处理条例》（国务院令第493号）等有关法律法规，4月26日，河北省人民政府成立了衡水市翡翠华庭“4·25”施工升降机轿厢（吊笼）坠落重大事故调查组（简称事故调查组），由省应急管理厅牵头，省住建厅、省公安厅、省总工会和衡水市人民政府派员参加，聘请国内建筑行业6名起重设备专家组成专家组，对事故展开全面调查。同时，河北省纪委监委依规依纪依法对有关责任单位和责任人同步开展调查。

事故调查组按照“四不放过”和“科学严谨、依法依规、实事求是、注重实效”的原则，通过现场勘查、查阅资料、调查取证、综合分析和专家论证等，查明了事故发生的经过、原因、人员伤亡和直接经济损失等情况，认定了事故性质和责任，提出了对事故责任单位和责任人的处理建议，以及事故防范措施建议。

## 一、基本情况

### （一）翡翠华庭工程项目概况

**1. 工程项目及手续办理情况**

翡翠华庭1号、2号住宅楼、3号商业、换热站及地下车库工程位于衡水市桃城区大庆路以北、问津街以东，建筑面积59103.09平方米。2017年11月30日，取得衡水市城乡规划局颁发的建设用地规划许可证（地字第1311012017YD062号）。2017年12月4日取得衡水市国土资源局颁发的不动产权证书（冀〔2017〕衡水市不动产权第0154040号）。2017年12月13日，取得衡水市城乡规划局颁发的建设工程规划许可证（建字第1311012017JS064号）。2018年1月15日在衡水市建设工程安全监督站办理河北省房屋建筑和市政基础设施工程施工安全监督备案；2018年3月9日在衡水市住房和城乡建设局办理建筑工程施工许可证（编号131100201803090101）。2018年3月15日正式开工建设。

**2. 翡翠华庭1号住宅楼概况**

1号住宅楼结构形式为框架-剪力墙结构；地上31层，地下2层，地下2层层高3.05米，地下1层层高2.9米，1层商业层高3.9米，1层仓储用房和2至30层住宅层高2.9米，顶层层高2.79米，建筑高度91.69米；建筑面积45822.70平方米。

事故发生时，1号住宅楼工程形象进度施工至16层。

### （二）事故相关单位概况

**1. 建设单位概况**

衡水友和房地产开发有限公司（简称友和地产公司）统一社会信用代码为911311026946588507，类型为有限责任公司，位于衡水市永兴路广厦家园2幢401室，法定代表人孙某，注册资本捌佰万元整，成立于2009年8月20日，营业期限自2009年8月20日至2019年8月19日，经营范围：房地产开发经营。房地产开发资质等级为叁级资质，证书编号为：冀建房开衡字第214号。公司现有员工35人，其中专业技术人员8人。下设行政部、财务部、工程部、销售部、策划部等部门。

**2. 施工总承包单位概况**

衡水广厦建筑工程有限公司（简称广厦建筑公司）统一社会信用代码

91131102109794326J，类型为有限责任公司，位于衡水市桃城区和平西路789号，法定代表人车某峰，注册资本伍仟壹佰万元整，成立于2000年4月6日，营业期限自2000年4月6日至2020年4月6日，经营范围：土木工程建筑；建筑装饰工程；建筑设备租赁；地基与基础工程施工；市政公用工程；建筑劳务分包；水利水电工程；机电设备安装工程；钢结构工程。建筑施工总承包壹级资质，编号D113090813，有效期至2021年6月17日。安全生产许可证编号（冀）JZ安许证字〔2005〕001437-1/2，有效期为2017年5月5日至2020年5月5日。公司现有员工282人，其中各类专业技术人员166人。下设安全科（负责设备及安全管理）、施工技术管理科、办公室、质检科、预算科等科室，以及9个分公司（未经依法登记注册）。

翡翠华庭项目为二分公司项目，项目经理为于某森，现场实际负责人为刘某一。

**3. 监理单位概况**

衡水恒远工程项目管理有限公司（简称恒远管理公司）统一社会信用代码91131102601290744J，类型为有限责任公司，位于衡水市中心街116号，法定代表人王某阳，注册资本叁佰万元整，成立于2000年11月24日，营业期限自2000年11月24日至2020年11月23日，经营范围：工程建设项目招标代理、建设工程项目管理、建设工程监理及相关技术咨询服务；政府采购招标代理。房屋建筑工程监理甲级资质，编号E113004655-4/1，有效期至2020年6月23日。公司现有员工85人，其中专业技术人员78人。下设办公室、财务部、总工办、经营部4个职能部门。

该公司翡翠华庭项目总监于某华，其国家注册监理工程师资格证书（注册号13006245）于2019年1月29日注销注册。

**4. 事故施工升降机安装单位概况**

衡水老程塔机拆装有限公司（简称老程塔机公司）统一社会信用代码911311020748643464，类型为有限责任公司，位于衡水市桃城区新华东路19号，法定代表人程某一，注册资本伍佰万元整，成立于2013年7月29日，营业期限自2013年7月29日至2023年7月28日，经营范围：起重机械安装、拆卸；脚手架安装、拆卸；建筑机械设备租赁。起重设备安装工程专业承包贰级资质，证书编号D213132563，有效期至2023年12月2日。安全生产许可证编号（冀）JZ安许证字〔2008〕003679-2/2，有效期2018年4月2日至2021年4月2日。公司现有员工27人，其中专业技术人员4人，下设机械管理部、生产部、财务部、库房管理维修部等部门。

## （三）合同签订情况

2017 年 11 月 21 日，友和地产公司与恒远管理公司签订建设工程监理合同。2017 年 12 月 12 日，友和地产公司与广厦建筑公司签订翡翠华庭 1 号、2 号住宅楼、3 号商业、换热站及地下车库工程建设工程施工合同。2018 年 12 月 25 日，广厦建筑公司与老程塔机公司签订施工升降机安装合同。

## （四）事故施工升降机情况

### 1. 基本情况

事故施工升降机型号为 SC200/200，有左右对称 2 个轿厢（吊笼），额定载重量 2000×2000 千克，额定乘员数 10 人，生产单位为河北润丰机械有限公司，制造许可证编号 TS2413007-2013，产品合格证编号 1203076，出厂日期 2012 年 7 月 17 日。制造监督检验证书编号 QZ-1311-2012-0203，监检机构河北省特种设备监督检验院，监检机构核准证号 TS7110289-2015。

2012 年 8 月 27 日，广厦建筑公司将该施工升降机在衡水市建设材料装备管理办公室（简称衡水市建材办）初次备案，备案编号 TA-S00230。由于备案证书丢失，2018 年 12 月 4 日补证，现备案编号 TA-S02465。

### 2. 入场安装情况

2018 年 12 月 11 日，广厦建筑公司与老程塔机公司签订《施工升降机安全管理协议》，2018 年 12 月 25 日签订《施工升降机安装合同》。2018 年 12 月 26 日，老程塔机公司向衡水市建材办报送了《施工升降机拆装告知单》。

2018 年 12 月 29 日，老程塔机公司程某二、王某东和胡某仓 3 人，在翡翠华庭 1 号楼工地首次安装事故施工升降机，安装后状态为 9 个标准节（1.508 米/节×9 节=13.572 米，第 9 节无齿条）、1 道附墙架。2018 年 12 月 30 日，广厦建筑公司组织老程塔机公司、恒远管理公司进行了验收。2019 年 3 月 14 日，河北永昌建筑机械材料检验有限责任公司进行现场检验，并于 2019 年 4 月 19 日出具结论为“合格”的检验报告。

2019 年 4 月 17 日，老程塔机公司程某二、王某东和胡某仓 3 人，对事故施工升降机进行标准节加节、附墙架安装作业，安装后状态为 22 个标准节（1.508 米/节×22 节=33.176 米，第 22 节无齿条）、3 道附墙架。安装后，老程塔机公司未按规定进行自检，广厦建筑公司未组织验收即投入使用。经调查，至事故发生前，事故施工升降机东侧吊笼未到达过 16 标准节以上高度（1 号楼九层，24 米高度）。

经查，老程塔机公司程某二、王某东和胡某仓 3 人持有河北省住房和城乡建设厅（简称省住建厅）颁发的建筑施工特种作业人员操作资格证（建筑起重机械安装拆卸工），均在有效期内。

**（五）天气情况**

2019 年 4 月 24 日 21 时至 25 日 1 时有降水，降水量为 15 毫米，2 时降水停止；25 日平均风速为 0.6 ~4 米/秒（1 ~3 级），气温 7.4 ~13.4℃，相对湿度 59% ~99%。

## 二、事故经过及救援过程

**（一）事故经过**

根据监控录像显示（已校准为北京时间），2019 年 4 月 25 日 6 时 36 分，广厦建筑公司施工人员陆续到达翡翠华庭项目工地，做上班前的准备工作。步某民等 11 人陆续进入施工升降机东侧轿厢（吊笼），准备到 1 号楼 16 层搭设脚手架。6 时 59 分，施工升降机操作人员解某玉启动轿厢，升至 2 层时添载 1 名施工人员后继续上升。7 时 6 分，轿厢（吊笼）上升到 9 层卸料平台（高度 24 米）时，施工升降机导轨架第 16、17 标准节连接处断裂、第 3 道附墙架断裂，轿厢（吊笼）连同顶部第 17 节至第 22 节标准节坠落在施工升降机地面围栏东北侧地下室顶板（地面）码放的砌块上，造成 11 人死亡、2 人受伤。

经查，事故发生时，施工升降机坠落的东侧轿厢（吊笼）操作人员为解某玉。解某玉未取得建筑施工特种作业资格证（施工升降机司机），为无证上岗作业。

**（二）事故报告和救援处置情况**

事故发生后，现场人员先后拨打 120、119 和 110 电话，救援人员先后赶到事故现场开展应急处置。7 时 34 分，广厦建筑公司二分公司经理刘某二向总经理车某峰电话报告发生了事故。8 时 24 分，车某峰赶到衡水市住房和城乡建设局报告事故信息。衡水市住房和城乡建设局等单位相继接报后，立即按规定逐级上报。

衡水市委、市政府立即启动应急响应，成立了由吴晓华市长任指挥长的事故应急救援指挥部，下设现场处置、医疗救助、善后处理、补偿安抚、舆情引导、社会稳控六个工作组，迅速开展工作。组织医疗救护人员、救援队伍和警力赶赴现场救援处置，至 10 时 37 分左右，共搜救出 10 名遇难人员、3 名受伤人员（其中 1 人经抢救无效死亡），现场处置基本结束。全力以赴救治伤员，成立由省级专家任组长的联合专家组，组建两个“一对一”救治小组，2 名受伤人员得到有效救治，生命体征平稳。迅速开展善后处置工作，成立工作组“一对一”全程负责，至 5 月 2 日，11 名遇难人员全部得到妥善处置。事故应急救援处置过程指挥有力、组织严密，响应迅速、处置得当，救治及时、保障到位，未发生次生、衍生事故，社会秩序稳定。

河北省政府办公厅印发《关于在全省迅速开展建筑施工和其他领域安全生产集中排查整治的紧急通知》（冀政办传〔2019〕11号），在全省范围内迅速开展建筑施工和其他领域安全生产集中排查整治工作。4月27日下午，省安委会办公室和省住建厅组织召开全省建筑施工和其他领域安全生产集中排查整治动员视频会议，深刻汲取事故教训，举一反三，对当前安全生产工作进行再动员、再部署，在全面深入开展隐患排查治理工作的基础上，突出建筑行业安全生产大检查、大整治、大执法，坚决遏制重大事故发生。

## 三、事故现场勘查及直接原因分析

### （一）现场勘查

施工升降机事故前安装状态为22个标准节（1.508米/节×22节=33.176米，第22节无齿条），共安装有3道附墙架，其中第一道连接第6节标准节下框上和建筑主体3层地面、第二道连接第12节标准节上框下和建筑主体6层地面、第三道连接第17节标准节中框上和建筑主体9层地面（附图13）。事故发生后，现场情况如下：

附图13

**1. 事故现场总体情况**

1）事故现场地面情况

东侧吊笼连同顶部6个标准节（第17至22节）坠落在施工升降机地面围栏东北侧地下室顶板（地面）码放的砌块上，吊笼与标准节未解体分离，第17节下端向北，第22节上端向南，吊笼位于标准节东侧。司机室与轿厢（吊笼）分离，坠落在轿厢（吊笼）东南侧，轿厢（吊笼）入口门与轿厢（吊笼）分离，坠落在轿厢（吊笼）东南侧（附图14）。

附图14

2）1号住宅楼建筑主体情况

建筑主体第2层至第8层施工升降机停靠层站安装有层门（进入楼道的防护门），其中第4层东侧层门变形，第8层西侧层门打开，第9层未安装层门。第4层和第7层脚手架东侧有明显的撞击变形痕迹，东侧的安全防护平网及挑架坠落在地下室顶板（地面）。西侧轿厢（吊笼）停留在建筑主体5层位置，未见明显异常。

**2. 保持完好状态的部位情况**

（1）轿厢（吊笼）处于第17至19节标准节位置，轿厢（吊笼）内的上、下限位和极限限位装置完好，防坠安全器完好。传动机构与轿厢（吊笼）未分离；传动板上的电机、减速器基本完整（附图15）。传动机构输出端的三个齿轮、防坠安全器齿轮与齿条均处于啮合状态（附图16）。

（2）第18节至22节标准节之间连接的螺栓头部及螺母无装拆痕迹；上限位、上极限限位碰块安装在第19节标准节上框至20节标准节中框之间，安装螺栓未见装拆痕迹（附图17、附图18）。

附图 15

附图 16

附图 17

附图18

**3. 受损部位情况**

（1）第16节标准节上框螺栓连接位置勘查。

①东南角残留有标准节连接螺栓，螺栓上有一个螺母和平垫圈，螺杆尾部有陈旧性双螺母安装痕迹，螺杆未见明显的变形，杆部有擦痕，螺栓头部刮沾有红色油漆（附图19、附图20）。

附图19

附图20

附图 21

附图 22

②东北角上框端部与主弦杆焊缝撕裂，框角呈东侧扭曲变形（附图 21、附图 22）；

③西南角（附图 23）、西北角（附图 24）标准节连接螺栓安装位置未见结构变形，且螺栓安装位置均未见新安装螺栓紧固导致的受压痕迹，孔内无刮痕。

附图 23

附图 24

（2）第 17 节标准节下框螺栓连接位置勘查情况。

①东南角螺栓孔呈向下（地面）方向扩孔破坏（附图 25）；

②东北角残留有弯曲变形的连接螺栓，螺栓上有一个螺母和平垫圈，螺杆尾部有陈旧性双螺母安装痕迹（附图 26）；

附图 25

附图 26

③西南角、西北角螺栓安装位置未见结构变形（附图 27）；且螺栓安装位置均未见新安装螺栓紧固导致的受压痕迹（附图 28），孔内无刮痕（附图 29）。

附图 27

附图 28

附图 29

（3）经调查组人员在施工升降机工作区域和轿厢（吊笼）坠落区域搜寻，未找到施工升降机标准节连接螺栓。

（4）第 17 节标准节中框连接有第三道附墙架断裂的部分支架，断口未发现有陈旧性裂纹（附图 30）；该附墙架其余部分残留在建筑主体第 9 层的楼层地面位置，附墙架呈向东侧扭转变形（附图 31），下部的建筑外挑板有明显的开裂痕迹（附图 32、附图 33）。

附图 30

附图 31

附图 32

附图 33

（5）导轨架从第 16 节与第 17 节标准节连接位置分离（1 号楼 8 层顶部位置），第 16 节及以下标准节仍残留于原安装位置，第 16 节标准节明显向东侧倾弯（附图 34、附图 35）。

附图 34

附图 35

（6）轿厢（吊笼）与驱动架背面的防脱安全钩共 2 对（4 个），轿厢（吊笼）背面的 1 对塑性变形，驱动架背面的 1 对完好。

**（二）痕迹比对**

现场拆解未破坏的第 14 节、第 15 节标准节连接螺栓，可见其新安装螺栓压痕（附图 36）。

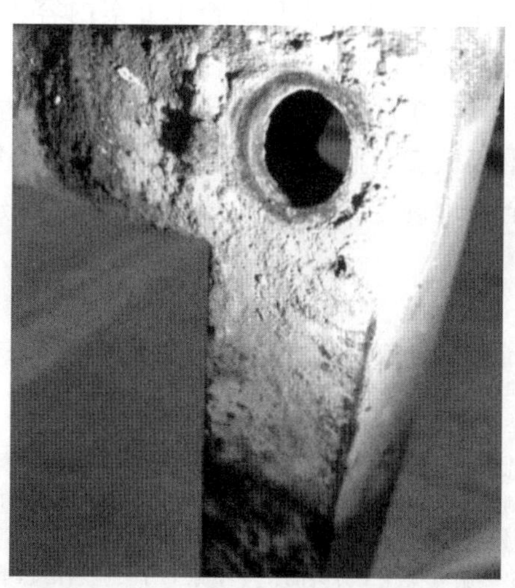

附图 36

### （三）原因分析

综上分析，因事故施工升降机第16节、第17节标准节连接处西侧2条连接螺栓未安装形成重大安全隐患，且未按规定进行自检和验收，使该隐患未被及时发现并消除即违规使用，导致第17节以上的标准节不具有抵抗向东侧倾翻的能力，当东侧轿厢（吊笼）的驱动机构运行至第17节标准节上时，向东侧的倾翻力矩只能转移到安装在第17节标准节中框处的第三道附墙架上，随着轿厢（吊笼）继续上行，在超出附墙架抵抗极限后附墙架损坏，轿厢（吊笼）带同第17节及以上标准节向东侧倾翻；在第16、17节标准节东侧两条连接螺栓的作用下，第16节标准节向东侧弯曲；连接螺栓从第16、17节两个标准节连接孔中拉脱，轿厢（吊笼）带同第17节及以上标准节整体坠落，在坠落过程中碰撞了脚手架和安全平网。

## 四、事故原因

### （一）直接原因

调查认定，事故施工升降机第16、17节标准节连接位置西侧的两条螺栓未安装、加节与附着后未按规定进行自检、未进行验收即违规使用，是造成事故的直接原因。

### （二）间接原因

#### 1. 老程塔机公司

（1）对安全生产工作不重视，安全生产管理混乱。违反《中华人民共和国安全生产法》第四条[①]规定。

（2）编制的事故施工升降机安装专项施工方案内容不完整且与事故施工升降机机型不符，不能指导安装作业，方案审批程序不符合相关规定。公司技术负责人长期空缺（自2018年10月至事发当天），专项施工方案未经技术负责人审批。违反了《建筑起重机械安全监督管理规定》第十二条第一项[②]、《危险性较大的分部分项工程安全管理规定》第十一条第二款[③]、《建筑施工升降机安装、

---

① 《中华人民共和国安全生产法》第四条：生产经营单位必须遵守本法和其他有关安全生产的法律、法规，加强安全生产管理，建立、健全安全生产责任制和安全生产规章制度，改善安全生产条件，推进安全生产标准化建设，提高安全生产水平，确保安全生产。

② 《建筑起重机械安全监督管理规定》（建设部令第166号）第十二条第一项：按照安全技术标准及建筑起重机械性能要求，编制建筑起重机械安装、拆卸工程专项施工方案，并由本单位技术负责人签字。

③ 《危险性较大的分部分项工程安全管理规定》（住房城乡建设部令第37号）第十一条第二款：危大工程实行分包并由分包单位编制专项施工方案的，专项施工方案应当由总承包单位技术负责人及分包单位技术负责人共同审核签字并加盖单位公章。

使用、拆卸安全技术规程》[①] 第3.0.8条和第3.0.9条规定。

（3）事故施工升降机安装前，未按规定进行方案交底和安全技术交底。事故施工升降机首次安装的人员与安装告知中的“拆装作业人员”不一致。违反了《建筑起重机械安全监督管理规定》第十二条[②]第三项和第五项、《危险性较大的分部分项工程安全管理规定》第十五条[③]规定。

（4）事故施工升降机安装过程中，未安排专职安全生产管理人员进行现场监督。违反了《建筑起重机械安全监督管理规定》第十三条第二款[④]规定。

（5）事故升降机安装完毕后，由于现场技术及安全管理人员缺失，造成未按规定进行自检、调试、试运转，未按要求出具自检验收合格证明。违反了《建筑起重机械安全监督管理规定》第十四条[⑤]规定。

（6）未建立事故施工升降机安装工程档案。违反了《建筑起重机械安全监督管理规定》第十五条第一款[⑥]规定。

（7）员工安全生产教育培训不到位，未建立员工安全教育培训档案，未定期组织对员工培训。违反了《中华人民共和国安全生产法》第二十五条第一款

---

① 《建筑施工升降机安装、使用、拆卸安全技术规程》（JGJ 215—2010）：

第3.0.8条“施工升降机安装、拆卸工程专项施工方案应根据使用说明书的要求、作业场地及周边环境的实际情况、施工升降机使用要求等编制。”

第3.0.9条“施工升降机安装、拆卸工程专项施工方案应包括下列主要内容：1 工程概况；2 编制依据；3 作业人员组织和职责；4 施工升降机安装位置平面、立面图和安装作业范围平面图；5 施工升降机技术参数、主要零部件外形尺寸和重量；6 辅助起重设备的种类、型号、性能及位置安排；7 吊索具的配置、安装与拆卸工具及仪器；8 安装、拆卸步骤与方法；9 安全技术措施；10 安全应急预案。”

② 《建筑起重机械安全监督管理规定》第十二条：安装单位应当履行下列安全职责：（三）组织安全施工技术交底并签字确认；（五）将建筑起重机械安装、拆卸工程专项施工方案，安装、拆卸人员名单，安装、拆卸时间等材料报施工总承包单位和监理单位审核后，告知工程所在地县级以上地方人民政府建设主管部门。

③ 《危险性较大的分部分项工程安全管理规定》第十五条：专项施工方案实施前，编制人员或者项目技术负责人应当向施工现场管理人员进行方案交底。

施工现场管理人员应当向作业人员进行安全技术交底，并由双方和项目专职安全生产管理人员共同签字确认。

④ 《建筑起重机械安全监督管理规定》第十三条第二款：安装单位的专业技术人员、专职安全生产管理人员应当进行现场监督，技术负责人应当定期巡查。

⑤ 《建筑起重机械安全监督管理规定》第十四条：建筑起重机械安装完毕后，安装单位应当按照安全技术标准及安装使用说明书的有关要求对建筑起重机械进行自检、调试和试运转。自检合格的，应当出具自检合格证明，并向使用单位进行安全使用说明。

⑥ 《建筑起重机械安全监督管理规定》第十五条第一款：安装单位应当建立建筑起重机械安装、拆卸工程档案。

和第四款[①]、《建设工程安全生产管理条例》第三十六条第二款[②]规定。

上述问题是导致事故发生的主要原因。

**2. 广厦建筑公司**

(1) 该公司对安全生产工作不重视。未落实企业安全生产主体责任，对二分公司疏于管理，对翡翠华庭项目安全检查缺失。违反了《中华人民共和国安全生产法》第四条[③]、《建设工程安全生产管理条例》第二十三条第二款[④]规定。

(2) 未按规定配足专职安全管理人员。违反了《建设工程安全生产管理条例》第二十三条第一款[⑤]、《建筑施工企业安全生产管理机构设置及专职安全生产管理人员配备办法》(建质〔2008〕91号) 第十三条第一项第三目[⑥]规定。

(3) 事故施工升降机的加节、附着作业完成后，重生产轻安全，未组织验收即投入使用。收到停止违规使用的监理通知后，仍继续使用。违反了《建设工程安全生产管理条例》第三十五条第一款[⑦]、《建筑起重机械安全监督管理规定》

---

① 《中华人民共和国安全生产法》第二十五条第一款：生产经营单位应当对从业人员进行安全生产教育和培训，保证从业人员具备必要的安全生产知识，熟悉有关的安全生产规章制度和安全操作规程，掌握本岗位的安全操作技能，了解事故应急处理措施，知悉自身在安全生产方面的权利和义务。未经安全生产教育和培训合格的从业人员，不得上岗作业。

第四款：生产经营单位应当建立安全生产教育和培训档案，如实记录安全生产教育和培训的时间、内容、参加人员以及考核结果等情况。

② 《建设工程安全生产管理条例》第三十六条第二款：施工单位应当对管理人员和作业人员每年至少进行一次安全生产教育培训，其教育培训情况记入个人工作档案。安全生产教育培训考核不合格的人员，不得上岗。

③ 《中华人民共和国安全生产法》第四条：生产经营单位必须遵守本法和其他有关安全生产的法律、法规，加强安全生产管理，建立、健全安全生产责任制和安全生产规章制度，改善安全生产条件，推进安全生产标准化建设，提高安全生产水平，确保安全生产。

④ 《建设工程安全生产管理条例》第二十三条：专职安全生产管理人员负责对安全生产进行现场监督检查。发现安全事故隐患，应当及时向项目负责人和安全生产管理机构报告；对违章指挥、违章操作的，应当立即制止。

⑤ 《建设工程安全生产管理条例》第二十三条第一款：施工单位应当设立安全生产管理机构，配备专职安全生产管理人员。

⑥ 《建筑施工企业安全生产管理机构设置及专职安全生产管理人员配备办法》第十三条第一项第三目：总承包单位配备项目专职安全生产管理人员应当满足下列要求：(一) 建筑工程、装修工程按照建筑面积配备：5万平方米及以上的工程不少于3人，且按专业配备专职安全生产管理人员。

⑦ 《建设工程安全生产管理条例》第三十五条第一款：施工单位在使用施工起重机械和整体提升脚手架、模板等自升式架设设施前，应当组织有关单位进行验收，也可以委托具有相应资质的检验检测机构进行验收；使用承租的机械设备和施工机具及配件的，由施工总承包单位、分包单位、出租单位和安装单位共同进行验收。验收合格的方可使用。

第二十条第一款[①]、《河北省安全生产条例》第二十条第一款[②]规定。

（4）项目经理未履行职责。项目经理于某森在广厦建筑公司“挂证”，实际未履行项目经理职责。违反了《建设工程安全生产管理条例》第二十一条第二款[③]规定。

（5）对事故施工升降机安装专项施工方案的审查不符合相关规定要求，公司技术负责人未签字盖章。违反了《建设工程安全生产管理条例》第二十六条第一款[④]、《建筑起重机械安全监督管理规定》第二十一条第四项[⑤]和《危险性较大的分部分项工程安全管理规定》第十一条第二款[⑥]规定。

（6）在事故施工升降机安装专项施工方案实施前，未按规定进行方案交底和安全技术交底。违反了《危险性较大的分部分项工程安全管理规定》第十五条[⑦]规定。

（7）在事故施工升降机安装时，未指定项目专职安全生产管理人员进行现场监督。违反了《建筑起重机械安全监督管理规定》第二十一条第六项[⑧]规定。

---

① 《建筑起重机械安全监督管理规定》第二十条第一款：建筑起重机械在使用过程中需要附着的，使用单位应当委托原安装单位或者具有相应资质的安装单位按照专项施工方案实施，并按照本规定第十六条规定组织验收。验收合格后方可投入使用。

② 《河北省安全生产条例》第二十条：生产经营单位应当对发现的风险因素和事故隐患及时管控、整改。隐患整改应当制定方案，落实责任、措施、资金、时限和预案；对因限于物质、技术等条件不能及时整改的事故隐患，应当采取必要的安全防范措施。

③ 《建设工程安全生产管理条例》第二十一条第二款：施工单位的项目负责人应当由取得相应执业资格的人员担任，对建设工程项目的安全施工负责，落实安全生产责任制度、安全生产规章制度和操作规程，确保安全生产费用的有效使用，并根据工程的特点组织制定安全施工措施，消除安全事故隐患，及时、如实报告生产安全事故。

④ 《建设工程安全生产管理条例》第二十六条第一款：施工单位应当在施工组织设计中编制安全技术措施和施工现场临时用电方案，对下列达到一定规模的危险性较大的分部分项工程编制专项施工方案，并附具安全验算结果，经施工单位技术负责人、总监理工程师签字后实施，由专职安全生产管理人员进行现场监督。

⑤ 《建筑起重机械安全监督管理规定》第二十一条第四项：施工总承包单位应当履行下列安全职责：（四）审核安装单位制定的建筑起重机械安装、拆卸工程专项施工方案和生产安全事故应急救援预案。

⑥ 《危险性较大的分部分项工程安全管理规定》第十一条第二款：危大工程实行分包并由分包单位编制专项施工方案的，专项施工方案应当由总承包单位技术负责人及分包单位技术负责人共同审核签字并加盖单位公章。

⑦ 《危险性较大的分部分项工程安全管理规定》第十五条：专项施工方案实施前，编制人员或者项目技术负责人应当向施工现场管理人员进行方案交底。

施工现场管理人员应当向作业人员进行安全技术交底，并由双方和项目专职安全生产管理人员共同签字确认。

⑧ 《建筑起重机械安全监督管理规定》第二十一条第六项：施工总承包单位应当履行下列安全职责：（六）指定专职安全生产管理人员监督检查建筑起重机械安装、拆卸、使用情况。

（8）事故施工升降机操作人员解某玉无证上岗作业。违反了《建筑起重机械安全监督管理规定》第二十五条第一款①、《建设工程安全生产管理条例》第二十五条②规定。

（9）未建立事故施工升降机安全技术档案。违反了《建筑起重机械安全监督管理规定》第九条第一款③规定。

上述问题是导致事故发生的主要原因。

**3. 恒远管理公司**

（1）安全监理责任落实不到位，未按规定设置项目监理机构人员。于某华是该项目总监理工程师，其实际工作单位是衡水市住房和城乡建设局节能办，属于违规兼职；其注册监理工程师证于2019年1月29日被注销后，公司未调整该项目总监理工程师；现场监理人员与备案人员不符；未明确起重设备的安全监理人员。违反了《中华人民共和国建筑法》第十二条第二项④、《建设工程安全生产管理条例》第十四条第三款⑤和《河北省关于进一步做好建设工程监理工作的通知》（冀建工〔2017〕62号）中关于“项目监理机构设置要求”规定。

（2）对事故施工升降机安装专项施工方案的审查流于形式，总监理工程师未加盖职业印章。违反了《危险性较大的分部分项工程安全管理规定》第十一条第一款⑥、《建筑起重机械安全监督管理规定》第二十二条第三项⑦规定。

（3）未对事故施工升降机安装过程进行专项巡视检查。违反了《危险性较

---

① 《建筑起重机械安全监督管理规定》第二十五条第一款：建筑起重机械安装拆卸工、起重信号工、起重司机、司索工等特种作业人员应当经建设主管部门考核合格，并取得特种作业操作资格证书后，方可上岗作业。

② 《建设工程安全生产管理条例》第二十五条：垂直运输机械作业人员、安装拆卸工、爆破作业人员、起重信号工、登高架设作业人员等特种作业人员，必须按照国家有关规定经过专门的安全作业培训，并取得特种作业操作资格证书后，方可上岗作业。

③ 《建筑起重机械安全监督管理规定》第九条第一款：出租单位、自购建筑起重机械的使用单位，应当建立建筑起重机械安全技术档案。

④ 《中华人民共和国建筑法》第十二条第二项：从事建筑活动的建筑施工企业、勘察单位、设计单位和工程监理单位，应当具备下列条件：（二）与其从事的建筑活动相适应的具有法定执业资格的专业技术人员。

⑤ 《建设工程安全生产管理条例》第十四条第三款：工程监理单位和监理工程师应当按照法律、法规和工程建设强制性标准实施监理，并对建设工程安全生产承担监理责任。

⑥ 《危险性较大的分部分项工程安全管理规定》第十一条第一款：专项施工方案应当由施工单位技术负责人审核签字、加盖单位公章，并由总监理工程师审查签字、加盖执业印章后方可实施。

⑦ 《建筑起重机械安全监督管理规定》第二十二条第三项：监理单位应当履行下列安全职责：（三）审核建筑起重机械安装、拆卸工程专项施工方案。

大的分部分项工程安全管理规定》第十八条规定[1]。

（4）未对事故施工升降机操作人员的操作资格证书进行审查。违反了《建筑起重机械安全监督管理规定》第二十二条第二项[2]规定。

（5）现场安全生产监理责任落实不到位。针对施工单位违规使用事故施工升降机的问题，虽然在监理例会上提出了停止使用要求，也下发了停止使用的监理通知，但是未能有效制止施工单位违规使用，未按规定向主管部门报告。违反了《建设工程安全生产管理条例》第十四条第二款[3]规定。

上述问题是导致事故发生的重要原因。

**4. 友和地产公司**

（1）未对广厦建筑公司、恒远管理公司的安全生产工作进行统一协调管理，未定期进行安全检查，未对两个公司存在的问题进行及时纠正。违反了《中华人民共和国安全生产法》第四十六条第二款[4]规定。

（2）收到停止违规使用事故施工升降机的监理通知后，未责令施工单位立即停止使用。违反了《建筑起重机械安全监督管理规定》第二十三条第二款[5]规定。

上述问题是导致事故发生的重要原因。

**5. 衡水市建材办**

负责区域内建筑起重机械设备日常监督管理工作。对区域内建筑起重机械设备监督组织领导不力，监督检查执行不力，未发现广厦建筑公司翡翠华庭项目升降机安装申报资料不符合相关规定；未发现升降机安装时，安装单位、施工单位、监理单位的有关人员没有在现场监督；未发现安装单位安装人员与安装告知人员不符，安装后未按有关要求自检并出具自检报告；未发现施工升降机未经验

---

① 《危险性较大的分部分项工程安全管理规定》第十八条：监理单位应当结合危大工程专项施工方案编制监理实施细则，并对危大工程施工实施专项巡视检查。

② 《建筑起重机械安全监督管理规定》第二十二条：监理单位应当履行下列安全职责：（二）审核建筑起重机械安装单位、使用单位的资质证书、安全生产许可证和特种作业人员的特种作业操作资格证书。

③ 《建设工程安全生产管理条例》第十四条第二款：工程监理单位在实施监理过程中，发现存在安全事故隐患的，应当要求施工单位整改；情况严重的，应当要求施工单位暂时停止施工，并及时报告建设单位。施工单位拒不整改或者不停止施工的，工程监理单位应当及时向有关主管部门报告。

④ 《中华人民共和国安全生产法》第四十六条第二款：生产经营项目、场所发包或者出租给其他单位的，生产经营单位应当与承包单位、承租单位签订专门的安全生产管理协议，或者在承包合同、租赁合同中约定各自的安全生产管理职责；生产经营单位对承包单位、承租单位的安全生产工作统一协调、管理，定期进行安全检查，发现安全问题的，应当及时督促整改。

⑤ 《建筑起重机械安全监督管理规定》第二十三条第二款：安装单位、使用单位拒不整改生产安全事故隐患的，建设单位接到监理单位报告后，应当责令安装单位、使用单位立即停工整改。

收投入使用，升降机操作人员未取得特种作业操作资格证；未发现安装单位、施工单位施工升降机档案资料管理混乱；贯彻落实上级组织开展的安全生产隐患大排查、大整治工作不到位，致使事故施工升降机安装、使用存在的重大安全隐患未及时得到排查整改。上述问题是导致事故发生的主要原因。

**6. 衡水市建设工程安全监督站**

负责全市建设工程安全生产监督管理。对区域内建筑工程安全生产监督不到位，未发现广厦建筑公司对翡翠华庭项目工地管理不到位，职工安全生产培训不符合规定，项目经理长期不在岗，项目专职安全员不符合要求、未能履行职责，监理人员违规挂证、监理不到位等问题，对翡翠华庭项目工地安全生产管理混乱监管不力。上述问题是导致事故发生的重要原因。

**7. 衡水市住房和城乡建设局**

作为全市建筑工程安全生产监督管理行业主管部门，对全市建筑工程安全隐患排查、安全生产检查工作组织领导不力，监督检查不到位；对衡水市建材办未认真履行建筑安全生产监管职责、未认真贯彻落实上级安全生产工作等问题管理不力；对涉事企业安全生产管理混乱、隐患排查不彻底等问题监督管理不到位。上述问题是导致事故发生的重要原因。

**8. 衡水市委、市政府**

对建筑行业安全生产工作重视程度不够，汲取以往事故教训不深刻，贯彻落实省委、省政府建筑安全生产工作安排部署不到位。

## 五、事故性质

经调查认定，衡水市翡翠华庭“4·25”施工升降机轿厢（吊笼）坠落事故是一起重大生产安全责任事故。

## 六、对相关责任单位和责任人员处理建议

### （一）免予追责人员

解某玉，女，广厦建筑公司翡翠华庭项目工地事故施工升降机操作人员，无证操作事故施工升降机。鉴于在该起事故中死亡，免予追究其法律责任。

### （二）已移送司法机关采取刑事强制措施人员（13人）

**1. 广厦建筑公司（6人）**

（1）赵某军，男，群众，安全科长，涉嫌重大责任事故罪，已于2019年5月17日被公安机关刑事拘留，2019年5月31日被检察机关批准逮捕。

（2）刘某二，男，群众，二分公司经理，主持公司全面工作，涉嫌重大责

任事故罪，已于 2019 年 5 月 17 日被公安机关刑事拘留，2019 年 5 月 31 日被检察机关批准逮捕。

（3）刘某一，男，群众，二分公司副经理、现场实际负责人，涉嫌重大责任事故罪，已于 2019 年 5 月 1 日被公安机关刑事拘留，2019 年 5 月 14 日被检察机关批准逮捕。

（4）于某森，男，群众，翡翠华庭项目经理，涉嫌重大责任事故罪，已于 2019 年 5 月 12 日被公安机关刑事拘留，2019 年 5 月 24 日被检察机关批准逮捕。

（5）刘某义，男，群众，翡翠华庭项目工长，协助刘某一负责现场管理，涉嫌重大责任事故罪，已于 2019 年 5 月 12 日被公安机关刑事拘留，2019 年 5 月 24 日被检察机关批准逮捕。

（6）张某，男，群众，翡翠华庭项目安全员，涉嫌重大责任事故罪，已于 2019 年 5 月 1 日被公安机关刑事拘留，2019 年 5 月 14 日被检察机关批准逮捕。

**2. 恒远管理公司（1 人）**

（7）姜某，男，群众，翡翠华庭项目现场监理员，涉嫌重大责任事故罪，已于 2019 年 5 月 1 日被公安机关刑事拘留，2019 年 5 月 14 日被检察机关批准逮捕。

**3. 老程塔机公司（5 人）**

（8）程某一，男，群众，法定代表人、总经理，涉嫌重大责任事故罪，已于 2019 年 5 月 1 日被公安机关刑事拘留，2019 年 5 月 14 日被检察机关批准逮捕。

（9）程某明，男，群众，生产经理，涉嫌重大责任事故罪，已于 2019 年 5 月 17 日被公安机关刑事拘留，2019 年 5 月 31 日被检察机关批准逮捕。

（10）程某二，男，群众，安全员、安拆工，涉嫌重大责任事故罪，已于 2019 年 5 月 1 日被公安机关刑事拘留，2019 年 5 月 14 日被检察机关批准逮捕。

（11）王某东，男，群众，安拆工，涉嫌重大责任事故罪，已于 2019 年 5 月 12 日被公安机关刑事拘留，2019 年 5 月 24 日被检察机关批准逮捕。

（12）胡某仓，男，群众，安拆工，涉嫌重大责任事故罪，已于 2019 年 5 月 12 日被公安机关刑事拘留，2019 年 5 月 24 日被检察机关批准逮捕。

**4. 衡水市住房和城乡建设局节能办（1 人）**

（13）于某华，男，中共党员，衡水市住房和城乡建设局节能办职工。违规在恒远管理公司兼职，担任翡翠华庭项目总监，涉嫌重大责任事故罪，已于 2019 年 5 月 17 日被公安机关刑事拘留，2019 年 5 月 31 日被检察机关批准逮捕。

**（三）建议企业内部处理人员（2 人）**

（1）许某国，男，群众，友和地产公司工程部经理、翡翠华庭项目负责人。

（2）姬某彬，男，中共党员，恒远管理公司副总经理（技术负责人）。

**（四）建议给予地方政府及相关监管部门党政纪处分人员（9人）**

（1）王某昆，中共党员，衡水市人民政府副市长。

（2）王某勇，中共党员，衡水市住房和城乡建设局党组书记、局长。

（3）梁某江，中共党员，衡水市住房和城乡建设局党组成员、副局长。

（4）李某平，中共党员，衡水市住房和城乡建设局建设工程管理科科长。

（5）吴某明，中共党员，衡水市建材办主任。

（6）李某华，中共党员，衡水市建材办副主任。

（7）张某兵，中共党员，衡水市建材办监督科科长。

（8）王某章，中共党员，衡水市建设工程安全监督站站长。

（9）于某华，衡水市住房和城乡建设局节能办职工。

**（五）建议对事故单位及责任人员的行政处罚**

**1. 对事故相关企业的行政处罚**

（1）广厦建筑公司。该公司未落实企业安全生产主体责任，未及时消除生产安全事故隐患，对事故的发生负有责任。依据《中华人民共和国建筑法》第七十一条第一款[①]和《建设工程安全生产管理条例》第六十五条第二项[②]规定，建议由省住建厅报请住房和城乡建设部给予降低资质等级的行政处罚；依据《建筑施工企业安全生产许可证动态监管暂行办法》第十四条第二款第三项[③]规定，建议由省住建厅给予暂扣安全生产许可证120日的行政处罚；依据《中华人民共和国安全生产法》第一百零九条第三项[④]规定，建议由衡水市应急管理局给予其150万元罚款的行政处罚。

---

① 《中华人民共和国建筑法》第七十一条第一款：建筑施工企业违反本法规定，对建筑安全事故隐患不采取措施予以消除的，责令改正，可以处以罚款；情节严重的，责令停业整顿，降低资质等级或者吊销资质证书；构成犯罪的，依法追究刑事责任。

② 《建设工程安全生产管理条例》第六十五条第二项：违反本条例的规定，施工单位有下列行为之一的，责令限期改正；逾期未改正的，责令停业整顿，并处10万元以上30万元以下的罚款；情节严重的，降低资质等级，直至吊销资质证书；造成重大安全事故，构成犯罪的，对直接责任人员，依照刑法有关规定追究刑事责任；造成损失的，依法承担赔偿责任：（二）使用未经验收或者验收不合格的施工起重机械和整体提升脚手架、模板等自升式架设设施的。

③ 《建筑施工企业安全生产许可证动态监管暂行办法》第十四条第二款第三项：暂扣安全生产许可证处罚视事故发生级别和安全生产条件降低情况，按下列标准执行：（三）发生重大事故的，暂扣安全生产许可证90至120日。

④ 《中华人民共和国安全生产法》第一百零九条第三项：发生生产安全事故，对负有责任的生产经营单位除要求其依法承担相应的赔偿等责任外，由安全生产监督管理部门依照下列规定处以罚款：（三）发生重大事故的，处一百万元以上五百万元以下的罚款。

（2）老程塔机公司。该公司安全生产责任制落实不到位，对事故的发生负有责任。依据《建设工程安全生产管理条例》第六十一条第一款[①]规定，建议由省住建厅给予吊销资质的行政处罚；依据《建筑施工企业安全生产许可证动态监管暂行办法》第十四条第一款[②]规定，建议由省住建厅给予吊销其安全生产许可证的行政处罚；依据《中华人民共和国安全生产法》第一百零九条第三项规定，建议由衡水市应急管理局给予其150万元罚款的行政处罚。

（3）恒远管理公司。该公司未认真履行监理职责，对事故发生负有责任。依据《建设工程安全生产管理条例》第五十七条第三项[③]规定，建议由省住建厅报请住房和城乡建设部给予降低资质等级的行政处罚；依据《中华人民共和国安全生产法》第一百零九条第三项规定，建议由衡水市应急管理局给予其110万元罚款的行政处罚。

（4）友和地产公司。该公司安全生产责任制落实不到位，对事故的发生负有责任。依据《中华人民共和国安全生产法》第一百零九条第三项[④]规定，建议由衡水市应急管理局给予其110万元罚款的行政处罚。

**2. 对事故企业相关责任人行政处罚**

（1）车某峰，群众，广厦建筑公司法定代表人、总经理。未有效履行主要负责人安全生产工作职责，对事故发生负有责任。依据《生产安全事故报告和调

---

① 《建设工程安全生产管理条例》第六十一条第一款：违反本条例的规定，施工起重机械和整体提升脚手架、模板等自升式架设设施安装、拆卸单位有下列行为之一的，责令限期改正，处5万元以上10万元以下的罚款；情节严重的，责令停业整顿，降低资质等级，直至吊销资质证书；造成损失的，依法承担赔偿责任：（一）未编制拆装方案、制定安全施工措施的；（二）未由专业技术人员现场监督的；（三）未出具自检合格证明或者出具虚假证明的；（四）未向施工单位进行安全使用说明，办理移交手续的。

② 《建筑施工企业安全生产许可证动态监管暂行办法》第十四条第一款：对企业降低安全生产条件的，颁发管理机关应当依法给予企业暂扣安全生产许可证的处罚；属情节特别严重的或者发生特别重大事故的，依法吊销安全生产许可证。

③ 《建设工程安全生产管理条例》第五十七条第三项：违反本条例的规定，工程监理单位有下列行为之一的，责令限期改正；逾期未改正的，责令停业整顿，并处10万元以上30万元以下的罚款；情节严重的，降低资质等级，直至吊销资质证书；造成重大安全事故，构成犯罪的，对直接责任人员，依照刑法有关规定追究刑事责任；造成损失的，依法承担赔偿责任：（三）施工单位拒不整改或者不停止施工，未及时向有关主管部门报告的。

④ 《中华人民共和国安全生产法》第一百零九条第三项：发生生产安全事故，对负有责任的生产经营单位除要求其依法承担相应的赔偿等责任外，由安全生产监督管理部门依照下列规定处以罚款：（三）发生重大事故的，处一百万元以上五百万元以下的罚款。

查处理条例》第四十条第一款[①]规定，建议由省住建厅吊销其安全生产考核合格证书；依据《中华人民共和国安全生产法》第九十二条第三项[②]规定，建议由衡水市应急管理局对其处以2018年年收入（109280元）百分之六十的罚款，计人民币65568元。

（2）张某旺，中共党员，广厦建筑公司副总经理。对公司安全生产规章制度执行不力，未组织对下属公司在建施工项目进行安全检查，未按规定每月召开公司安全生产例会，对施工现场安全管理人员缺失的情况失查，对事故升降机司机解某玉无证上岗作业情况失查，对事故发生负主要领导责任。建议给予其留党察看一年的党纪处分；依据《生产安全事故报告和调查处理条例》第四十条第一款[③]规定，建议由省住建厅吊销其安全生产考核合格证书；由广厦建筑公司按照内部规定给予其撤职处理，并报衡水市住房和城乡建设局备案。

（3）赵某军，群众，广厦建筑公司安全科长。对公司安全生产规章制度执行不力，未对下属公司在建施工项目进行安全检查，对施工现场安全管理人员缺失的情况失查，对施工现场安全生产指导不力，对施工现场违规使用事故施工升降机的情况失查，对事故施工升降机司机解某玉无证上岗作业情况失查。依据《生产安全事故报告和调查处理条例》第四十条第一款规定，建议由省住建厅吊销其安全生产考核合格证书。

（4）于某森，群众，广厦建筑公司翡翠华庭项目经理。在衡水广厦建筑公司“挂证”，实际未履行项目经理职责，对事故发生负有责任。依据《建设工程安全生产管理条例》第五十八条[④]，建议由省住建厅报请住房城乡建设部吊销其执业资格证书、终身不予注册；依据《生产安全事故报告和调查处理条例》第

① 《生产安全事故报告和调查处理条例》第四十条第一款：事故发生单位对事故发生负有责任的，由有关部门依法暂扣或者吊销其有关证照；对事故发生单位负有事故责任的有关人员，依法暂停或者撤销其与安全生产有关的执业资格、岗位证书；事故发生单位主要负责人受到刑事处罚或者撤职处分的，自刑罚执行完毕或者受处分之日起，5年内不得担任任何生产经营单位的主要负责人。

② 《中华人民共和国安全生产法》第九十二条第三项：生产经营单位的主要负责人未履行本法规定的安全生产管理职责，导致发生生产安全事故的，由安全生产监督管理部门依照下列规定处以罚款：（三）发生重大事故的，处上一年年收入百分之六十的罚款。

③ 《生产安全事故报告和调查处理条例》第四十条第一款：事故发生单位对事故发生负有责任的，由有关部门依法暂扣或者吊销其有关证照；对事故发生单位负有事故责任的有关人员，依法暂停或者撤销其与安全生产有关的执业资格、岗位证书；事故发生单位主要负责人受到刑事处罚或者撤职处分的，自刑罚执行完毕或者受处分之日起，5年内不得担任任何生产经营单位的主要负责人。

④ 《建设工程安全生产管理条例》第五十八条：注册执业人员未执行法律、法规和工程建设强制性标准的，责令停止执业3个月以上1年以下；情节严重的，吊销执业资格证书，5年内不予注册；造成重大安全事故的，终身不予注册；构成犯罪的，依照刑法有关规定追究刑事责任。

四十条第一款规定，建议由省住建厅吊销其安全生产考核合格证书。

（5）张某，群众，广厦建筑公司翡翠华庭项目专职安全生产管理人员。在事故施工升降机安装过程中未进行现场监督，对事故发生负有责任。依据《生产安全事故报告和调查处理条例》第四十条第一款①，建议由省住建厅吊销其安全生产考核合格证书。

（6）程某一，群众，老程塔机公司法定代表人、总经理。未认真履行主要负责人安全生产管理职责，对事故发生负有管理责任。依据《生产安全事故报告和调查处理条例》第四十条第一款，建议由省住建厅吊销其安全生产考核合格证书。

（7）程某二，群众，老程塔机公司安全员、安拆工。事故施工升降机安装现场负责人，未按照事故施工升降机使用说明书、操作规程对事故施工升降机进行安装和紧固螺栓。安装作业完成后，未按照施工升降机安全技术标准、安装使用说明书要求进行自检、调试、试运转，未能发现事故升降机导轨架第16、第17标准节西侧两条连接螺栓漏装的重大安全隐患，未按规定出具自检合格证明。在2019年4月17日事故施工升降机加节安装过程中，违规进行了非安装程序的物料运输。未按规定向使用单位进行交接。依据《生产安全事故报告和调查处理条例》第四十条第一款，建议由省住建厅吊销其安全生产考核合格证书；依据《中华人民共和国特种设备安全法》第九十二条②规定，建议由省住建厅吊销其特种作业人员操作资格证书。

（8）王某东，群众，老程塔机公司安拆工。未按照专项施工方案、施工升降机使用说明书、操作规程进行安装和紧固螺栓。安装完成后，未按规定进行自检、调试、试运转，未能发现事故升降机导轨架第16、第17标准节西侧两条连接螺栓漏装的重大安全隐患。依据《中华人民共和国特种设备安全法》第九十二条规定，建议由省住建厅吊销其特种作业人员操作资格证书。

（9）胡某仓，群众，老程塔机公司安拆工。未按照专项施工方案、施工升降机使用说明书、操作规程进行安装和紧固螺栓，仅凭经验进行安装作业，未能发现事故升降机导轨架第16、第17标准节西侧两条连接螺栓漏装的重大安全隐

---

① 《生产安全事故报告和调查处理条例》第四十条第一款：事故发生单位对事故发生负有责任的，由有关部门依法暂扣或者吊销其有关证照；对事故发生单位负有事故责任的有关人员，依法暂停或者撤销其与安全生产有关的执业资格、岗位证书；事故发生单位主要负责人受到刑事处罚或者撤职处分的，自刑罚执行完毕或者受处分之日起，5年内不得担任任何生产经营单位的主要负责人。

② 《中华人民共和国特种设备安全法》第九十二条：违反本法规定，特种设备安全管理人员、检测人员和作业人员不履行岗位职责，违反操作规程和有关安全规章制度，造成事故的，吊销相关人员的资格。

患。依据《中华人民共和国特种设备安全法》第九十二条规定，建议由省住建厅吊销其特种作业人员操作资格证书。

(10) 王某阳，中共党员，恒远管理公司法定代表人、总经理。未有效履行主要负责人安全生产工作职责，对事故发生负有责任。建议给予其留党察看一年的党纪处分；依据《中华人民共和国安全生产法》第九十二条第三项①规定，由衡水市应急管理局对其处以 2018 年年收入（49791.56 元）百分之六十的罚款，计人民币 29875 元。

(11) 孙某，群众，衡水友和地产公司法定代表人、董事长、总经理。未有效履行主要负责人安全生产工作职责，对事故发生负有责任。依据《中华人民共和国安全生产法》第九十二条第三项规定，建议由衡水市应急管理局对其处以 2018 年年收入（296318.81 元）百分之六十的罚款，计人民币 177791 元。

**（六）对当地政府及有关监管部门的处理建议**

（1）建议衡水市住房和城乡建设局向衡水市委、市政府作出深刻书面检查。

（2）建议衡水市委、市政府向河北省委、省政府作出深刻书面检查。

## 七、防范措施建议

### （一）进一步筑牢安全发展理念

党中央、国务院始终高度重视安全生产工作，习近平总书记多次就安全生产工作作出重要指示批示。各地各部门要认真学习贯彻习近平总书记重要指示精神，牢固树立安全生产红线意识和底线思维。要深刻吸取事故教训，举一反三，坚决落实安全生产属地监管责任和行业监管责任，督促企业严格落实安全生产主体责任，深入开展隐患排查治理，有效防范化解重大安全生产风险，坚决防止发生重特大事故，维护人民群众生命财产安全和社会稳定。

### （二）深入开展建筑领域专项整治

各级建筑行业主管部门要严格落实《河北省党政领导干部安全生产责任制实施细则》，切实做好建筑行业三年专项整治工作。一要突出起重吊装及安装拆卸工程安全管理，紧抓建筑起重机械产权备案、安装（拆卸）告知、安全档案建立、检验检测、安装验收、使用登记、定期检查维护保养等制度的落实，严格机械类专职安全生产管理人员配备以及相应资质和安全许可证管理，严查起重机械

① 《中华人民共和国安全生产法》第九十二条第三项：生产经营单位的主要负责人未履行本法规定的安全生产管理职责，导致发生生产安全事故的，由安全生产监督管理部门依照下列规定处以罚款：（三）发生重大事故的，处上一年年收入百分之六十的罚款。

安装拆卸人员、司机、信号司索工等特种作业人员持证上岗情况。二要严格过程监管，督促施工单按照有关技术规范要求，在工程开工前、单项工程或专项施工方案施工前、交叉作业时以及施工过程中作业环境或施工条件发生变化时等，认真组织相关管理人员及施工作业人员做好安全技术交底工作，严查书面安全技术交底、交底内容针对性及操作性等方面存在的问题。三要强化执法监察，保持建筑行业领域打非治违高压态势，对非法违法行为严厉处罚，推动企业主体责任落实。

**（三）严格落实建设单位安全责任**

建设单位要加强对施工单位、监理单位的安全生产管理。与施工单位、监理单位签订专门的安全生产管理协议，或者在合同中约定各自的安全生产管理职责。严格督促检查施工单位现场负责人、专职安全管理人员和监理单位项目总监理工程师、专业监理工程师等有关专业人员资格情况，确保具备资格条件的人员进场施工。认真开展监理单位履约情况考核与评价，对监理公司监理人员不到位等问题及时发现与纠正。切实加强施工现场安全管理，对施工单位、监理单位的安全生产工作要统一协调、管理，定期进行安全检查，发现存在安全问题的要及时督促整改，确保安全施工。

**（四）严格落实总承包单位施工现场安全生产总责**

按要求配备相应的施工现场安全管理人员，将安全生产责任层层落实到具体岗位、具体人员；与安装等相关分包单位签订的合同中明确双方的安全生产责任，严格按要求对安装单位编制的建筑起重机械等专项施工方案的有效性、适用性进行审核；专项施工方案实施前，按要求和安装单位配合完成方案交底和安全技术交底工作；施工升降机首次安装、后续加节附着作业及拆卸实施中，施工总承包单位项目部应当对施工作业人员进行审核登记，项目负责人应当在施工现场履职，项目专职安全生产管理人员应当对专项施工方案实施情况进行现场监督；建筑起重机械首次安装自检合格后，必须经有相应资质的检验检测机构监督检验合格；建筑起重机械投入使用前（包括后续顶升或加节、附着作业），应当组织出租、安装、监理等有关单位进行验收，验收合格后方可使用；使用单位应当自建筑起重机械安装验收合格之日起 30 日内，将建筑起重机械安装管理制度、特种作业人员名单，向工程所在地建设主管部门办理使用登记，登记标志置于或附着于该设备的显著位置；强化施工升降机使用管理，建筑起重机械司机必须具有特种作业操作资格证书，作业前应对司机进行安全技术交底后方可上岗；建筑起重机械在使用过程中，严格监督检查产权单位对建筑起重机械进行的检查和维护保养，确保设备安全使用。

### （五）切实落实监理单位安全监理责任

监理单位要完善相关监理制度，强化对监理人员管理考核。一要严格按要求对建筑起重机械安装单位编制的专项施工方案的有效性、适用性进行审查，签署审核意见，加盖总监理工程师执业印章。二要严格审查安装单位资质证书、人员操作证等；专项施工方案实施前，按要求监督施工总承包单位和安装单位进行方案交底和安全技术交底工作；专项施工方案实施中，应当对作业进行有效的专项巡视检查。三要参加起重机械设备的验收，并签署验收意见；发现施工单位有违规行为应当给予制止，并向建设单位报告；施工单位拒不整改的应当向建设行政主管部门报告。

### （六）切实加强建筑起重机械安全管控

建筑起重机械安装单位要按照标准规范，编制安拆专项施工方案，由本单位技术负责人审核，保证专项施工方案内容的完整性、针对性；专项施工方案实施前，按要求组织方案交底和安全技术交底工作；专项施工方案实施中，拆装人员必须取得相应特种作业操作资格证书并持证上岗，专业技术人员、专职安全生产管理人员应当进行现场监督；安装完毕后（包括后续顶升或加节、附着作业），严格按规定进行自检、调试和试运转，经检测验收合格后方可投入使用。

### （七）切实抓好安全生产教育培训

要加强员工安全教育培训，科学制定教育培训计划，有效保障安全教育培训资金，依法设置培训课时，切实保证培训效果，不断提高员工的安全意识和防范能力，有效防止“三违”现象，确保建筑施工安全。

### （八）夯实政府及部门监管责任

各地党政领导要认真执行《河北省党政领导干部安全生产责任制实施细则》，严格落实“党政同责、一岗双责”安全生产责任制。地方政府要严格落实属地监管责任，督促相关行业部门及有关企业认真落实安全生产职责，要将安全生产工作同其他工作同部署、同检查、同考核，构建齐抓共管的工作格局。建设行业主管部门要按照“三个必须”的要求，严格落实行业监管责任。衡水市住房和城乡建设局要进一步加强对建筑起重机械等危大工程的安全监管，完善建筑起重机械安全监督管理制度，改进当前管理体制，切实提高全市建筑起重机械管理水平，坚决防范类似事故再次发生。

省政府衡水市翡翠华庭“4·25”施工<br>升降机轿厢坠落重大事故调查组